海洋信息技术丛书
Marine Information Technology

水声探测前沿技术与应用

Advanced Technology and Application of Underwater Acoustic Detection

孙海信 张学波 田峰 邢军华 苗永春 应文威 编著

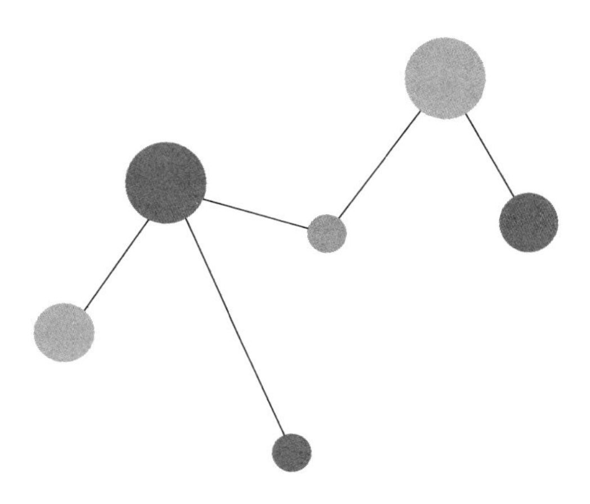

人民邮电出版社
北京

图书在版编目（CIP）数据

水声探测前沿技术与应用 / 孙海信等著. -- 北京 :
人民邮电出版社, 2023.4
（海洋信息技术丛书）
ISBN 978-7-115-60353-1

Ⅰ. ①水… Ⅱ. ①孙… Ⅲ. ①水声探测—研究 Ⅳ.
①TB566

中国版本图书馆CIP数据核字(2022)第201032号

内容提要

本书围绕水声探测领域，讨论了水声环境非高斯噪声，主要包括非高斯海洋环境噪声的参数估计与信号检测两个方面；探讨了基于频谱感知的水声信号检测方法、水声信号时频特征提取方法、水下船舶辐射噪声特征提取方法、水声信号的识别分类方法等水声目标被动探测技术；展示了水下移动传感器节点定位方法、水下移动目标自定位方法、基于超短基线系统的水下目标定位方法等水声目标定位技术；最后，介绍了一种水下高分辨合成孔径声呐成像技术，主要涉及考虑阵元指向性函数调制的目标成像、模型近似误差定量分析、成像算法3个重要内容。

本书适合水声探测领域的研究生以及科研院所的科技工作者阅读参考，以期为水声探测在我国更好更快地发展贡献一份绵薄之力。

◆ 著　　孙海信　张学波　田　峰
　　　　邢军华　苗永春　应文威
　责任编辑　李彩珊
　责任印制　马振武

◆ 人民邮电出版社出版发行　北京市丰台区成寿寺路11号
　邮编　100164　电子邮件　315@ptpress.com.cn
　网址　https://www.ptpress.com.cn
　涿州市京南印刷厂印刷

◆ 开本：720×960　1/16
　印张：16.25　2023年4月第1版
　字数：283千字　2023年4月河北第1次印刷

定价：149.80元

读者服务热线：(010)81055493　印装质量热线：(010)81055316
反盗版热线：(010)81055315
广告经营许可证：京东市监广登字20170147号

海洋信息技术丛书

编 辑 委 员 会

序

《水声探测前沿技术与应用》是厦门大学孙海信教授团队近 10 年来从事水声探测研究之科研成果的系统总结、提炼与升华，在吸收消化世界先进水声探测技术的基础上，给出了水声环境非高斯噪声、水声目标被动探测、水声目标定位、水声成像等方面最新的研究成果，并从计算机仿真、水池试验及湖海试验等角度进行实例分析。

该书将水声探测技术的前沿理论和方法与实例分析相结合，是目前少有的水声探测类著作。作者能够紧紧把握水声探测技术的发展方向，使读者在掌握水声探测关键技术的同时，能够清晰准确地了解最新的技术发展动态。

该书体系结构完整，涵盖了水声探测的多个方面；取材先进，反映了该领域最新研究成果；内容层次分明，突出了该领域最为核心的知识点；用直观的实验阐释水声探测方法的原理，省略了一些烦琐、复杂的理论推导。

综上，该书可作为高等院校、科研院所水声工程、海洋工程和信息工程等相关专业的教材或参考书，为相关领域及其交叉复合型的人才培养提供参考，进而有助于促进海洋资源开发、海洋环境保护、海洋灾害预警以及海洋国防安全等工作的发展。

南京邮电大学教授

郑宝玉

2022 年 6 月

前　言

声波是迄今为止人类发现的唯一能在浩瀚大海中实现远距离传播的能量载体。在陆地上，人们利用电磁波研制出雷达，类似地，人们利用声波研制了对水下目标进行探测、定位、识别和通信的电子设备——声呐。面对广阔的海洋，水声探测肩负着重要的使命：触及浩瀚大海的各个角落、识别其中形色各异的事物、告诉人们海底世界的真面目、协助人们探究海洋的奥秘，其已成为水下通信导航、水产渔业、海洋资源开发、海洋地质地貌探测等领域的重要手段。

随着国民经济、国防事业对水声探测需求的日益提高，新原理、新技术、新设备纷纷涌现，在这样的背景下，厦门大学孙海信教授牵头汇总了6位学者近10年来在水声探测领域的研究成果，这些研究工作是在国家自然科学基金等多个科研项目的资助下完成的。全书共7章，涉及水声探测基础理论、水声环境非高斯噪声、水声目标被动探测技术、水声目标定位技术、水声成像技术5个方面的内容。本书包含大量的计算式，同时也展示了大量的仿真以及湖海试验结果，一方面可让读者在阅读过程中不至于觉得空洞乏味，另一方面有助于读者全面深入地掌握书中的理论技术。

本书在写作思路上，紧密围绕水声探测领域的前沿技术，突出内容的新颖性、综合性与实用性，展示了作者及其团队近年来依托国家自然科学基金等项目在水声探测领域取得的研究成果。

全书由孙海信教授统筹，具体分工如下：第1章、第2章、第4章、第5章由孙海信教授、田峰教授、邢军华教授、苗永春博士编写，第3章由孙海信教授、张学波副教授、应文威高级工程师编写，第6章由张学波副教授编写。孟庆民教授百忙之中对全书进行了校对，同时，孙海信教授团队的博士生、硕士生等20余人参与了编辑、校对工作，在此表示感谢。

最后，由于时间仓促和作者水平有限，书中遗漏和不妥之处在所难免，还望读者批评指正！

作者

2022年6月

目　　录

第1章 绪论

1.1 概述

毫无疑问，21 世纪是海洋的世纪。目前，海洋已经成为世界各国争夺、竞争的焦点。对海洋领域的争夺与竞争，已经涵盖了各个方面。归根结底，不管是政治、军事还是经济的争夺与竞争，最后比拼的都是科技实力，简言之，就是谁能在科技上领先。而在海洋科技实力上竞争的焦点，在于海洋高新技术。因此，发展海洋技术，尤其是海洋高新技术，已经成为 21 世纪技术革命特别是新技术革命的重要内容，世界各国都对这一领域的研究给予高度重视。中国幅员辽阔，海岸线绵长，拥有约 1.8 万千米的海岸线和 300 万平方千米的海洋国土，是一个海洋大国，拥有非常丰富的海洋资源，因此对海洋的保护和科学地开发与利用是我们面临的重要课题。

随着人类对海洋认识的深入和科学技术的发展，人类活动越来越多地延伸到海洋中。其中最主要的表现就是繁忙的海上航运及在海洋中开展的各种活动，如渔业生产作业、各种调查和科学研究等，这些活动都少不了船舶的参与。在海上航行的船舶发出的声音是人造声源中很重要的一类声信号。因此，在海洋中，船舶声音是很重要的水声信号。

在水声信号处理领域，水下目标的探测一直是重要研究方向之一，并且水声信号的特征提取及识别技术是水下目标探测的主要技术。由于相关条件的限制和目标识别问题本身的复杂性，在相当长的一段时间内该方向研究进展缓慢。近年来，水下目标识别技术面临声呐设备越来越智能化的需求，以及多种水声信号分类识别应用需求，这些需求在一定程度上推进了最新信息技术和信号处理方法在水声探测中的应用。

水声信号分类识别应用涉及水下声源。在各种水下声源中，鲸类声信号和船舶类声信号是水下声信号探测的两类主要研究对象。船舶类声信号的分类识别保密程度极高，有关技术的引入极其困难；我国近海很难观测到鲸类声信号，对信号的采集和获取比较困难。我国在这两个方面的研究起步较晚，技术还比较落后，这更增加了对船舶类和鲸类声信号分类识别的重要性和紧迫性。因此，在国防军事及海洋生物资源的开发和保护方面，对船舶类和鲸类声信号的分类识别研究都有非常重要的意义。

1.2 水声探测系统模型

水下探测，就是通过探测水下某物，确定水下物体、辐射、信号等是否存在的一项技术，水下探测中的“水下”可以是江河、湖泊的水下，更多指的是海洋环境的水下。

1.2.1 水声探测系统结构

水声探测系统在功能上主要由信号检测、目标定位、运动估计、特征提取、目标识别和数据中心等模块组成，如图 1-1 所示。水声探测系统工作时，在水声信道中检测目标发射的通信信号或噪声信号，通过目标定位模块对声源目标的位置和运动参数等信息进行估计，通过特征提取模块对接收信号的特征进行提取，实现目标种类的识别与探测，并将以上信息汇总发送至数据中心，实现其他操作。

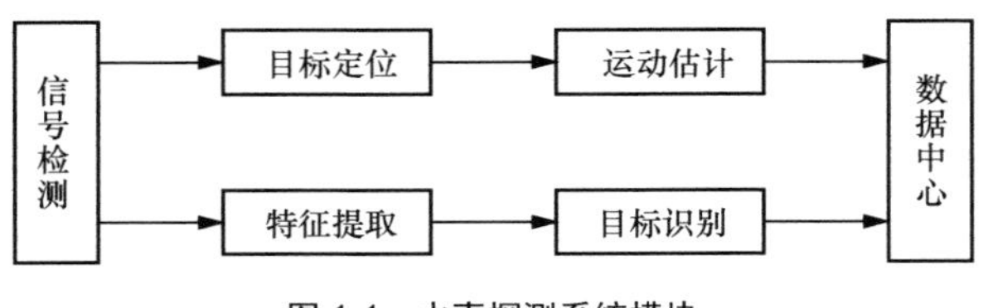

图 1-1 水声探测系统模块

1.2.2　水声探测系统主要性能指标

水声探测系统中包含的目标探测主要有两个方面：目标识别与目标定位。

目标识别主要实现的功能是：当目标出现时，系统对目标的出现产生预警，检测目标的存在，并准确识别目标的种类，以此生成目标的威胁等级。目标识别中包含的性能指标主要有目标检测概率、虚警概率、准确识别率等。目标检测概率是指目标多次从监测区域出现，被检测到的次数与出现总次数的比值；虚警概率是指当目标没有出现在监测区域，而系统认为目标出现的次数与目标没有出现的总次数的比值；准确识别率是指目标准确识别的次数与目标识别的总次数的比值。

目标定位主要实现的功能是：在检测到目标的存在后，对目标的位置、运动信息等进行提取和估计，目标定位中包含的性能指标主要有检测距离、定位误差、航向误差等。检测距离是指目标在实现定位时，待定位目标与探测系统之间的距离；定位误差是指目标定位的估计结果与目标的实际位置之间的差距；航向误差是指目标定位中估计得出的目标航向与目标实际的航向之间的差距。

以上为水声探测系统中目标探测的常用指标，主要用于衡量目标探测中识别和定位方面的精度性能。一个好的水声探测系统应该具有高检测概率、低虚警概率、高准确识别率、长检测距离、低定位误差和低航向误差等。

1.3　本书的主要结构

本书立足于目前水声探测的主要发展情况与相关领域研究技术的发展，将全书分为绪论、水声探测基础理论、水声环境非高斯噪声、水声目标被动探测技术、水声目标定位技术、水声成像技术以及结束语这 7 个章节，各章的具体内容安排如下。

第 1 章：绪论。该部分主要讲述了水下探测在生活、军事等方面的意义，以及水声探测系统模型的主要组成。通过水下探测技术可以获取鱼群的状态，为养殖、环保等行业提供重要数据支持；也可以通过水下探测技术对船舶、潜艇发出的噪声进行侦听，达到早期预警目的。

第 2 章：水声探测基础理论。该部分主要讲述了与水声探测环境相关的知识，主要包括海洋噪声模型、海洋声场传播模型与水声信道特性。水声探测的主要探测目标为水声信号，而海洋噪声往往会对水下目标声信号造成巨大的影响，所以水下探测的第一步往往是海洋噪声环境建模；第二步则是对海洋声场传播模型和信道特性进行描述，该部分能够对水声信号的传播造成深远的影响，也是水下探测的一个重要理念。

第 3 章：水声环境非高斯噪声。该部分主要讲述了非高斯噪声模型、非高斯噪声参数估计与非高斯噪声模型下的信号检测。在海洋的水声场环境中，噪声往往为非高斯噪声信号，且非高斯噪声的模型建立对水声探测的准确性有着极大的作用；非高斯模型建立最为重要的就是其相关参数估计，精准的参数估计往往决定了非高斯模型的准确度；在确保非高斯模型能够基本建立之后，需要完成在非高斯噪声模型下的信号检测，该部分往往决定了探测的准确性。

第 4 章：水声目标被动探测技术。在水声探测领域，通过声呐发射声波，并通过回波特征进行目标探测为主动探测；而直接通过侦听海洋中的声信号进行探测则为被动探测。被动探测往往具有更好的隐蔽性，但是对探测信号的接收、特征提取、检测与识别技术有更高的要求。因此，往往先通过频谱感知来感知目标的水声信号，再通过特征提取技术提取不同水声信号的主要特征，最终通过提取到的特征完成目标识别，达到水下探测的目的。

第 5 章：水声目标定位技术。水声目标定位是基于水声探测技术发展而来的，通过对水声信号的信号强度、到达时间以及到达角的探测，再结合海洋环境声速场、水声信道等反演，达到水声辐射源目标定位的目的。目前，水声目标定位技术包括基于探测声信号的到达时间（Time of Arrival，TOA）算法、波达方向（Direction of Arrival，DOA）算法、到达角度（Angle of Arrival，AOA）算法以及到达时间差（Time Difference of Arrival，TDOA）算法等技术，而依靠的探测媒介则为水下移动传感器节点或水下阵列。

第 6 章：水声成像技术。水声成像是在水声目标探测和定位的基础上进一步获取目标信息的手段。成像技术使用的主要设备为多子阵合成孔径声呐，讨论了几种不同成像技术的原理以及各自的特点，通过成像技术能够获得目标更为直观的信息。

第7章：结束语。主要总结了本书涉及的主要技术、要点等关键信息，对后续工作中可以进一步研究的内容进行了介绍。

第2章 水声探测基础理论

2.1 海洋噪声模型

与陆地噪声相似，海洋噪声是水声通信中的一种干扰背景场，是存在于海洋中由接收器接收的除自噪声外的其他噪声[1]。海洋噪声严重影响着通信系统的效率，因为通信系统对海洋噪声十分敏感，所以分析海洋噪声是一件至关重要的事情。海洋噪声的来源广泛，包括了风噪声、雨噪声、地震噪声、人为噪声等[2]。不同来源的噪声有不同的频率和声级，同一频率范围的噪声可能由单一声源或多个不同声源产生[3]。

在海洋环境中，海面上的风浪、海洋里生物的活动、海上的航运等自然和人为活动产生的声波，在传播的过程中与海面、海底、水体等发生了相互作用从而形成一个复杂的背景噪声场，这些背景噪声就是通常所说的海洋环境噪声[3]。海洋环境噪声不仅会对声呐等装备的探测形成干扰，而且会限制被动声呐的工作性能。因此，对海洋环境噪声的物理参数的研究，是进行水下目标声探测研究的重要条件。对于声呐的研制和声呐的使用来说，对海洋环境噪声特性进行充分的研究和分析是非常有必要的。

2.1.1 海洋环境噪声和船舶自噪声

海洋环境噪声和船舶自噪声是声呐系统的主要干扰之一。海洋环境噪声又称为自然噪声，其在海洋环境中普遍存在，它是声呐系统不希望出现的背景噪声。海洋环境噪声是由风、降雨、海浪、海洋生物、人类工业活动、海水中小气泡的天然空

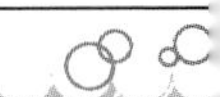

化等因素产生的，它是主动声呐和被动声呐的主要背景场，也是潜艇在海中实现声隐蔽的主要背景场。海洋环境噪声会干扰声呐系统的探测，降低主动声呐和被动声呐的性能。此外，海洋环境噪声还是潜艇等水下目标进行声隐蔽的重要条件和必须了解的物理参数[4]。

（1）风噪声

风噪声在各个海域中普遍存在，对于海底无线广域网，风噪声是信道噪声的主要因素。风噪声是几百赫兹至几千赫兹的主要噪声来源，因此，风噪声会影响通信系统的传输，也是最先引起水声通信专家关注的海洋环境噪声[5]。

（2）雨噪声

雨噪声在 15kHz 附近有一个宽带谱峰，雨噪声的强度与降雨量密切相关[6]。雨噪声是指雨滴撞击海面，并将空气带入了水中，形成气泡，而气泡以偶极子方式震动，最终辐射出噪声，以致影响通信系统的工作。雨噪声主要为气泡震动的噪声[7]。

（3）浪噪声

在频率为 1kHz 及以上时，海浪噪声对声传播有很大影响，也是海洋噪声的主要来源之一。随着风力的增强，海浪也会增大，由于非线性效应，当海浪达到某个程度时，海浪就会变尖，随之翻转，形成白头浪，并在水下产生气泡群。随着气泡群的不断振动，辐射出海浪噪声，从而影响水声信号的传输[8]。

（4）海洋生物噪声

生物噪声是由海洋中发声的动物产生的[9]。海洋中能发声的生物主要包括甲壳类（主要为群虾的嘈杂声）、鱼类（主要为叫鱼的间断噪声）和海生哺乳类动物（主要为鲸和海豚的噪声）。它们发出的声响是多种多样的。甲壳类中以螯虾为主，它们用螯相互撞击作响。鱼类中能够发声的甚多，如北美的叫鱼，能够发出叩击般的间断噪声；中国黄海和东海中的大黄鱼和小黄鱼会发出 500～5000Hz 的噪声。海豚等哺乳类动物在各种不同的生物活动中发出不同的调频噪声，例如在寻找目标时发出短促的脉冲声[10]，从而对水声信号带来干扰。

2.1.2　目标辐射噪声

船舶、潜艇、鱼雷等目标辐射噪声是被动声呐系统的声源[11-12]，被动声呐系统通过接收目标辐射噪声实现目标的检测[13-14]。船舶辐射噪声会破坏船舶的隐蔽性，且可能引爆某些水中武器，干扰本船舶的水声通信设备（被称为自噪声）。辐射噪声的噪声源繁多且集中，噪声的强度较大，其频谱成分也十分复杂[15-17]。

辐射噪声的声源可分为以下 3 类[13]。

（1）机械噪声

机械噪声是在航行中或作业中的船舶上，各种机械震动通过船体向海水中辐射从而形成的噪声[18]。

机械噪声主要包括[19]：

- 不平衡的旋转部件，如不圆的轴或电机的电枢所产生的噪声[20]；
- 重复的不连续性部件，如齿轮、电枢槽、涡轮机叶片所产生的噪声；
- 往复部件，如往复式内燃机气缸中的爆炸所产生的噪声；
- 泵、管道、阀门中流体的空化和湍流等产生的噪声；
- 轴承和轴颈的机械摩擦产生的噪声。

其中，不平衡的旋转部件、重复的不连续性部件和往复部件产生的噪声为线谱，泵、管道、阀门中流体的空化和湍流等产生的噪声以及轴承和轴颈的机械摩擦产生的噪声为连续谱，一般情况下，机械噪声为强线谱和弱连续谱的叠加。机械噪声是船舶辐射噪声低频段的主要成分。

（2）螺旋桨噪声

螺旋桨对船舶噪声有重要的影响，降低螺旋桨噪声可显著降低船舶噪声[21]。

螺旋桨噪声主要包括以下 3 类。

1）螺旋桨空化噪声

在不同的噪声源中，螺旋桨噪声通常是主要的噪声源，尤其是空化噪声[22]。螺旋桨在水中进行旋转时，螺旋桨叶片的尖端及其表面会产生一个负压区，当负压区的负压足够高时，就会产生气泡，这种现象叫作空化[23-24]。而气泡的破裂则会产生尖的声脉冲，形成空化噪声[25]。螺旋桨空化噪声是船舶辐射噪声高频段的主要成分[26]，螺旋桨空化噪声为连续谱，其产生的条件为船舶的航速要大于船舶的临界航速[27]。当船舶的航速低于临界航速时，空化噪声的噪声级很低（未发生空化），例如漂浮在海面上的船舶，无尾流，无空化产生的气泡；当航速增大至临界航速时，空化噪声的噪声级

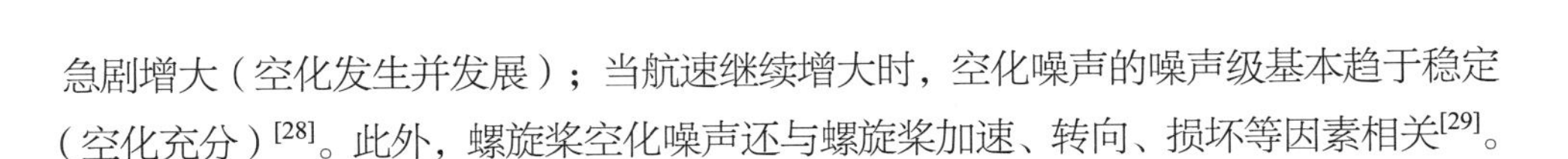

急剧增大（空化发生并发展）；当航速继续增大时，空化噪声的噪声级基本趋于稳定（空化充分）[28]。此外，螺旋桨空化噪声还与螺旋桨加速、转向、损坏等因素相关[29]。

2）螺旋桨“唱音”

螺旋桨“唱音”是涡流扩散激励螺旋桨叶片共振所产生的，其为 100～1000Hz 频段内的强线谱。

3）螺旋桨叶片速率谱

螺旋桨叶片速率谱噪声是叶片旋转时，周期性地切割流体而产生的低频系列线谱噪声，其频率为 1～100Hz。它是潜艇低频段（1～100Hz）噪声的主要成分，且为声呐识别目标和估计目标速度的依据。

（3）水动力噪声

水动力噪声是船舶与海流发生相对运动时，船舶表面产生的噪声，其为水流的动力作用于船舶的结果[30]。

水动力噪声主要有以下 3 种方式。

- 水流冲击激励壳体震动，或激励某些结构的共振，或引起凹穴腔体的共振所产生的辐射噪声。
- 湍流附面层所产生的流噪声。
- 航行中的船舶的船首或船尾的拍浪声、船舶循环水系统的进水口和出水口所产生的辐射噪声。

这些噪声的存在，使得海洋声环境复杂多样，对海洋信道的研究也成为海洋声信号研究的热门方向。

2.2　海洋声场传播模型

2.2.1　海洋声场射线模型

当流体性质不均匀并且在空间和时间上发生变化时，使用射线声学理论量化声传播是有利的。声波通过不同介质传播时，波锋面速度及位置均不恒定。由于锋面的这些变化而弯曲，类似光的折射，垂直于波锋面的线被称为射线。描述光线的基本方程由光程函数（Eikonal）$\tau(x,y,z)$ 定义。光程函数表示波锋面的表面，例如一个恒定的光程函数值将描述一个球体的表面。若要由光程函数推导射线方程，则需要求解亥姆霍兹方程。

$$\nabla^2 \varPhi + \frac{\omega^2}{c^2(x)} \varPhi = -\delta(x - x_0) \tag{2-1}$$

对于射线理论，假设亥姆霍兹方程的解采用以下形式：

$$\varPhi(x) = \mathrm{e}^{\mathrm{i}\omega\tau(x)} \sum_{j=0}^{\infty} \frac{A_j(x)}{(\mathrm{i}\omega)^j} \tag{2-2}$$

通过代入射线集合形式的解求解亥姆霍兹方程，仅保留系列方程中的第一项，得出光程函数方程和传输方程[31-33]。

$$|\nabla \tau|^2 = \frac{1}{c^2(x)} \tag{2-3}$$

$$2\nabla \tau \cdot \nabla A_0 + (\nabla^2 \tau) A_0 = 0 \tag{2-4}$$

包含在光程函数方程中的实数项描述了射线穿过波导时的几何结构，传输方程中包含的虚数项描述波振幅。射线追踪技术解决了一系列的初始角度问题，从而确定可能的射线路径。代表射线路径的特征线通常分为 4 种：直接路径（DP）、折射-表面反射（RSR）、折射-底部反射（RBR）和折射-表面-底部反射（RSRBR）。4 种射线路径如图 2-1 所示。

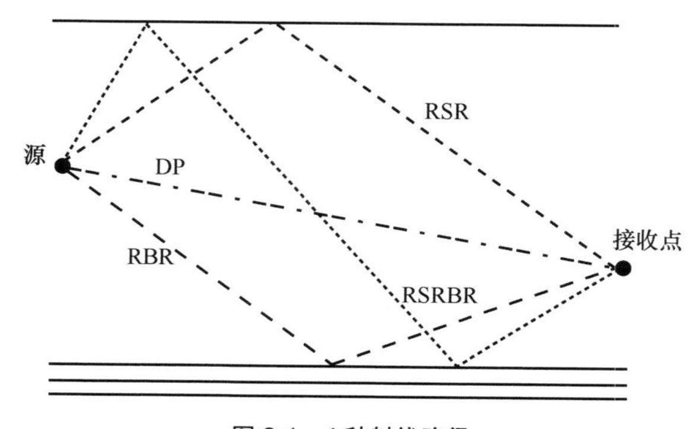

图 2-1　4 种射线路径

射线理论技术有非常高昂的计算成本，同时在处理由声光聚焦而形成焦散区域时有一定的困难。这些影响虽然可以通过使用高斯波束跟踪技术缓解，但是这些方法通常仅用于一维和二维模型。随着技术的不断进步，这项技术已经逐渐让位于依赖范围的抛物线方程技术。

2.2.2　海洋声场抛物线模型

抛物线方程法从电波传播应用发展而来，随后用于海洋声场的建模分析。抛物线方程已经在二维和三维海洋声传播模型中应用，由于近年来计算机运算能力大大增强，这种方法的使用频率正在迅速增加。

椭圆亥姆霍兹方程是从双曲线方程中导出的，从亥姆霍兹方程可以得到抛物线方程。抛物线方程用于描述在空间和时间上演变的传播问题，其随以时间的一阶导数为特征的变量的变化而变化。抛物线方程可以采用范围推进数值技术进行更有效的求解。

亥姆霍兹方程是一个椭圆方程，可以在圆柱坐标系中变换为抛物线方程。圆柱形亥姆霍兹方程及其中的一个解由 ϕ 表示：

$$\frac{\partial^2 \phi}{\partial r^2}+\frac{1}{r}\frac{\partial \phi}{\partial r}+\frac{\partial^2 \phi}{\partial z^2}+k_0^2 n^2 \phi=0 \tag{2-5}$$

$$\phi=\Psi(r,z)S(r) \tag{2-6}$$

该解的一阶偏导数和二阶偏导数如式（2-7）～式（2-9）所示。

$$\frac{\partial(\Psi,S)}{\partial r}=S\frac{\partial \Psi}{\partial r}+\Psi\frac{\partial S}{\partial r} \tag{2-7}$$

$$\frac{\partial^2(\Psi,S)}{\partial r^2}=\left[\frac{\partial S}{\partial r}\frac{\partial \Psi}{\partial r}+S\frac{\partial^2 \Psi}{\partial r^2}\right]+\left[\frac{\partial S}{\partial r}\frac{\partial \Psi}{\partial r}+\Psi\frac{\partial^2 S}{\partial r^2}\right] \tag{2-8}$$

$$\frac{\partial(\Psi,S)}{\partial z}=S\frac{\partial \Psi}{\partial z},\frac{\partial^2(\Psi,S)}{\partial z^2}=S\frac{\partial^2 \Psi}{\partial z^2} \tag{2-9}$$

分离变量，将偏导数代入方程并重新排列：

$$\Psi\left[\frac{\partial^2 S}{\partial r}+\frac{1}{r}\frac{\partial S}{\partial r}\right]+S\left[\frac{\partial^2 \Psi}{\partial r^2}+\frac{\partial^2 \Psi}{\partial z^2}+\left(\frac{2}{S}\frac{\partial S}{\partial r}+\frac{1}{r}\right)\frac{\partial \Psi}{\partial r}+k_0^2 n^2 \Psi\right]=0 \tag{2-10}$$

从方程左侧分离常数 k_0^2，得到式（2-11）：

$$\frac{\partial^2 S}{\partial r}+\frac{1}{r}\frac{\partial S}{\partial r}+Sk_0^2=0 \tag{2-11}$$

运用远场假设 $k_0 r \geqslant 1$，可得近似处理结果。

$$J_0(k_0 r)=\sqrt{\frac{2}{\pi(k_0 r)}}\cos\left((k_0 r)-\frac{\pi}{4}\right) \tag{2-12}$$

$$Y_0(k_0 r)=\sqrt{\frac{2}{\pi(k_0 r)}}\sin\left((k_0 r)-\frac{\pi}{4}\right) \tag{2-13}$$

基于式（2-10）、式（2-11），可以得到：

$$\left[\frac{\partial^2 \Psi}{\partial r^2}+\frac{\partial^2 \Psi}{\partial z^2}+\left(\frac{2}{S}\frac{\partial S}{\partial r}+\frac{1}{r}\right)\frac{\partial \Psi}{\partial r}+k_0^2 n^2 \Psi\right]=\Psi k_0^2 \tag{2-14}$$

运用窄角或近轴近似，可得式（2-15）：

$$\frac{\partial^2 \Psi}{\partial r^2} \ll 2k_0 \frac{\partial \Psi}{\partial r} \tag{2-15}$$

该方程可以简化为抛物线波方程的窄角形式：

$$\frac{\partial^2 \Psi}{\partial z^2}+2ik_0\frac{\partial \Psi}{\partial r}+k_0^2(n^2-1)\Psi=0 \tag{2-16}$$

依照上述理论指导，现搭建一个简单的二维声场抛物线模型，验证其传播规律。该二维抛物线声场传输模型模拟了在深度为 5000m 的海水中，声源置于 1000m 深度时，以 314Hz 的频率传播，接收数据以 250 点做有限差分，在测量网格范围内，加以理想的高斯限带噪声，在不同的传播范围模拟声线传输情况。二维声场抛物线模型分析如图 2-2 所示。

由图 2-2 可知，在 1250m 深度线上方，声速随着深度的增大而降低，但在 1250m 深度线下方，声速随着深度的增大而增大，总体呈现出抛物线型。

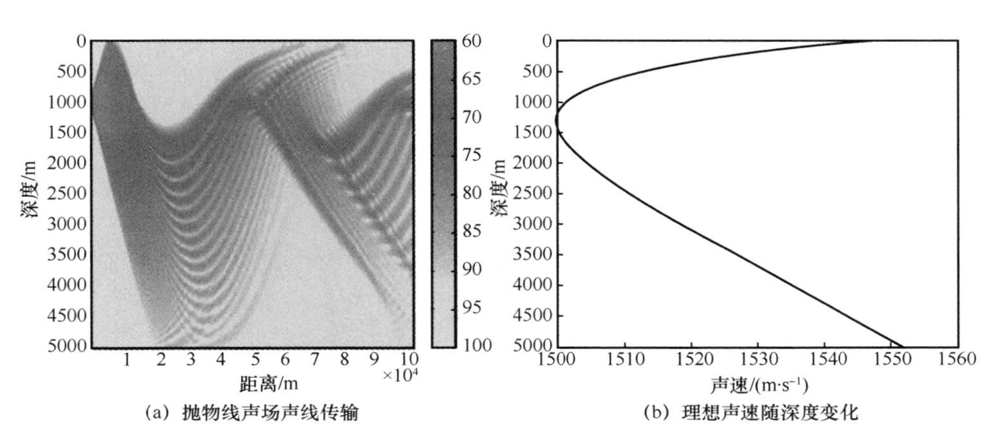

图 2-2　二维声场抛物线模型分析

2.3　水声信道特性

2.3.1　传播损失

声速是海洋研究的重要参数，海洋中的声波为纵波，声速为：

$$c=\frac{1}{\sqrt{\rho\beta_{\mathrm{s}}}} \tag{2-17}$$

其中，ρ 为密度，β_{s} 为觉压热缩系数，受温度、盐度和压力的影响，β_{s} 随着温度、深度和盐度的增加而增加。

声波的平均传播损失可表示为[34]：

$$\mathrm{TL}=n\cdot 10\lg d+\varepsilon d \tag{2-18}$$

其中，式（2-18）的第一项为扩展损失，与路径和传播方式有关；第二项为衰减损失。n 为传播因子，d 为传播路程，ε 为吸收因子，与温度、深度和频率有关。

相对于电磁波来说，声波传播的速率低。声速随海水深度变化剖面如图 2-3 所示。由图 2-3 可以看出，基于 Snell 定律，声线会向着声速较低方向发生弯曲，在浅海中，一般情况下声速在纵向是恒定的，声音的传播路径是直线。浅海的声速剖面分布特性存在显著的特点，冬季时声速剖面为等温层，夏季时其为负跃变层。在深海中，沿着不同传播路径，声速的变化有很大差别，将具有最小传播速度的深度称为声轴道。不均匀声速的传播会造成折射现象，因此声场中会有一个会聚区和一个阴影区，其中阴影区是任何直达声线不会到达的区域。

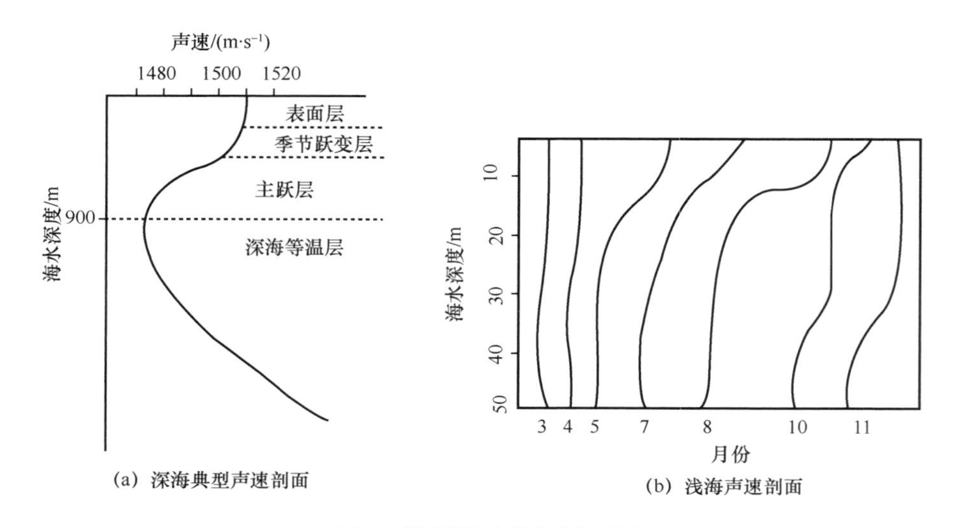

图 2-3　声速随海水深度变化剖面

声信号的传播损失主要由 3 个方面组成：海水本身的吸收损失、声波传播过程的几何扩展损失和海洋不均匀体的散射损失。

（1）海水本身的吸收损失

在声波的传播过程中，其能量会被海水吸收，将能量转变为不可逆的海水内能，此类损失主要是传输介质的不完美造成的。声波传输过程中的吸收损失与频率 f 有关，表示为 $\mathrm{e}^{\varepsilon(f)d}$，其中，$d$ 为距离，$\varepsilon(f)$ 是关于 f 的吸收因子。根据文献[35-36]，吸收因子可写为：

$$\varepsilon(f)=\frac{B_1P_1f_1f^2}{f_1^2+f^2}+\frac{B_2P_2f_2f^2}{f_2^2+f^2}+B_3P_3f^2 \tag{2-19}$$

其中，B_1、B_2 和 B_3 是常数，P_1、P_2 和 P_3 是压强的相关参数，f_1 和 f_2 是相关频率。

对于频率 f 低于 50 kHz 的情况，吸收因子可以简化为[37-38]：

$$\varepsilon(f)=\frac{0.1f^2}{1+f^2}+\frac{44f^2}{4100+f^2}+2.75\times10^{-4}f^2+0.003 \tag{2-20}$$

（2）声波传播过程的几何扩展损失

声波传播过程中由几何扩展造成的损失，指的是其波阵面在声源开始扩展过程中出现的规律性的几何效应。声信号向外传播的过程中，传播的距离越长，波形的前端覆盖面越广，在单位面积上的声能量越小。点声源在扩展中形成的是球面波，造成的损失功率与路径长度的二次方成正比。线声源向外传播过程中形成的是柱面波，且其损失功率与路径长度成正比。在现实场景的水下传输过程中，几何扩展同时包含了以上两种，其损失功率与传输距离的 β 次方成正比。对于柱面扩展，β 为 1；而对于球面扩展，β 为 2。通常在实际传播过程中很难区分是球面扩展还是柱面扩展，所以可以取经验值 1.5。

（3）海洋不均匀体的散射损失

水下传输过程中出现的散射损失是非均匀介质和不理想的海面及海底造成的。散射损失与波长及散射体的大小有关。波长小则散射损失严重。海面和海底的散射主要是界面的粗糙产生的，与界面的粗糙程度有关，界面越粗糙，散射损失越大。海面和海底的散射损失与频率也有关。实际海洋环境中，两种散射情况可能同时存在，当声波在海底反射并在气泡群中传播时，两种散射损失都会存在，会在空间和频域上均产生能量色散。

2.3.2　时变多径特性

多径效应会使水下信号在传输中出现失真。多径指的是在收/发端存在多条传输路径。水声信道具有明显的时变性和多径特性，接收端接收的水声信道信号可当作通过不同的传输路径到达，由不同幅度和时延的信号叠加而成。水声信道的多径传播特性如图 2-4 所示，由图 2-4 可知，浅海环境中，发送信号会经过海面和海底的反射，从多条路径到达接收端。在深海环境中，海面和海底的反射可以被忽略，然而深海中的折射会引起多径传输。

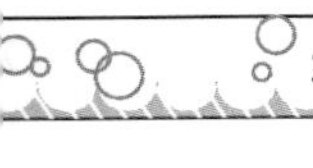

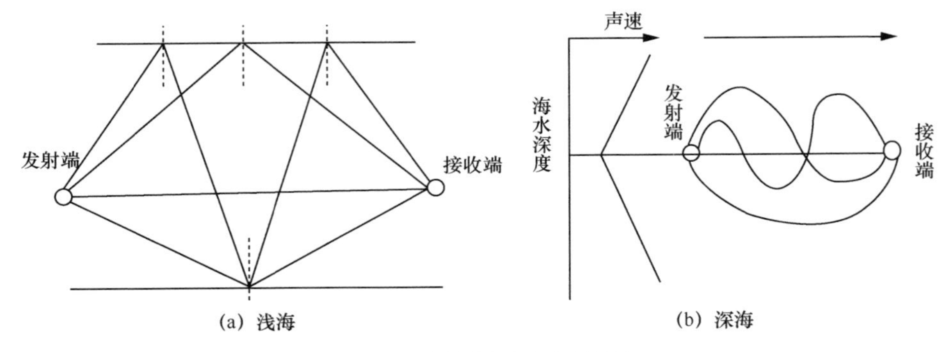

图 2-4 水声信道的多径传播特性

假定有 N_{pa} 条传输路径，ξ_p 表示第 p 条路径的散射损失，d_p 表示第 p 条路径的传播距离，τ_p 表示第 p 条路径的传播时延，则第 p 条路径的传播损失为：

$$P_{\text{at}}(f,d_p)=\xi_p d_p^{\beta}\mathrm{e}^{\varepsilon(f)d_p} \tag{2-21}$$

其中包含了以上讨论的 3 种损失。海洋中水声信道的传输函数可以表达为：

$$H(f)=\sum_{p=1}^{N_{pa}}\frac{1}{\sqrt{P_{\text{at}}(f,d_p)}}\mathrm{e}^{-\mathrm{j}2\pi f\tau_p} \tag{2-22}$$

由式（2-22）可知，信道的传输函数表明信道总的衰减与距离和频率有关，且吸收因子随着频率的变化而变化。因此，高频段的损失较严重，而低频段的传播距离受限，该特性使中远程通信的可用频带资源非常有限。

（1）稀疏性

水声信道具有稀疏性[39-43]，也就是说水声信道的能量主要集中于几条路径上，实际浅海试验中信道响应的变化如图 2-5 所示，其为 2015 年 1 月 21 日厦门五缘湾浅海试验中水声信道响应随时延的变化曲线，由图 2-5 可以看出，水声信道的响应具有稀疏性。而水声信道的稀疏特性也是水声通信系统研究中经常探讨和利用的特性，如利用稀疏性进行信道估计、信道预测等。

（2）时延扩展

时延扩展是由海洋的散射和反射造成的水声信号传输路径的变化而引起的，是多径效应引起时域上信号波形展宽的度量。信道的时延扩展指的是最大的传输时延差，记为 E_τ，则：

$$E_\tau := \max\{|\tau_i - \tau_j|\}, \forall i, j \tag{2-23}$$

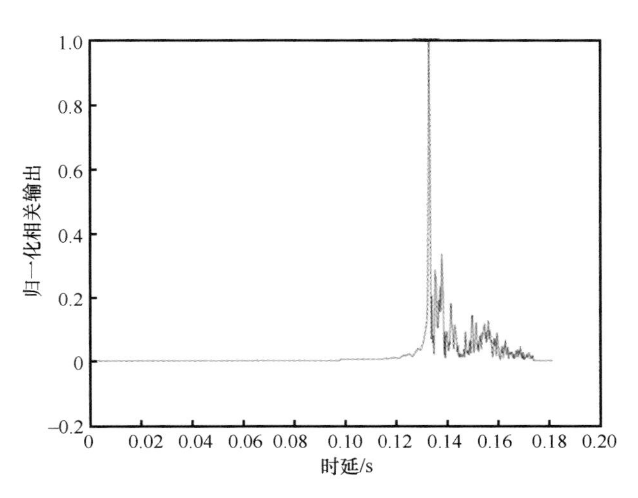

图 2-5　实际浅海试验中信道响应的变化

传输速率小和多径传输会造成大的时延扩展。在浅海环境中，E_τ 通常为几十毫秒，有时会达到上百毫秒[44]。在深海环境中，E_τ 能够达到几秒。然而，较大的时延扩展会使水声通信中的接收信号产生严重的符号间干扰。

2.3.3　多普勒效应

由于海洋环境不稳定，如海流造成通信平台晃动，风引起的海浪均具有水声信道时变特点，而时变性是水声通信的特点之一。各个传输路径会有不同的时变特性，如直线传输路径稳定，但是海浪的变化，使得反射传输路径具有时变性。

收/发两端间的相对运动会导致传输信号频率的变化，称作多普勒效应。多普勒效应引起的频率偏移，则称作多普勒频移，而引起的频率扩展则称为多普勒扩展。

多普勒频移可表示为：

$$f_D = \frac{v}{\lambda} \cdot \cos\theta = f \cdot \frac{v}{c} \cdot \cos\theta \tag{2-24}$$

其中，v 指运动的速度，λ 指波长，c 指声波的速度，f 为信号的频率，θ 为速度与传输信号方向间的夹角。

相干时间与多普勒频域有关，是信道的冲激响应持续时间的统计平均，即相干时间指的是到达接收端的两个信号间有非常强的相关性，用来表述信道在时域的频率色散，且通常用最大的多普勒频移表达。

假定 u_p 是第 p 条传输路径的多普勒速率。则多普勒扩展定义为不同路径的多普勒差，记为 E_{D}，则：

$$E_{\mathrm{D}} := \max\left\{\left|\frac{v_i - v_j}{c}\right|\right\}, \forall i, j \tag{2-25}$$

其中，c 为声波的速度。由式（2-25）可知，较低的传播速度会产生较大的多普勒扩展，而大的多普勒扩展会引起信道相关时间的减小。一般将具有较大时延扩展及多普勒扩展的水声信道称为双扩展信道。

2.4 本章小结

本章对水声探测领域中涉及的海洋声学模型进行了简要介绍，分析了海洋环境中噪声的主要来源和对水声信号的影响方式，介绍了海洋声场中声音的两种传播模型：射线模型和抛物线模型，并对水声信道对信号传输的影响进行了一定的描述。

参考文献

[1] NICHOLS S M, BRADLEY D L. Use of noise correlation matrices to interpret ocean ambient noise[J]. The Journal of the Acoustical Society of America, 2019, 145(4): 2337.

[2] SIDERIUS M, GEBBIE J. Environmental information content of ocean ambient noise[J]. The Journal of the Acoustical Society of America, 2019, 146(3): 1824.

[3] ZHANG Q C, GUO X Y, MA L. The research of the characteristics of the ocean ambient noise under varying environment[J]. Journal of Computational Acoustics, 2017, 25(2): 1750021.

[4] 郭新毅，李凡，铁广朋，等. 海洋环境噪声研究发展概述及应用前景[J]. 物理，2014,

43(11): 723-731.

[5] CHAN H C, WEI R C, CHEN C F. Measurement and simulation for wind noises in the ocean environments with nonlinear internal waves[J]. Journal of Computational Acoustics, 2008, 16(2): 163-176.

[6] GEIPEL I, SMEEKES M J, HALFWERK W, et al. Noise as an informational cue for decision-making: the sound of rain delays bat emergence[J]. The Journal of Experimental Biology, 2019, 222(3): 192005.

[7] YAN X, LU S, LI J J. Experimental studies on the rain noise of lightweight roofs: natural rains vs artificial rains[J]. Applied Acoustics, 2016(106): 63-76.

[8] ZHOU J B, PIAO S C, LIU Y Q, et al. Ocean surface wave effect on the spatial characteristics of ambient noise[J]. Acta Physica Sinica, 2017, 66(1): 014301.

[9] HOUSER D S, MULSOW J, BRANSTETTER B, et al. The characterisation of underwater noise at facilities holding marine mammals[J]. Animal Welfare, 2019, 28(2): 143-155.

[10] HEENEHAN H, STANISTREET J E, CORKERON P J, et al. Caribbean sea soundscapes: monitoring humpback whales, biological sounds, geological events, and anthropogenic impacts of vessel noise[J]. Frontiers in Marine Science, 2019(6): 347.

[11] LI Y X, CHEN X, YU J, et al. The data-driven optimization method and its application in feature extraction of ship-radiated noise with sample entropy[J]. Energies, 2019, 12(3): 359.

[12] LI Y X, CHEN X, YU J. A hybrid energy feature extraction approach for ship-radiated noise based on CEEMDAN combined with energy difference and energy entropy[J]. Processes, 2019, 7(2): 69.

[13] 孙军平，林建恒，江鹏飞，等. 舰艇水下辐射噪声谱特征传播仿真分析[J]. 声学技术，2017, 36(2): 127-128.

[14] YUAN F, KE X Q, CHENG E. Joint representation and recognition for ship-radiated noise based on multimodal deep learning[J]. Journal of Marine Science and Engineering, 2019, 7(11): 380.

[15] MACGILLIVRAY A O, LI Z Z, HANNAY D E, et al. Slowing deep-sea commercial vessels reduces underwater radiated noise[J]. The Journal of the Acoustical Society of America, 2019, 146(1): 340.

[16] YANG H H, LI J H, SHEN S, et al. A deep convolutional neural network inspired by auditory perception for underwater acoustic target recognition[J]. Sensors (Basel, Switzerland), 2019, 19(5): 1104.

[17] YANG H, ZHAO K, LI G H. A new ship-radiated noise feature extraction technique based on variational mode decomposition and fluctuation-based dispersion entropy[J]. Entropy (Basel, Switzerland), 2019, 21(3): 235.

[18] ZHANG B, XIANG Y, HE P, et al. Study on prediction methods and characteristics of ship

underwater radiated noise within full frequency[J]. Ocean Engineering, 2019(174): 61-70.

[19] LI W J, SHEN X H, LI Y A. A comparative study of multiscale sample entropy and hierarchical entropy and its application in feature extraction for ship-radiated noise[J]. Entropy (Basel, Switzerland), 2019, 21(8): 793.

[20] 杨德森，张睿，时胜国. 内部体积源作用下的圆柱壳内外声场特性[J]. 物理学报，2018, 67(24): 244301.

[21] EBRAHIMI A, SEIF M S, NOURI-BORUJERDI A. Hydro-acoustic and hydrodynamic optimization of a marine propeller using genetic algorithm, boundary element method, and FW-H equations[J]. Journal of Marine Science and Engineering, 2019, 7(9): 321.

[22] MIGLIANTI F, CIPOLLINI F, ONETO L, et al. Model scale cavitation noise spectra prediction: combining physical knowledge with data science[J]. Ocean Engineering, 2019(178): 185-203.

[23] AKTAS B, ATLAR M, LEIVADAROS S, et al. Hydropod: an onboard deployed acoustic–visual device for propeller cavitation and noise investigations[J]. IEEE Journal of Oceanic Engineering, 2019, 44(1): 72-86.

[24] HAN H, JEON S, LEE C, et al. Study for estimation of propeller cavitation sound using underwater radiated sound from the hull estimating with hull vibration[J]. Transactions of the Korean Society for Noise and Vibration Engineering, 2019, 29(6): 705-713.

[25] 程玉胜，马凯，邱家兴，等. 船舶侧斜螺旋桨空化噪声调制谱模型[J]. 声学学报，2022, 47(1): 27-35.

[26] SAKAMOTO N, KAMIIRISA H. Prediction of near field propeller cavitation noise by viscous CFD with semi-empirical approach and its validation in model and full scale[J]. Ocean Engineering, 2018(168): 41-59.

[27] CHION C, LAGROIS D, DUPRAS J. A meta-analysis to understand the variability in reported source levels of noise radiated by ships from opportunistic studies[J]. Frontiers in Marine Science, 2019(6): 714.

[28] TANI G, VIVIANI M, VILLA D, et al. A study on the influence of hull wake on model scale cavitation and noise tests for a fast twin screw vessel with inclined shaft[J]. Proceedings of the Institution of Mechanical Engineers, Part M: Journal of Engineering for the Maritime Environment, 2018, 232(3): 307-330.

[29] JALKANEN J P, JOHANSSON L, LIEFVENDAHL M, et al. Modelling of ships as a source of underwater noise[J]. Ocean Science, 2018, 14(6): 1373-1383.

[30] LI Y L, YE J X, WU J Y, et al. The hydrodynamic noise suppression of a scaled submarine model by trailing-edge serrations[J]. 2021 OES China Ocean Acoustics (COA), 2021(3): 441-444.

[31] VERBEEK P W, VERWER B J H. Shading from shape, the eikonal equation solved by

grey-weighted distance transform[J]. Pattern Recognition Letters, 1990, 11(10): 681-690.
[32] FENG G X, HUANG J. A new method for solving the eikonal equation in the spherical computing domain[J]. Mathematical Methods in the Applied Sciences, 2020, 43(6): 2953-2966.
[33] 陶在红，秦媛媛，孙斌，等. 光纤中单光子传输方程的求解及分析[J]. 物理学报，2016, 65(13): 130301.
[34] 朱昌平，韩庆邦，李建. 水声通信基本原理与应用[M]. 北京：电子工业出版社, 2009.
[35] LURTON X. An introduction to underwater acoustics: principles and applications[M]. New York: Springer, 2003.
[36] AINSLIE M A, MCCOLM J G. A simplified formula for viscous and chemical absorption in sea water[J]. The Journal of the Acoustical Society of America, 1998, 103(3): 1671-1672.
[37] WAITE A. Sonar for practical engineers[M]. Chichester: John Wiley & Sons Ltd, 2003.
[38] STOJANOVIC M. Recent advances in high-speed underwater acoustic communications[J]. IEEE Journal of Oceanic Engineering, 1996, 21(2): 125-136.
[39] KOCIC M, BRADY D, STOJANOVIC M. Sparse equalization for real-time digital underwater acoustic communications[C]//Proceedings of Challenges of Our Changing Global Environment. Conference Proceedings. OCEANS, 95 MTS/IEEE. Piscataway: IEEE Press, 1995.
[40] STOJANOVIC M. Retrofocusing techniques for high rate acoustic communications[J]. The Journal of the Acoustical Society of America, 2005, 117(3): 1173-1185.
[41] 姜喆，王海燕，赵瑞琴，等. 水声稀疏信道估计与大范围自适应平滑预测研究[J]. 西安工业大学学报, 2012, 32(10): 844-852.
[42] STOJANOVIC M, PREISIG J. Underwater acoustic communication channels: propagation models and statistical characterization[J]. IEEE Communications Magazine, 2009, 47(1): 84-89.
[43] 田坦，刘国枝，孙大军. 声呐技术[M]. 哈尔滨：哈尔滨工程大学出版社, 2000.
[44] 刘伯胜，雷家煜. 水声学原理[M]. 哈尔滨：哈尔滨工程大学出版社, 2010.

第3章 水声环境非高斯噪声

3.1 非高斯噪声模型

在水声信道的噪声模型研究中，传统的高斯白噪声模型已不再适用[1-10]，因为水声信道的噪声多来自水中机动目标发出的噪声以及水下生物发出的声音信号，而这些信号往往存在于特定的频域范围，即有色噪声，而非白噪声，同时噪声幅度也呈现明显的非高斯分布的特性。因此，对水声信道中的噪声进行研究时，主要使用非高斯模型。阵列信号处理技术与多天线接收技术在水声通信和水声探测中广泛应用，为了实现多天线的最佳接收，必须提前知道相应的多维噪声模型，因此对多维非高斯噪声模型的研究就显得尤为重要。在众多统计物理模型中，最著名的是 Middleton 的 A 类[11-12]、B 类噪声模型[13]。随着 Middleton 噪声模型的建立，一维非高斯噪声模型已较为成熟，但多维的非高斯噪声模型仍然是学术界的难题。除了 Middleton 噪声模型，非高斯噪声模型还包括 α 噪声模型[14-15]、伯努利高斯噪声模型、高斯混合模型[16]和双门加性白高斯噪声（Double Gated Additive White Gaussian Noise，G2AWGN）模型等。

多维 Middleton 噪声模型的基本设想[17]是 Middleton 在 1967 年提出的。Middleton 对两天线接收机的接收区域进行了初步的分析，但没有给出更为具体的物理分析和数学推导。McDonald 首先通过物理分析和数学推导在 A 类条件下建立了多维 A 类噪声模型[18]，填补了 Middleton 多维统计物理模型的缺失。多维 A 类模型较一维模型复杂，McDonald 对其进行了简化后，得到了混合高斯形式的简化模型，以便于模型在实际中的运用。但对于多维的 B 类噪声模型，其情形较 A 类复杂，目前并没有相关的研究结果。首先，Middleton 的噪声模型具有规范的属性；其次，它是参数化的噪声模型，可以通过参数的估计充分反映信道噪声的统计特性，模型参数均有对应的物理意义，并与噪声源的属性和噪声在时间、空间的分布相关。利用现有的测试方法和仪器，可以对该参数模型的参数进行有效估计；第三，A 类和 B 类噪声模型对高斯噪声具有封闭性，即此类非高斯噪声叠加高斯噪声后，噪声的属性并没有发生变化；最后，Middleton 的噪声模型具有可简化性，通过其简化模型能够更便捷地对噪声模型进行研究。

3.1.1 α 噪声模型

α 噪声模型[14,19-21]也是一种非高斯噪声模型，最初由 Levy 于二十世纪二三十年代提出，Feller 等对这一理论进行详细论述并分类。它的理论基础为：根据广义中心极限定理，具有无穷方差的无穷多个独立同分布信源正态叠加，如果它的边缘分布收敛，则它一定收敛到一族 α 稳态分布。α 稳态分布的一个主要特点是能够有效描述随机现象的突发性，由于大部分稳态分布不具有密度函数和分布函数的封闭形式，通常用特征函数表示 α 稳态分布。α 稳态分布的特征函数为：

$$\varphi(t)=\exp\left\{\mathrm{j}\delta t-\left|\gamma t\right|^{\alpha}[1+\mathrm{j}\beta\,\mathrm{sgn}(t)\omega(t,\alpha)]\right\} \tag{3-1}$$

其中，

$$\omega(t,\alpha)=\begin{cases}\tan\left(\dfrac{\alpha\pi}{2}\right), & \alpha\neq 1\\ \dfrac{2}{\pi}\ln\left|t\right|, & \alpha=1\end{cases} \tag{3-2}$$

$$\mathrm{sgn}(u)=\begin{cases}1, & u>0\\ 0, & u=0\\ -1, & u<0\end{cases} \tag{3-3}$$

$\mathrm{sgn}(u)$ 为符号函数，α 稳态分布由 α 、β、γ 和 δ 4 个参数决定。α 称为特征指数，它用来表示在分布中的突发程度。α 的值越小，远离中心值的出现概率越大。β 是对称参数，它用来控制整个分布的偏斜程度或分布的尾部变化情况。当 β=0 时，变成对称α稳定分布（Symmetric α-stable Distribution，SαS）。α和β参数可以从整体上决定整个分布函数的形状。γ是尺度参数，又称为分散系数，代表杂散程度，它是关于样本相对于平均值分散程度的度量，与能量密切相关，类似于高斯分布中的方差。δ是位移参数，对于SαS而言，当$1<\alpha\leqslant 2$时，δ代表均值；若$0<\alpha\leqslant 1$，则δ表示中值。若δ=0，γ=1，则α稳定分布称为标准α稳定分布。

其他非高斯噪声模型有伯努利高斯噪声模型、高斯混合模型和双门加性白高斯噪声模型。首先，伯努利高斯噪声模型主要用于对人为噪声源建模，例如无线电系统中的噪声源。相比于A类噪声，该类噪声更容易处理，因此在文献中更加常见。伯努利高斯噪声的采样值n主要由热噪声成分n_{g}和脉冲噪声n_i两部分组成。

$$n = n_{\mathrm{g}} + Bn_i \tag{3-4}$$

其中，B是二进制随机变量，取值为0或1，该变量决定了伯努利高斯噪声的脉冲特性；n_{g}可视为服从均值为0和方差为$2\sigma_{\mathrm{g}}^2$的高斯分布，即$n_{\mathrm{g}} \sim N(0,2\sigma_{\mathrm{g}}^2)$，同时有$n_i \sim N(0,2\sigma_i^2)$，且脉冲噪声的方差远大于热噪声。该噪声模型的概率密度函数为：

$$f_{\mathrm{BG}}(n) = \frac{1-p}{2\pi\sigma_{\mathrm{g}}^2}\exp\left(-\frac{|n|^2}{2\sigma_{\mathrm{g}}^2}\right) + \frac{p}{2\pi\left(\sigma_{\mathrm{g}}^2+\sigma_i^2\right)}\exp\left(-\frac{|n|^2}{2\left(\sigma_{\mathrm{g}}^2+\sigma_i^2\right)}\right) \tag{3-5}$$

其中，p为脉冲噪声存在或不存在的概率。其次，混合高斯噪声模型在5G通信中是最准确的模型，可表示多种不同干扰因素产生的噪声，也可以模拟A类噪声和伯努利高斯噪声最通用的噪声形式。混合高斯噪声模型的概率密度函数是高斯分布的概率密度函数的加权和：

$$f_{\mathrm{GM}}(n) = \sum_{n=1}^{N}\frac{\varepsilon_n}{2\pi\sigma_n^2}\exp\left(-\frac{|n|^2}{2\sigma_n^2}\right) \tag{3-6}$$

其中，$\varepsilon_n > 0$，且对于$n=1,2,\cdots,N$，有$\sum\limits_{n=1}^{N}\varepsilon_n = 1$。最后，双门加性白高斯噪声模型主要用于表示数字电视频道中的噪声。与持续时间间隔短的脉冲噪声模型相比，该噪声具有更长的持续时间和更高的强度。该噪声模型的数学模型表示如下：

$$\eta(t) = \eta_{\mathrm{g}}(t) + C(t)\eta_i(t) \tag{3-7}$$

其中，$\eta_{\mathrm{g}}(t)$是背景中的加性白高斯噪声，它始终影响着系统；$C(t)$是数字调制信号，负责高斯白噪声$\eta_i(t)$的幅度调制。$C(t)$充当$\eta_i(t)$的门，因此该噪声称为门控噪声

（Gated Noise）。调制信号 $C(t)$ 可以表示为乘积 $C_1(t)C_2(t)$，其中，$C_1(t)$ 和 $C_2(t)$ 分别为持续时间为 T_1 和 T_2 的矩形脉冲，$C_1(t)$ 和 $C_2(t)$ 的取值都为离散的 0 和 1，其乘积决定了 $\eta(t)$ 的整体特性。$C_1(t)$ 可以被表示为一系列的矩形脉冲：

$$C_1(t)=\sum_{k=-\infty}^{\infty} m_k P_{R_1}(t-T_1) \tag{3-8}$$

其中，m_k 是取值为 0 或 1 的第 k 个比特，其取值为 1 的概率为 $p(m_k=1)=p_1$，因此，$p(m_k=0)=1-p_1$。假定脉冲 $P_{R_1}(t)$ 在时间 $0\leqslant t\leqslant \beta T_1$ 内具有单位幅度，且 $0\leqslant\beta\leqslant 1$。类似地，$C_2(t)$ 可以表示为：

$$C_2(t)=\sum_{l=-\infty}^{\infty} m_l P_{R_2}(t-T_2) \tag{3-9}$$

其中，m_l 是取值为 0 或 1 的第 l 个比特，其取值为 1 的概率为 $p(m_l=1)=p_2$，因此，$p(m_l=0)=1-p_2$。假定脉冲 $P_{R_2}(t)$ 在时间 $0\leqslant t\leqslant \lambda T_2$ 内具有单位幅度，且 $0\leqslant\lambda\leqslant 1$。因此，该复合噪声的概率密度函数为：

$$f_{\eta(t)}(\eta)=\frac{\lambda\beta p_1 p_2}{\sqrt{2\pi\left(\sigma_{\mathrm{g}}^2+\sigma_i^2\right)}}\exp\left[-\frac{\eta^2}{2\left(\sigma_{\mathrm{g}}^2+\sigma_i^2\right)}\right]+\frac{(1-\lambda\beta p_1 p_2)}{\sqrt{2\pi\sigma_{\mathrm{g}}^2}}\exp\left[-\frac{\eta^2}{2\sigma_{\mathrm{g}}^2}\right] \tag{3-10}$$

3.1.2　A 类噪声模型

为定量分析噪声源模型，Middleton[17, 22-24]做了如下假设：在某个源域内有无穷多个可能的噪声源，从它们发出某种形式的波形，接收到的干扰为：

$$X(t)=\sum_j U_j(t,\theta) \tag{3-11}$$

其中，U_j 为第 j 个接收的干扰波形；θ 为控制波形的参数（幅度、持续时间、频率），可以是随机的。假设某个源域的干扰波形具有相同的性质，进一步细化所述模型，引入空间、时间信息，即：

$$X(t)=\sum_{j=0}^{K} U_j(t,\lambda_j,\varepsilon_j,\theta_j) \tag{3-12}$$

其中，λ_j 为空间中的点坐标（一维或二维或三维）；ε_j 为 U_j 产生时刻，是模型中一系列的参数，如多普勒、幅度、时延等；K 是噪声源数目，由于噪声源是时空分布的，假设 $X_{\Delta\tau}(t)$ 是在时空变量 $\Delta\tau$ 内发生的信号，其中，变量 $\Delta\tau=\Delta\lambda\Delta\varepsilon$，则 $X_{\Delta\tau}(t)$ 特征函数为：

$$E\left[\mathrm{e}^{\mathrm{i}\zeta X_{\Delta\tau}(t)}\right]=\sum_{N=0}^{\infty}P(N)E\left[\mathrm{e}^{\mathrm{i}\zeta X_{\Delta\tau}(t)}\middle|N\right] \tag{3-13}$$

其中，N 为发射源的个数。Middleton 假设噪声源在时间和空间上都是统计独立的。那么随机干扰过程的一阶特征函数为：

$$f_{\mathrm{GM}}(n)=\sum_{n=1}^{N}\frac{\varepsilon_n}{2\pi\sigma_n^2}\exp\left(-\frac{|n|^2}{2\sigma_n^2}\right) \tag{3-14}$$

其中，$\rho(\lambda,\varepsilon)$ 为发射密度。通过数学变换，可得 $X(t)$ 的特征函数：

$$F(\mathrm{i}\zeta)=E\left[\mathrm{e}^{\mathrm{i}\zeta X(t)}\right]=\exp\left\{\int_{\Gamma_a\hat{\varepsilon}}\rho(\lambda,\varepsilon)E\left[\mathrm{e}^{\mathrm{i}\zeta U(t)}-1\right]\mathrm{d}\lambda\mathrm{d}\varepsilon\right\} \tag{3-15}$$

对式（3-15）进行适当的变换，并以 $B_0(t,\lambda,\theta)$ 代表 U 的保留，可得：

$$F(\mathrm{i}\zeta,t)=\exp\{<AJ_0(B_0\zeta)-A>\} \tag{3-16}$$

其中，$<\cdot>$ 表示广义统计平均，J_0 为零阶贝塞尔函数。对于 A 类噪声来说，噪声带宽比接收机带宽窄，噪声脉冲通过接收机后基本保持原有的形状，则 $<AJ_0(B_0\zeta)-A>$ 可简化为 $<AJ_0(B_0\zeta)>-A$，Middleton 通过推导和近似处理，得到著名的 A 类噪声模型幅度概率分布的表达式：

$$P_1(\varepsilon>\varepsilon_0)\cong\mathrm{e}^{-A}\sum_{m=0}^{\infty}\frac{A^m}{m!}\mathrm{e}^{\frac{-\varepsilon_0^2}{2\hat{\delta}_m^2}},\qquad \varepsilon_0\geqslant 0 \tag{3-17}$$

其中，$\hat{\delta}_m^2\equiv\left(\frac{m}{A}+\Gamma\right)/(1+\Gamma)$，$\Gamma\triangleq\frac{\delta_{\mathrm{G}}^2}{\delta_{\mathrm{I}}^2}$ 为高斯型脉冲功率比，指的是输入干扰的独立高斯部分的强度和非高斯部分的强度比率，A 为脉冲指数或者重叠因子。它表示的是重叠干扰波形在任意瞬间，对“重叠”或者“密度”的度量。它是干扰模型中的主要参数之一，能够决定干扰的概率密度和超越概率特性。对于比较小的 A 值，波形的统计特性主要由幅度较大、数量相对少的干扰波形确定，因此干扰具有“脉冲”特性，即具有结构化的特点。随着 A 值的增大，模型的统计特性接近普通高斯过程。

如果接收机为宽带结构，噪声的幅度统计信息包含在瞬时幅度中，A 类噪声模型瞬时幅度概率分布的表达式为：

$$P(|y|>|y_0|)\cong 1-\mathrm{e}^{-A}\sum_{m=0}^{\infty}\frac{A^m}{m!}\Phi\left(\frac{|y_0|}{\hat{\delta}_m\sqrt{2}}\right) \tag{3-18}$$

其中，误差函数 $\Phi(\cdot)$ 定义为：

$$\Phi(x)=\int_{-\infty}^{x}\frac{1}{\sqrt{2\pi}}\mathrm{e}^{-t^2/2}\mathrm{d}t \tag{3-19}$$

A 类模型实际上是一种基于泊松过程的混合高斯概率密度模型，由于该模型充分考虑了实际环境因素，因此干扰模型的参数具有明确的物理意义，并可在实际应用中直接测量。

3.1.3　B 类噪声模型

根据 Middleton 的研究成果，我们可以得到 B 类模型[13, 25-27]的概率密度函数表达式：

$$f(x)=\begin{cases}\dfrac{1}{\pi\Omega}\displaystyle\sum_{m=0}^{\infty}\frac{(-A_\alpha)^m}{m!}\Gamma\left(\frac{1+\alpha m}{2}\right)F_1\left(\frac{1+\alpha m}{2};\frac{1}{2};-\left(\frac{x}{\Omega}\right)^m\right), & |x|\leqslant z_{0\mathrm{B}}\\ 0, & |x|>z_{0\mathrm{B}}\end{cases} \tag{3-20}$$

其中，Γ 是 Gama 函数，F_1 是合流超几何分布；A_α 是重叠系数或者脉冲指数，α 是空间传输密度因子，其取值范围一般为(0, 2)；Ω 是归一化因子，类似于高斯噪声的方差。

3.2　噪声的产生

3.2.1　α 噪声的产生

经典的非均匀随机数的产生方法有逆变换法和取舍法。但这类方法不能用于产生稳定分布的随机数据，这是因为逆变换法需要计算概率分布函数逆变换的解析表达式；取舍法需要计算概率密度函数大量的离散点，通过特征函数的数值积分实现这一过程将非常复杂和费时。这里采用 Chambers-Mallows-Stuck 方法产生稳定分布噪声[14, 28]。

在得到服从任意参数 $S(\alpha,\beta,\sigma,\mu)$ 的稳定分布数据之前，先来看得到服从 SαS 的方法，其步骤如下。

步骤 1 将标准参数系 $S(\alpha,\beta,\sigma,\mu)$ 中的参数 (β,σ) 转化为 S^2 参数系中的 (β,σ)。

步骤 2 产生 S^2 参数系中服从 $S^2(\alpha,1,\beta_2,0)$ 的随机噪声，其步骤为：

- 产生一个在 $\left(-\frac{\pi}{2},\frac{\pi}{2}\right)$ 服从均匀分布的随机噪声 V；
- 产生另一个服从均值为 1 的指数分布的随机噪声 W，且与 V 相互独立；
- 当 $\alpha\neq 1$ 时，$X=\frac{\sin\alpha(V-V_0)}{(\cos V)^{1/\alpha}}\left(\frac{\cos\left[V-\alpha(V-V_0)\right]}{W}\right)^{(1-\alpha)/\alpha}$；当 $\alpha=1$ 时，$X=\left(\frac{\pi}{2}+\beta_2 V\right)\tan V-\beta_2\ln\left(\frac{W\cos V}{\frac{\pi}{2}+\beta_2 V}\right)$ 转化为 S^2 参数系中的 (β,σ)；其中 $V_0=-\frac{\arctan\left(\beta\tan\frac{\pi\alpha}{2}\right)}{\alpha}$；
- 做变换，产生随机变量 $Y=\sigma_2 X$；
- 令 $U=Y+\mu$，可得：$U\sim\begin{cases}S(\alpha,\sigma,\beta,\mu), & \alpha\neq 1\\ S\left(1,\sigma,\beta,\mu-\frac{2}{\pi}\sigma\beta\ln\left(\frac{2}{\pi}\sigma\right)\right), & \alpha=1\end{cases}$。

也就是说，当 $\alpha=1$ 时，需要对 U 进行修正，即 $U+\frac{2}{\pi}\sigma\beta\ln\left(\frac{2}{\pi}\sigma\right)$，才能得到服从 $S(1,\sigma,\beta,\mu)$ 的随机噪声。

利用上文介绍的方法，可以得到 S 参数系中指定参数组合的 αS 分布随机变量，并进行 MATLAB 仿真。为了便于书写，下面用 $S\left(\alpha,\beta,\sigma,\mu\right)$ 表示 αS 分布随机变量，绘制它们对应的仿真图。为了便于观察，均取前 10000 个点。

产生参数组合为 $\alpha=2,\beta=0,\sigma=1,\mu=0$ 的 S 参数系中的 αS 分布随机变量序列（即高斯分布序列），$S(2,0,1,0)$ 的仿真结果如图 3-1 所示。

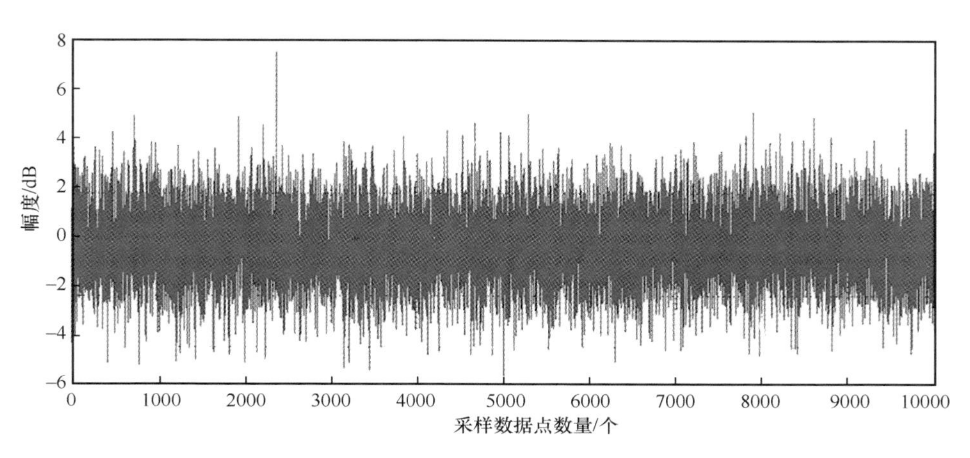

图 3-1 $S(2,0,1,0)$的仿真结果

产生参数组合为 $\alpha = 1.6, \beta = 0, \sigma = 1, \mu = 0$ 的 S 参数系中的 αS 分布随机变量序列，$S(1.6,0,1,0)$ 的仿真结果如图 3-2 所示。

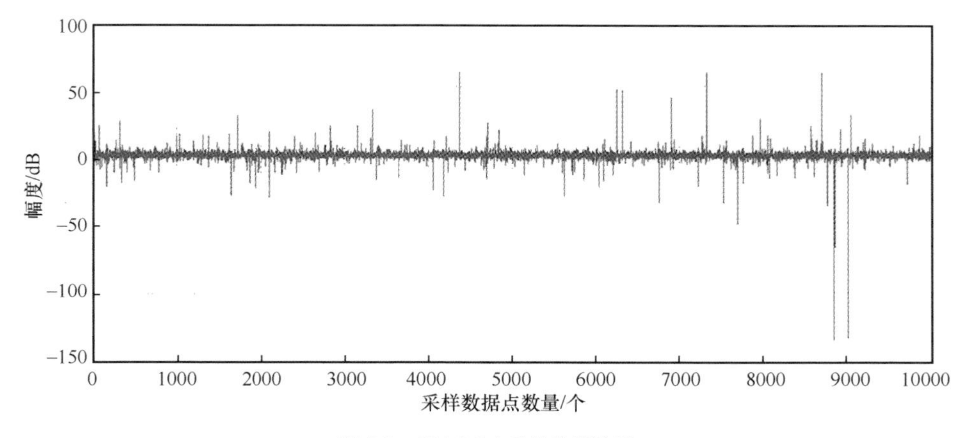

图 3-2 $S(1.6,0,1,0)$的仿真结果

产生参数组合为 $\alpha = 0.8, \beta = 0, \sigma = 1, \mu = 0$ 的 S 参数系中的 αS 分布随机变量序列，$S(0.8,0,1,0)$ 的仿真结果如图 3-3 所示。

产生参数组合为 $\alpha = 0.2, \beta = 0, \sigma = 1, \mu = 0$ 的 S 参数系中的 αS 分布随机变量序列，$S(0.2,0,1,0)$ 的仿真结果如图 3-4 所示。

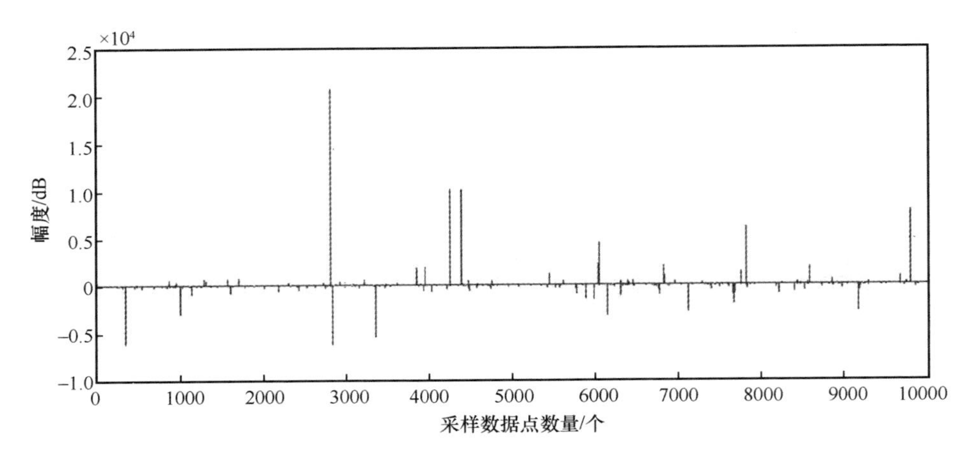

图 3-3　$S(0.8,0,1,0)$的仿真结果

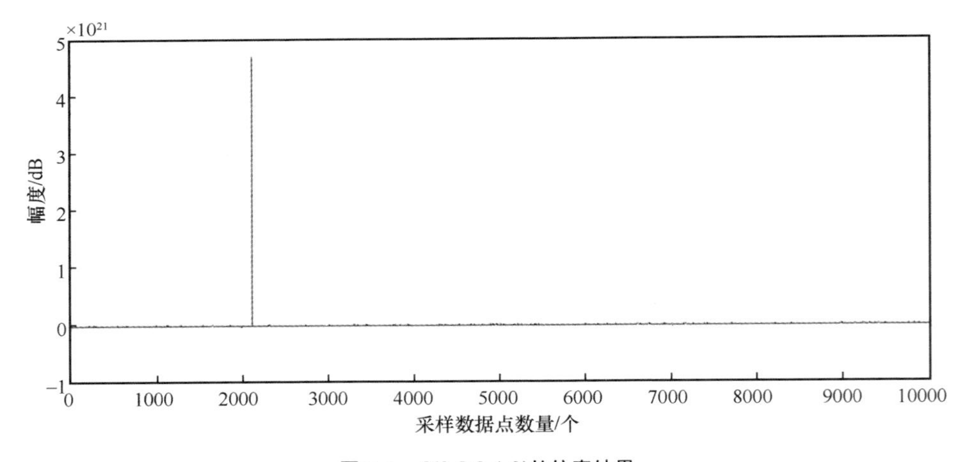

图 3-4　$S(0.2,0,1,0)$的仿真结果

由图 3-1～图 3-4 可知，随着α的取值越来越小，αS 分布随机变量的尖峰幅度变得越来越高，冲激特性越来越明显。

产生参数组合为$\alpha=1.6,\beta=1,\sigma=1,\mu=0$的$S$参数系中的$\alpha$S 分布随机变量序列，$S(1.6,1,1,0)$的仿真结果如图 3-5 所示。

产生参数组合为$\alpha=1.6,\beta=-1,\sigma=1,\mu=0$的$S$参数系中的$\alpha$S 分布随机变量序列，$S(1.6,-1,1,0)$的仿真结果如图 3-6 所示。

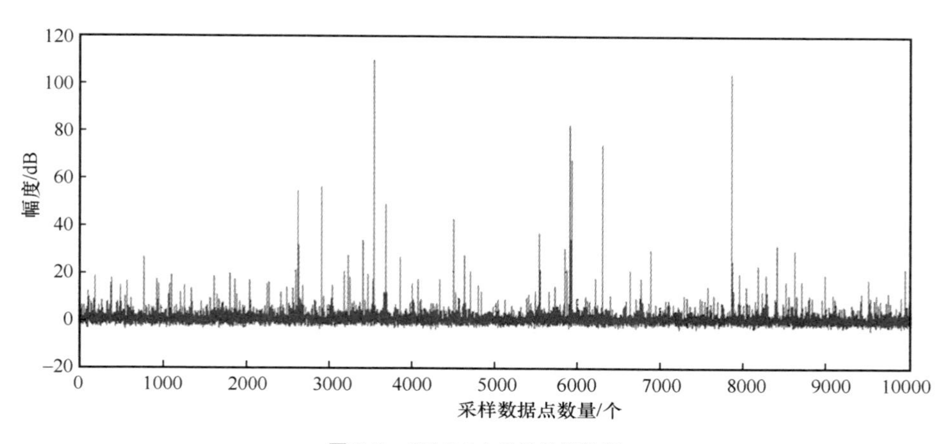

图 3-5　$S(1.6,0,1,0)$的仿真结果

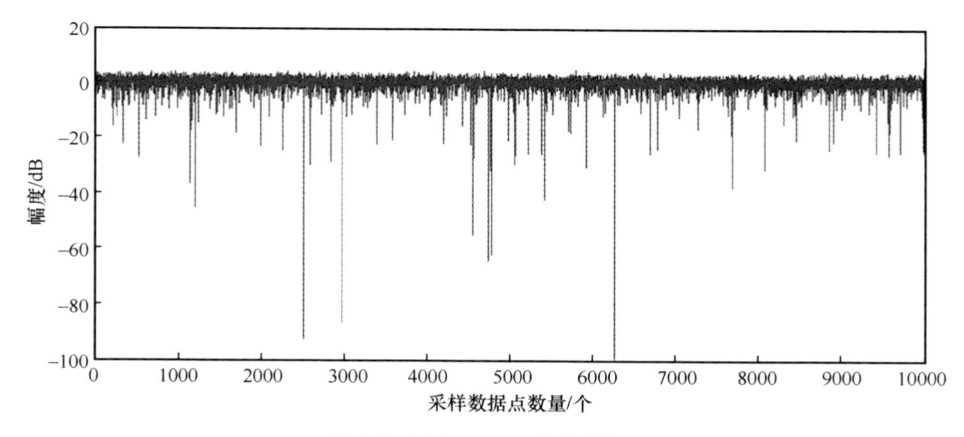

图 3-6　$S(1.6,-1,1,0)$的仿真结果

图 3-5 和图 3-6 的结果表明：$\beta=1$时，仿真序列的幅值均为正；$\beta=-1$时，仿真序列的幅值均为负。这与理论上描述的特性是一致的。

产生参数组合为 $\alpha=1.6,\beta=0,\sigma=4,\mu=0$ 的 S 参数系中的 αS 分布随机变量序列，$S(1.6,0,4,0)$ 的仿真结果如图 3-7 所示。对比图 3-2 与图 3-7 可知，σ 的取值越大，尖峰脉冲特性越强，αS 分布随机变量序列的分散特性也越强。

产生参数组合为 $\alpha=1.6,\beta=0,\sigma=1,\mu=6$ 的 S 参数系中的 αS 分布随机变量序列，$S(1.6,0,1,6)$ 的仿真结果如图 3-8 所示。

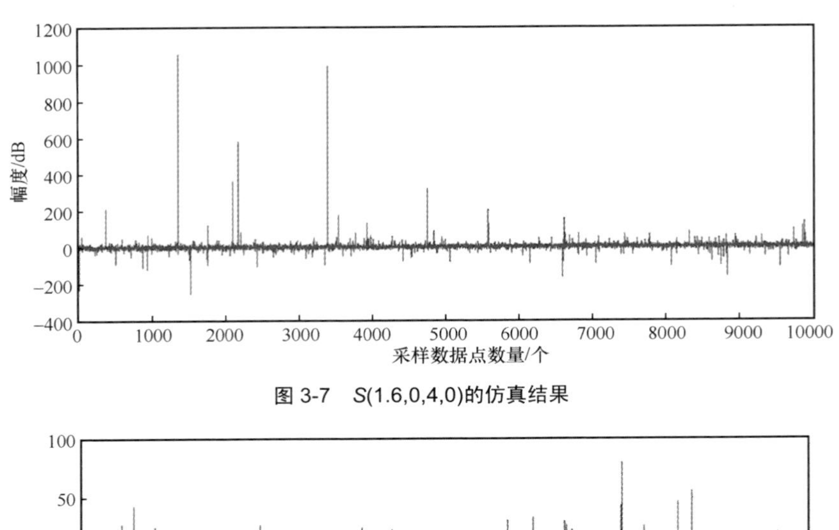

图 3-7　$S(1.6,0,4,0)$的仿真结果

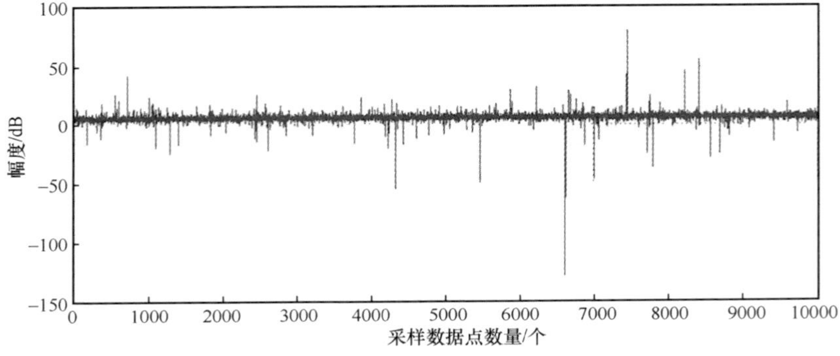

图 3-8　$S(1.6,0,1,6)$的仿真结果

由上述取不同参数组合值的αS 分布序列的仿真结果，能够看出生成的随机变量序列具有尖峰脉冲的特性，与理论上αS 分布的特性一致。这说明了上述αS 分布序列的产生算法是有效的。

3.2.2　A 类噪声的产生

A 类噪声的概率密度函数[29-31]是无穷多项高斯分布的累积和，而每个高斯分布的权值服从泊松分布。因此，基于泊松分布，可以仿真得到服从 A 类噪声分布的随机噪声，选取不同参数分别进行仿真。

（1）A 类噪声仿真参数为：脉冲指数 $A = 0.6$，高斯脉冲功率比 $\Gamma = 0.3$，信号的方差 $\delta^2 = 1.5$。

基于分位数–分位数（Quantile-Quantile，Q-Q）图方法，分析图 3-9 所示的噪声数据，分析结果如图 3-10 所示，其中，虚线表示具有相同方差的高斯数据，点线表示对图 3-9 所示的噪声分析后的结果。从图 3-10 可以看出，此时的 A 类噪声严重偏离高斯分布。

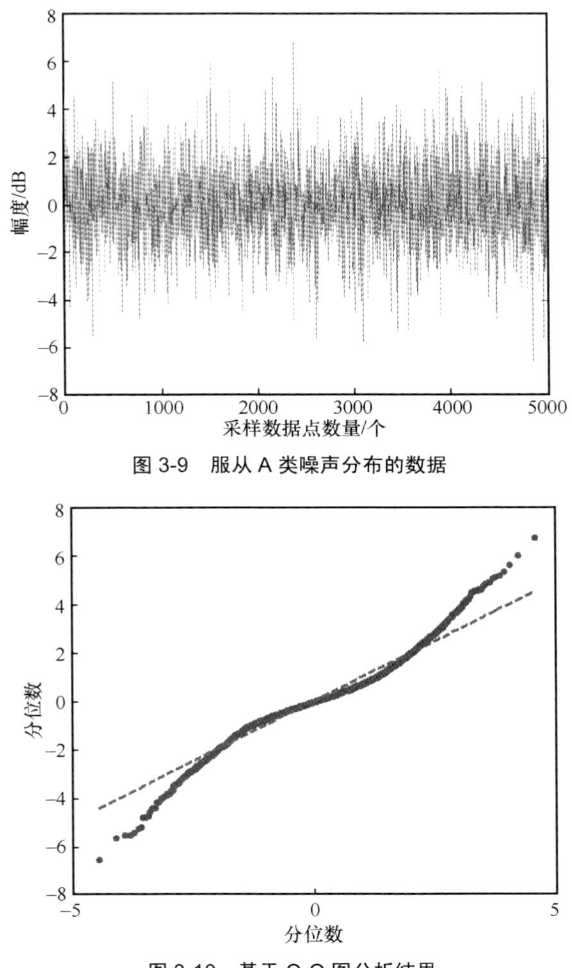

图 3-9　服从 A 类噪声分布的数据

图 3-10　基于 Q-Q 图分析结果

基于幅度概率分布曲线，分析图 3-9 所示的噪声数据，分析结果如图 3-11 所示，其中，虚线表示具有相同方差的高斯数据，实线表示对图 3-9 所示的噪声分析后的结果。从图 3-11 同样可以发现，仿真的 A 类噪声偏离高斯数据的曲线。

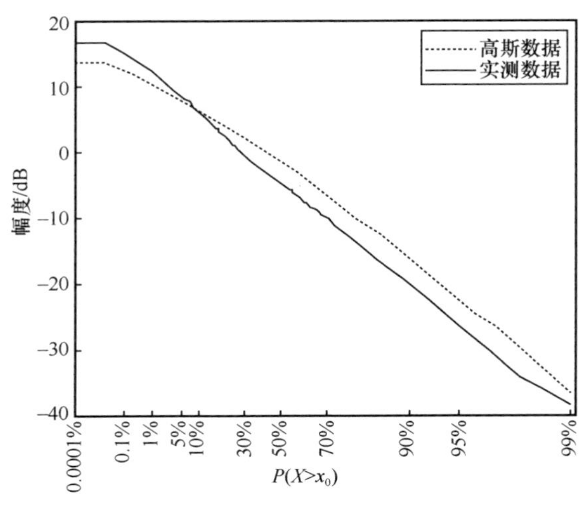

图 3-11　基于幅度概率分布曲线分析结果

（2）A 类噪声仿真参数为：脉冲指数 $A=100$，高斯脉冲功率比 $\Gamma=0.001$，信号的方差 $\delta^2=1.2$，仿真后的结果如图 3-12 所示。

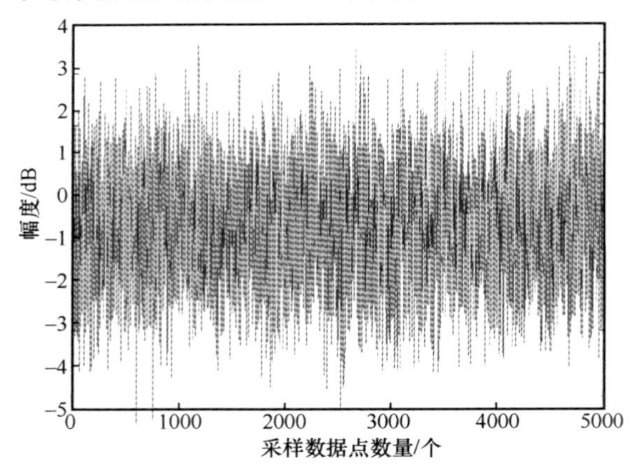

图 3-12　服从 A 类噪声分布的数据

基于 Q-Q 图，分析图 3-12 所示的仿真数据，分析结果如图 3-13 所示，其中，虚线表示具有相同方差的高斯数据，点线表示对图 3-12 所示的噪声分析后的结果。从图 3-13 可以看出，当高斯脉冲功率比较小、脉冲指数较大时，A 类噪声的 Q-Q 图基本是一条斜直线，由此可以判断此时的 A 类噪声趋于高斯性。

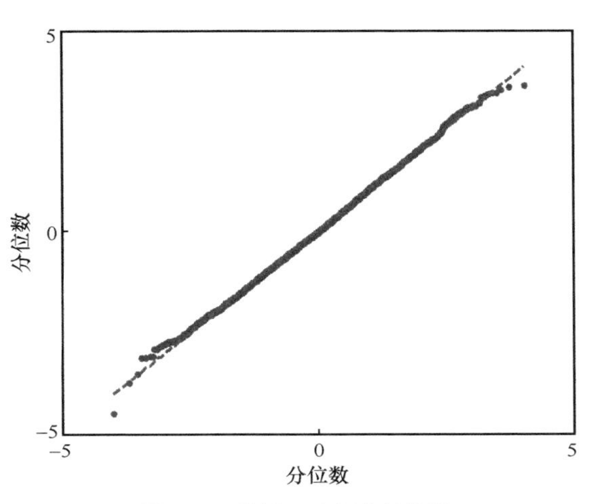

图 3-13 基于 Q-Q 图分析结果

基于幅度概率分布曲线，对图 3-12 所示的仿真数据进行分析，结果如图 3-14 所示，其中，虚线表示具有相同方差的高斯数据，点线表示对图 3-12 所示的噪声分析后的结果。从图 3-14 可以看出，当高斯脉冲功率比较小、脉冲指数较大时，A 类噪声与具有相同方差的高斯噪声幅度概率分布曲线基本重合，由此可见，此时的 A 类噪声趋于高斯性。

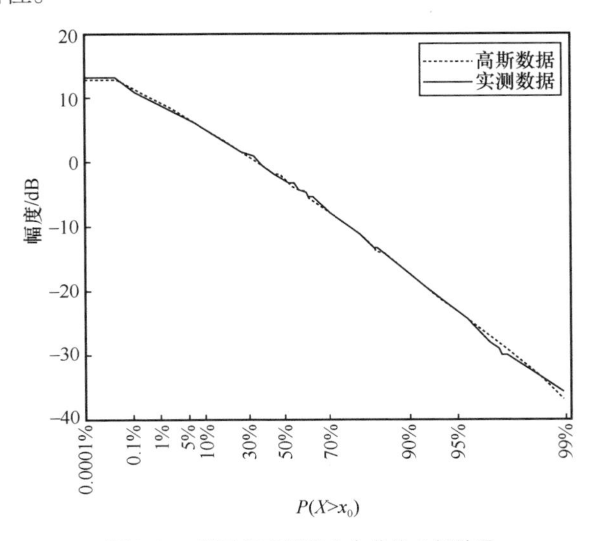

图 3-14 基于幅度概率分布曲线分析结果

（3）A 类噪声仿真参数为：脉冲指数 $A=100$ ，高斯脉冲功率比 $\Gamma=0.3$ ，信号的方差 $\delta^2=1.2$ 。

图 3-16 和图 3-17 分别为图 3-15 所示噪声的基于 Q-Q 图、幅度概率分布曲线的分析结果。结合本节 3 种情况的分析结果，可以发现脉冲指数对 A 类噪声的高斯性具有决定作用，当其较大时，噪声趋于高斯性；当其较小时，噪声呈现较强的非高斯性。

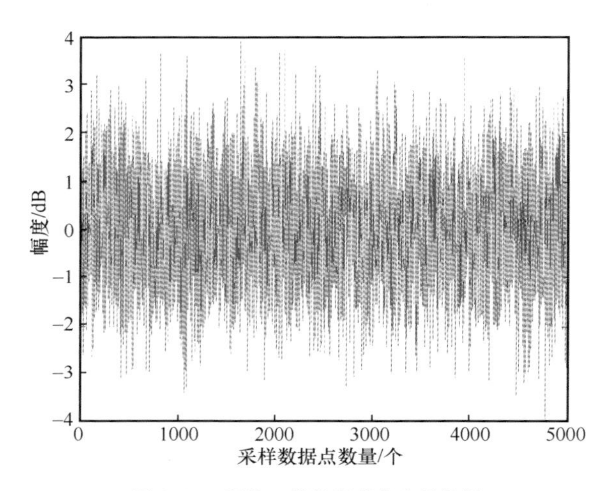

图 3-15　服从 A 类的噪声分布的数据

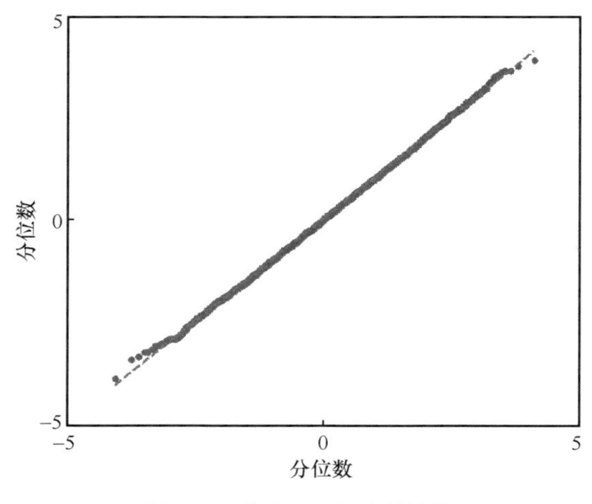

图 3-16　基于 Q-Q 图分析结果

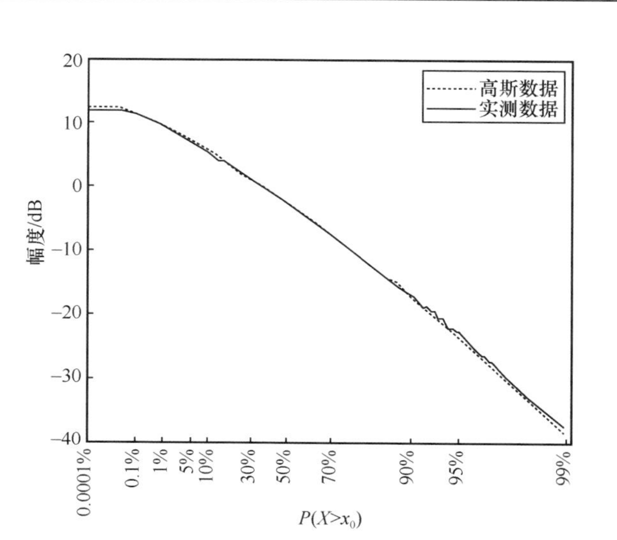

图 3-17　基于幅度概率分布曲线分析结果

3.2.3　B 类噪声的产生

B 类噪声分布[25, 27, 32, 33]非常复杂，很难利用概率密度函数产生服从该分布的噪声。然而其特征函数较为简单，因此可以从其特征函数出发，产生服从该分布的噪声。

$$\psi_{\mathrm{B}}(\boldsymbol{\theta},\omega)=\exp\left\{-A_{\alpha}\left|\frac{\Omega}{2}\omega\right|^{\alpha}-\frac{\Omega^{2}\omega^{2}}{4}\right\} \tag{3-21}$$

其中，$\boldsymbol{\theta}=[\alpha,A_{\alpha},\Omega]^{\mathrm{T}}$ 表示参数矢量。观察式（3-21），可以发现 B 类噪声的特征函数包含了对称 α 稳定分布和高斯分布的特征函数。因此，可以利用对称 α 稳定分布和高斯分布的组合仿真服从 B 类分布的噪声数据。

3.3　非高斯噪声参数估计及仿真

3.3.1　基于 SαS 模型的参数估计

参数估计算法分为分数低阶矩法（sinc 函数法）[14]和对数矩法[14]。针对分数低阶矩法[14]，由稳定分布的性质，若 $X \sim \mathrm{S\alpha S}$，分别求得其正阶矩：

$$E(|X|^p) = C(p,\alpha)\gamma^{p/\alpha}, \quad 0 < p < \alpha \tag{3-22}$$

和负阶矩：

$$E(|X|^q) = C(p,\alpha)\gamma^{q/\alpha}, \quad -1 < q < 0 \tag{3-23}$$

其中，$C(p,\alpha) = \dfrac{2^{p+1}\Gamma\left(\dfrac{p+1}{2}\right)\Gamma\left(-\dfrac{p}{\alpha}\right)}{\alpha\sqrt{\pi}\Gamma\left(-\dfrac{p}{2}\right)}$，$\gamma = \sigma^\alpha$ 表示离差。

若 $p = -q$，则有：

$$E(|X|^p)E(|X|^{-p}) = \frac{2\tan(p\pi/2)}{\alpha\sin(p\pi/\alpha)} \tag{3-24}$$

因此，α 可以通过求解如式（3-25）所示的 sinc 函数方程获得：

$$\mathrm{sinc}\left(\frac{p\pi}{\alpha}\right) = \frac{\mathrm{Sinc}\left(\dfrac{p\pi}{\alpha}\right)}{p\pi/\alpha} = \frac{2\tan(p\pi/2)}{p\pi E(|X|^p)E(|X|^{-p})},\ 0 < p < \min(\alpha,1) \tag{3-25}$$

而 γ 或者 σ 的估计可以由式（3-26）获得：

$$\gamma = \left(\frac{E(|X|^p)}{C(p,\alpha)}\right)^{\alpha/p} \text{或}\ \sigma = \left(\frac{E(|X|^p)}{C(p,\alpha)}\right)^{1/p} \tag{3-26}$$

当 α 值为 0.2、0.8、1.6，p 为 0.2 时，分别重复 1000 次产生 10000 个样本点的 $\mathrm{S\alpha S}$ 分布随机变量序列，并对估计结果求取平均值，则 α 取不同值时的估计结果见表 3-1。

表 3-1　α 取不同值时的估计结果

对比项	α=0.2		α=0.8		α=1.6	
	均值	方差	均值	方差	均值	方差
$\hat{\alpha}$	0.2003	0	0.7979	0.0001	1.6063	0.0016
$\hat{\sigma}$	0.9989	0	0.998	0.0003	1.0038	0.0007

当 p 值为 0.2、0.4、0.8，α 为 0.6 时，分别重复 1000 次产生 10000 个样本点的

$S\alpha S$分布随机变量序列，并对估计结果求均值，则p取不同值时的估计结果见表3-2。

表 3-2 p 取不同值时的估计结果

对比项	p=0.2		p=0.4		p=0.8	
	均值	方差	均值	方差	均值	方差
$\hat{\alpha}$	0.5996	0.0612	0.6086	0.1788	0.8069	0.0296
$\hat{\sigma}$	0.9959	0	1.0041	0	0.9980	0

样本点数 N 的取值不同会对估计结果的准确性带来影响。重复 1000 次产生 $\alpha = 0.6$ 、$\sigma = 1$的$S\alpha S$分布。分别取 1000、5000、10000 个样本序列点，且p取 0.1，估计参数α和σ的值。分别对估计结果求取平均值，N取不同值时的估计结果见表 3-3。

表 3-3 N 取不同值时的估计结果

对比项	N=1000		N=5000		N=10000	
	均值	方差	均值	方差	均值	方差
$\hat{\alpha}$	0.5896	0.0612	0.6046	0.0049	0.6005	0.0016
$\hat{\sigma}$	0.9659	0.0018	1.0023	0.0004	0.9989	0

从表 3-1～表 3-3 可观察到，分数低阶矩法的估计结果是比较准确的，并且参数α的取值越小，其估计的结果越准确。p的取值越小，其估计的结果也越准确。而当p的取值超过α时，估计的结果将会出现较大的误差，因此为了得到准确的估计结果，尽量选择较小的p值。样本点数N的取值越大，对参数α和σ的估计越准确。通常，样本点数N取 5000 就可以满足实际要求。

除了 sinc 函数法，Nikias 和 Shao[14]又提出一种利用负阶矩原理的方法，算法可根据式（3-27）进行推导：

$$E(|X|^p) = E(\mathrm{e}^{p\ln|X|}) = C(p,\alpha)\gamma^{p/\alpha} \tag{3-27}$$

令$Y = \ln|X|$，有：

$$E(\mathrm{e}^{pY}) = \sum_{n=0}^{\infty} E(Y^n)\frac{p^n}{n!} = C(p,\alpha)\gamma^{p/\alpha} \tag{3-28}$$

比较式（3-27）和式（3-28），Y的矩满足：

$$E(Y^n)=\frac{\mathrm{d}^n}{\mathrm{d}p^n}(C(p,\alpha)\gamma^{p/\alpha})\bigg|_{p=0} \tag{3-29}$$

化简式（3-29），可得：

$$E(Y)=C_{\mathrm{e}}\left(\frac{1}{\alpha}-1\right)+\frac{1}{\alpha}\ln\gamma \tag{3-30}$$

其中，$C_{\mathrm{e}}\approx 0.5772$，为欧拉常数。类似地，可以得到$Y$的方差为：

$$\mathrm{Var}(Y)=E\left[\left(Y-E(Y)\right)^2\right]=\frac{1}{6}\left(\frac{1}{\alpha^2}+\frac{1}{2}\right) \tag{3-31}$$

因此，可以得到均值和方差的经验估计值为：

$$\bar{Y}=\frac{\sum_{i=1}^{N}Y_i}{N},\qquad \hat{\sigma}_Y^2=\frac{\sum_{i=1}^{N}(Y_i-\bar{Y})}{N-1} \tag{3-32}$$

然后利用式（3-31）估计特征指数α的估计值。将α的估计值代入式（3-30），可以得到离差γ的估计值。与 sinc 函数法相比，对数矩法可以获得参数估计的闭式解，因此，其性能要优于 sinc 函数法。

观察对数矩法在α取不同值时对参数α和σ的估计性能。取$\beta=0$、$\sigma=1$、$\mu=0$、α值分别取 0.2、0.8、1.6、1.9。分别重复 1000 次产生 10000 个样本点的 SαS 分布随机变量序列，利用对数矩法对分布的参数α和σ进行估计。α取不同值时的估计结果见表 3-4。

表 3-4　α取不同值时的估计结果

对比项	α=0.2		α=0.8		α=1.6		α=1.9	
	均值	方差	均值	方差	均值	方差	均值	方差
$\hat{\alpha}$	0.2002	0.0000	0.8004	0.0001	1.5996	0.0018	1.8988	0.0039
$\hat{\sigma}$	1.0001	0.0001	1.0002	0.0002	1.0000	0.0009	1.0006	0.0013

考查样本点数N的取值不同情况下对数矩法的性能。取$\alpha=1.2$、$\beta=0$、$\sigma=1$、$\mu=0$，N分别取 1000、5000、8000、10000。分别重复 1000 次产生 SαS 分布序列，并对序列的参数α和σ进行估计，N取不同值时的估计结果见表 3-5。

表 3-5　N 取不同值时的估计结果

对比项	N=1000		N=5000		N=8000		N=10000	
	均值	方差	均值	方差	均值	方差	均值	方差
$\hat{\alpha}$	1.2087	0.0041	1.2017	0.0019	1.2007	0.0006	1.2001	0.0039
$\hat{\sigma}$	1.0089	0.0064	1.0031	0.0011	1.0008	0.0005	1.0001	0.0002

由表 3-4 和表 3-5 可知，分数低阶矩法与对数矩法的估计性能相似，都能够比较有效地估计参数的取值，并且参数 α 的取值越小，估计的结果越准确，样本点数的个数越多，估计的结果就越准确。两种估计方法中，N 取 5000 时，估计精度已足够满足实际需求。由于分数低阶矩法需要通过解 sinc 方程才能得到估计结果，而对数矩法既不需要解 sinc 方程，也不需要额外确定参数 p 的取值（即不需要 α 的先验信息），同时参数估计表达式也更简单，且其估计结果更准确，速度也更快，因此其估计性能更优越，鲁棒性更强。

3.3.2　基于特征函数的 A 类噪声模型参数估计

如果随机变量 Y 服从均值为 0、方差为 σ^2 的高斯分布，即 $Y \sim N(0,\sigma^2)$，那么其特征函数[34]为：

$$\begin{aligned}\psi(\omega) = \int_{-\infty}^{\infty} f(y)\mathrm{e}^{\mathrm{j}\omega y}\mathrm{d}y = \\ \int_{-\infty}^{\infty} \frac{1}{\sqrt{2\pi}\sigma}\mathrm{e}^{-\frac{y^2}{2\sigma^2}}\mathrm{e}^{\mathrm{j}\omega y}\mathrm{d}y = \mathrm{e}^{-\frac{\sigma^2\omega^2}{2}}\end{aligned} \tag{3-33}$$

定义 $K = A\Gamma$，那么 $\sigma_m^2 = \dfrac{m+K}{A+K}\sigma^2$。$\delta^2 \triangleq E\left\{|X|^2\right\} = \sum_{m=0}^{\infty}(\mathrm{e}^{-A}A^m / m!)\delta_m^2$ 为噪声过程的平均功率。于是，A 类噪声模型的特征函数可以表示为：

$$\begin{aligned}\psi_A(\theta,\omega) = \int_{-\infty}^{\infty} f(x)\mathrm{e}^{\mathrm{j}\omega x}\mathrm{d}x = \\ \int_{-\infty}^{\infty} \mathrm{e}^{-A}\sum_{m=0}^{\infty}\frac{A^m}{m!}\frac{1}{\sqrt{2\pi\sigma_m^2}}\exp\left(-\frac{x^2}{2\sigma_m^2}+\mathrm{j}\omega x\right)\mathrm{d}x\end{aligned} \tag{3-34}$$

结合式（3-33），式（3-34）可以变换为：

$$\psi_A(\theta,\omega)=\sum_{m=0}^{\infty}\frac{\mathrm{e}^{-A}A^m}{m!}\int_{-\infty}^{\infty}\frac{1}{\sqrt{2\pi\sigma_m^2}}\exp\left(-\frac{x^2}{2\sigma_m^2}+\mathrm{j}\omega x\right)\mathrm{d}x=$$
$$\sum_{m=0}^{\infty}\frac{\mathrm{e}^{-A}A^m}{m!}\exp\left(-\frac{\sigma_m^2\omega^2}{2}\right) \tag{3-35}$$

根据$\sigma_m^2=\frac{m+K}{A+K}\sigma^2$，式（3-35）可以进一步变换为：

$$\psi_A(\theta,\omega)=\mathrm{e}^{-A}\sum_{m=0}^{\infty}\frac{A^m}{m!}\exp\left\{-\frac{m+K}{2(A+K)}\sigma^2\omega^2\right\}=$$
$$\mathrm{e}^{-A}\sum_{m=0}^{\infty}\frac{A^m}{m!}\exp\left\{-\frac{m\sigma^2\omega^2}{2(A+K)}\right\}\exp\left\{-\frac{K\sigma^2\omega^2}{2(A+K)}\right\} \tag{3-36}$$

为方便后续的推导，定义一个新的变量：

$$\beta=A\cdot\exp\left(-\frac{\sigma^2\omega^2}{2(A+K)}\right) \tag{3-37}$$

于是，式（3-36）可以变换为：

$$\psi_A(\theta,\omega)=\exp\left\{-\frac{K\sigma^2\omega^2}{2(A+K)}-A\right\}\sum_{m=0}^{\infty}\frac{\beta^m}{m!}\exp(\beta)\exp(-\beta)=$$
$$\exp\left\{-\frac{K\sigma^2\omega^2}{2(A+K)}-A+\beta\right\}\sum_{m=0}^{\infty}\frac{\beta^m\exp(-\beta)}{m!}=$$
$$\exp\left\{-\frac{K\sigma^2\omega^2}{2(A+K)}-A+\beta\right\} \tag{3-38}$$

进行简单的代数变换后，可以得到 A 类模型的特征函数：

$$\psi_A(\theta,\omega)=\exp\left\{-K\frac{\delta^2\omega^2}{2(A+K)}-A+A\mathrm{e}^{-\frac{\delta^2\omega^2}{2(A+K)}}\right\} \tag{3-39}$$

式（3-39）为构造 A 类噪声模型参数估计算法确立了基础，这里考虑基于特征函数的 A 类参数估计算法。设$X=\{x_0,x_1,\cdots,x_{N-1}\}$为随机样本，本节的目标是利用随机样本估计模型的参数$\boldsymbol{\theta}=(\Omega,A,K)^{\mathrm{T}}$，其中，$\Omega=\delta^2$，$N$为样本数。

对式（3-39）取对数，可以变换为：

$$\ln\psi_A(\theta,\omega)=-K\frac{\Omega\omega^2}{2(A+K)}-A+A\mathrm{e}^{-\frac{\Omega\omega^2}{2(A+K)}} \tag{3-40}$$

特征函数可以采用样本的均值估计，首先将样本数据分成L段，每段数据的长

度为 N_L，即 $N = L \cdot N_L$，第 l 段数据的特征函数为：

$$\widehat{\psi}_l(\theta,\omega) = \frac{1}{N_L}\sum_{i=1}^{N_L}\exp\{\mathrm{j}\omega x_i\} \tag{3-41}$$

把各段数据的特征函数相加，再取平均，得到平均后的特征函数，即：

$$\widehat{\psi}_A(\theta,\omega) = \frac{1}{L}\sum_{m=1}^{L}\widehat{\psi}_m(\theta,\omega) \tag{3-42}$$

于是根据噪声的统计特征函数和其理论特征函数,可以得到特征函数的误差为:

$$\boldsymbol{F}(\boldsymbol{\theta},\omega_k)=\ln\psi_A(\boldsymbol{\theta},\omega_k)-\ln\widehat{\psi}(\omega_k) \tag{3-43}$$

其中，$\omega_k = k/M$ 表示频率，$k = 0,1,\cdots,M$。进行迭代估计的误差函数可以表示为：

$$\boldsymbol{F}(\boldsymbol{\theta})=\begin{bmatrix} -K\dfrac{\Omega\omega_0^2}{2(A+K)}-A+A\mathrm{e}^{-\frac{\Omega\omega_0^2}{2(A+K)}}-\ln\widehat{\psi}_A(\theta,\omega_0) \\ -K\dfrac{\Omega\omega_1^2}{2(A+K)}-A+A\mathrm{e}^{-\frac{\Omega\omega_1^2}{2(A+K)}}-\ln\widehat{\psi}_A(\theta,\omega_1) \\ \vdots \\ -K\dfrac{\Omega\omega_M^2}{2(A+K)}-A+A\mathrm{e}^{-\frac{\Omega\omega_M^2}{2(A+K)}}-\ln\widehat{\psi}_A(\theta,\omega_M) \end{bmatrix}_{M\times 1} \tag{3-44}$$

误差函数关于变量 $\boldsymbol{\theta}$ 的梯度矩阵为：

$$\boldsymbol{D}(\boldsymbol{\theta})=\frac{\partial \boldsymbol{F}(\boldsymbol{\theta})}{\partial \boldsymbol{\theta}^{\mathrm{T}}}=\begin{bmatrix} D_\Omega(\omega_0) & D_A(\omega_0) & D_K(\omega_0) \\ D_\Omega(\omega_1) & D_A(\omega_1) & D_K(\omega_1) \\ \vdots & \vdots & \vdots \\ D_\Omega(\omega_M) & D_A(\omega_M) & D_K(\omega_M) \end{bmatrix}_{M\times 3} \tag{3-45}$$

其中，梯度矩阵中各元素可表示为：

$$\begin{aligned} D_\Omega(\omega_k) &= -\frac{K\omega_k^2}{2(A+K)}-\frac{A\omega_k^2}{2(A+K)}\mathrm{e}^{-\frac{\Omega\omega_k^2}{2(A+K)}} \\ D_A(\omega_k) &= \frac{\Omega K\omega_k^2}{2(A+K)^2}-1+\left[1+\frac{A\Omega\omega_k^2}{2(A+K)^2}\right]\mathrm{e}^{-\frac{\Omega\omega_k^2}{2(A+K)}} \\ D_K(\omega_k) &= -\frac{\Omega\omega_k^2}{2(A+K)}+\frac{\Omega K\omega_k^2}{2(A+K)^2}+\frac{A\Omega\omega_k^2}{2(A+K)^2}\mathrm{e}^{-\frac{\Omega\omega_k^2}{2(A+K)}} \end{aligned} \tag{3-46}$$

基于最小均方误差的 A 类噪声模型参数估计算法流程如图 3-18 所示，具体步骤如下。

步骤 1 参数初始化，设置$\theta^0 = e_3$，上标表示迭代。

步骤 2 对于$k = 0,1,\cdots$，利用式（3-44）和式（3-45）计算$\boldsymbol{F}(\boldsymbol{\theta})$、$\boldsymbol{D}(\boldsymbol{\theta})$。

步骤 3 计算误差修正量$\Delta\theta^k = -\left[\boldsymbol{D}^{\mathrm{T}}(\theta^k)\boldsymbol{D}(\theta^k) + \delta I\right]^{-1}\boldsymbol{D}^{\mathrm{T}}(\theta^k)\boldsymbol{F}(\theta^k)$。

步骤 4 计算更新值$\theta^{k+1} = \theta^k + \mu\Delta\theta^k$，其中，$\mu$为迭代步长。

步骤 5 如果$\boldsymbol{F}^{\mathrm{T}}(\boldsymbol{\theta})\boldsymbol{F}(\boldsymbol{\theta})$小于期望误差，则停止迭代，否则转到步骤 2。

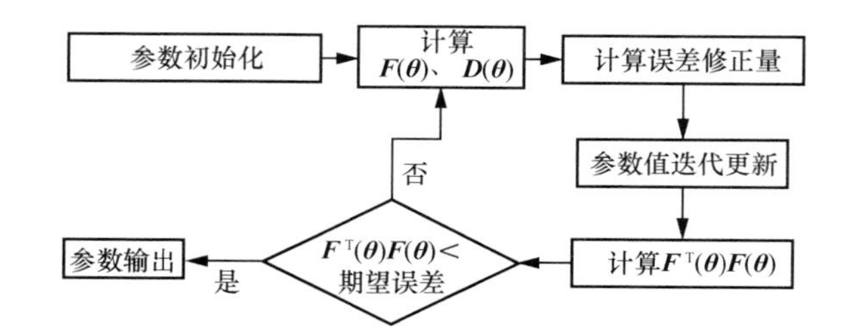

图 3-18 基于最小均方误差的 A 类噪声模型参数估计算法流程

设计仿真实验验证本节方法的有效性，其中，A 类噪声产生参数[31]为：$A = 0.15$、$\Gamma = 0.002$、$\Omega = 2.5$，采用本节方法进行参数估计，脉冲指数、脉冲指数与高斯脉冲功率比以及噪声功率分别如图 3-19～图 3-21 所示。

从图 3-19～图 3-21 可以发现，本节方法收敛速度较快，经过 50 次迭代后，各参数已经趋于稳定，同时，所估计的参数与理论值基本一致。

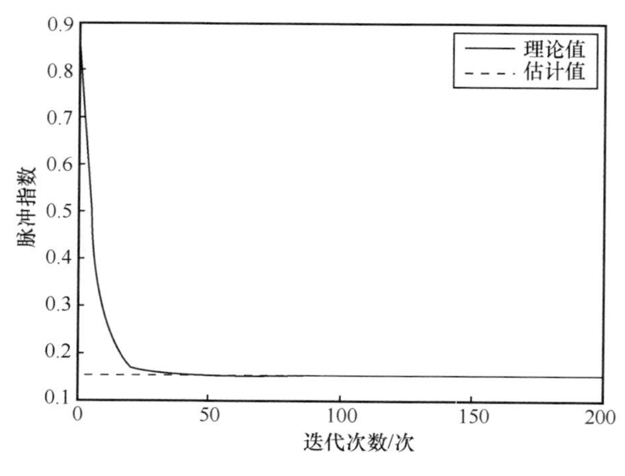

图 3-19 脉冲指数

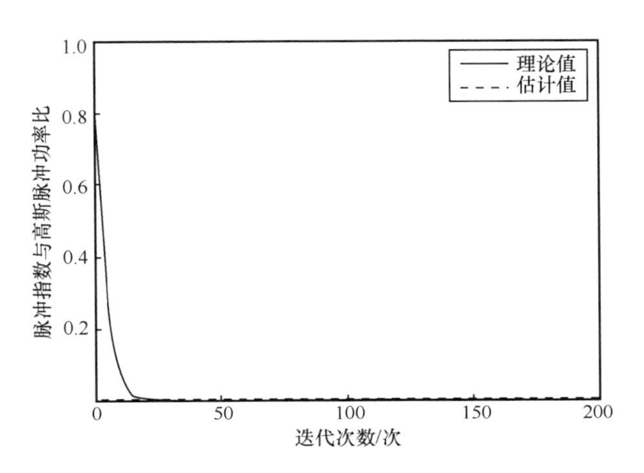

图 3-20　脉冲指数与高斯脉冲功率比

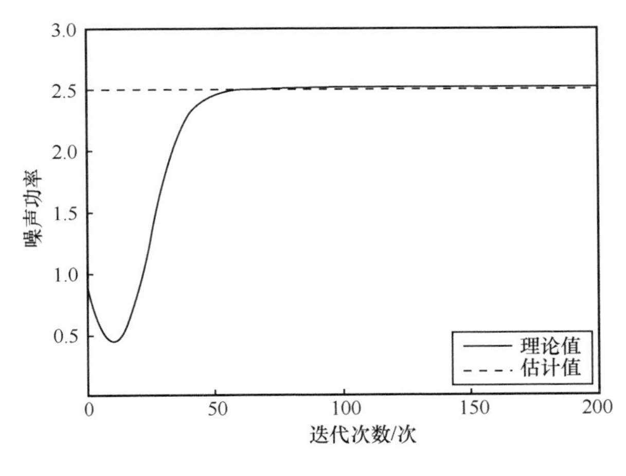

图 3-21　噪声功率

对仿真的噪声数据进行统计后的特征函数，称为经验特征函数；根据仿真预设参数计算的特征函数，称为理论特征函数；根据本节算法迭代估计的参数值计算的特征函数，称为估计特征函数。这 3 个特征函数如图 3-22 所示，从图 3-22 可以发现，基于本节方法的估计特征函数与经验特征函数、理论特征函数基本一致，进一步验证了本节方法的有效性。

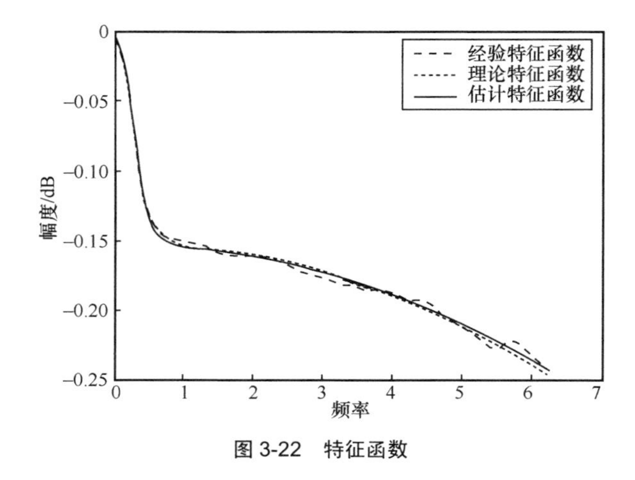

图 3-22　特征函数

下面采用幅度概率分布曲线验证 A 类噪声模型的拟合性能，仿真数据的概率幅度分布如图 3-23 所示。

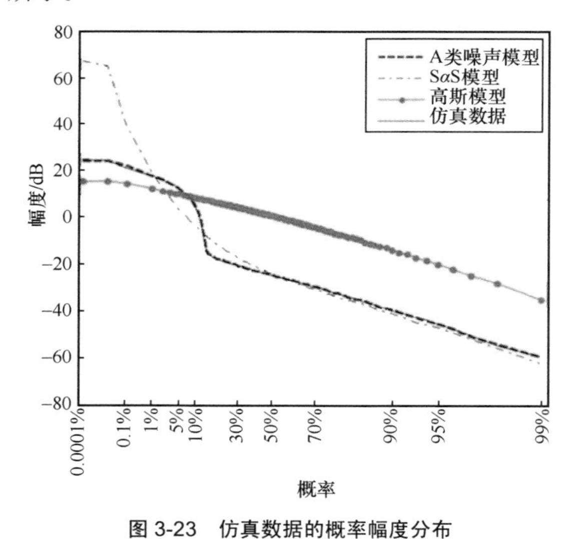

图 3-23　仿真数据的概率幅度分布

图 3-23 还给出了 SαS 模型和高斯模型的概率幅度分布，其中，SαS 模型的特征指数和尺度参数采用 log 方法估计。而高斯模型是根据仿真数据的期望和方差决定的。从图 3-23 可以看到，高斯模型和 SαS 模型都不能较好地拟合仿真的噪声数据；而基于提出的参数估计方法得到的 A 类噪声模型参数值，绘出的概率幅度分布曲线

能够较好地拟合仿真噪声数据。

某海域的实测噪声如图 3-24 所示，基于 Q-Q 图统计分析后的结果如图 3-25 所示。从图 3-25 可以清晰地看出，服从高斯分布的噪声 Q-Q 图为一条斜直线，而点线表示对服从 A 类噪声模型的非高斯噪声统计分析后的 Q-Q 图，可以看到点线的中间部分和虚线基本重合，而两端却偏离，这说明该噪声已经不再符合高斯分布，从而证实了现实非高斯噪声的存在，如果仍然基于高斯模型进行信号处理，那么性能将会大打折扣，因此有必要研究基于非高斯模型的海洋环境噪声问题。

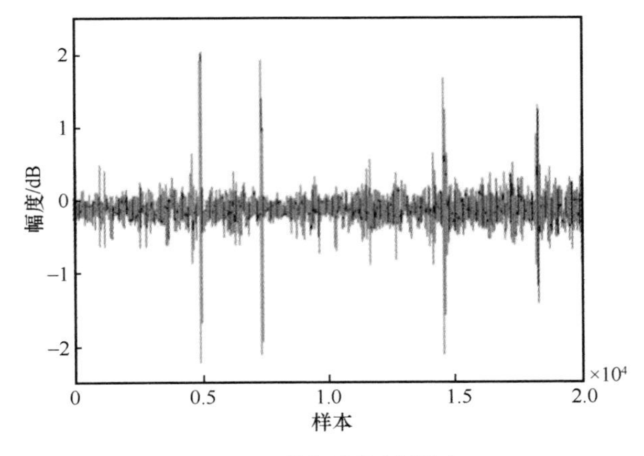

图 3-24　某海域的实测噪声

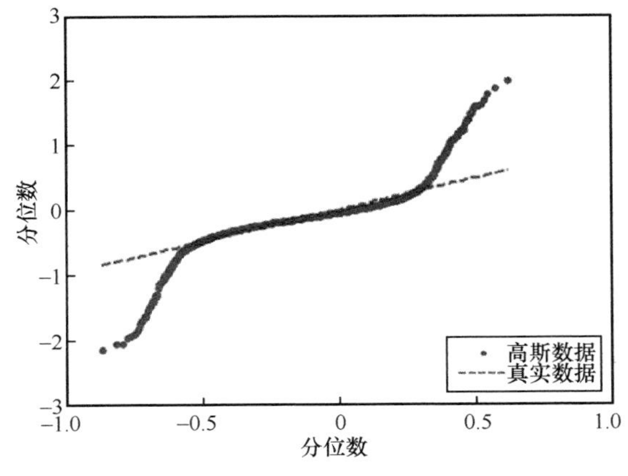

图 3-25　基于 Q-Q 图统计分析后的结果

对图 3-24 所示的实测海洋环境噪声数据进行参数估计后，各参数估计的迭代过程分别如图 3-26～图 3-28 所示。

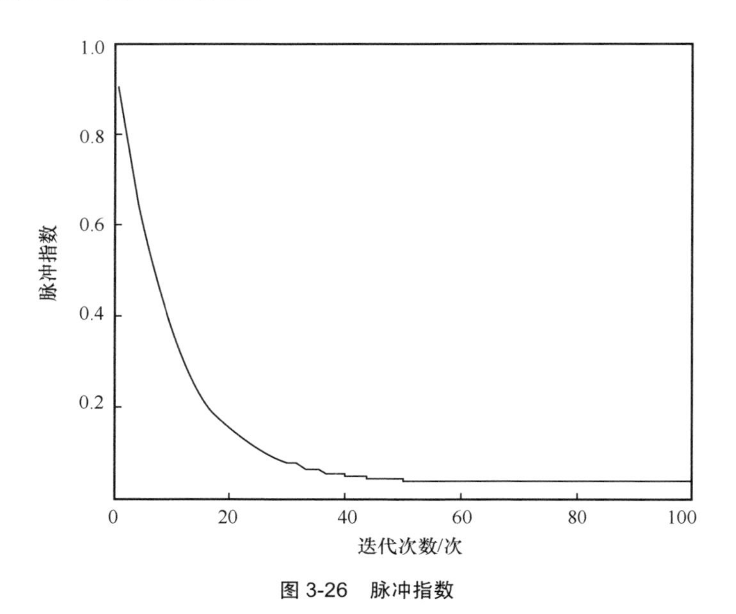

图 3-26　脉冲指数

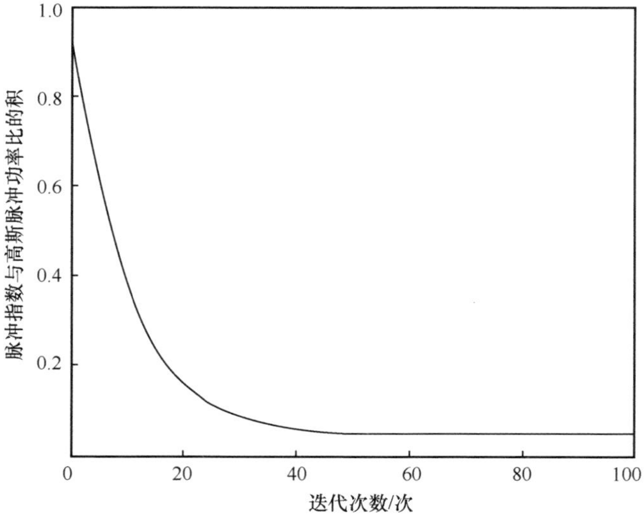

图 3-27　脉冲指数与高斯脉冲功率比的积

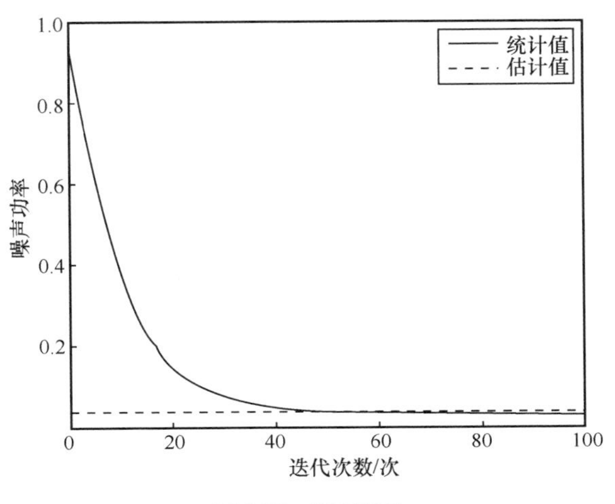

图 3-28　噪声功率

观察参数估计结果，经过 40 次迭代过程后，各参数趋于稳定。实测数据处理结果进一步验证了本节方法的有效性，同时也再一次证明了水声环境噪声研究的必要性。经验特征函数、第一次迭代和最后一次迭代后的特征函数如图 3-29 所示，从图 3-29 可以发现，最后一次迭代结果能较好地吻合经验特征函数，综上所述，本节方法可以较好地对 A 类噪声参数进行估计。

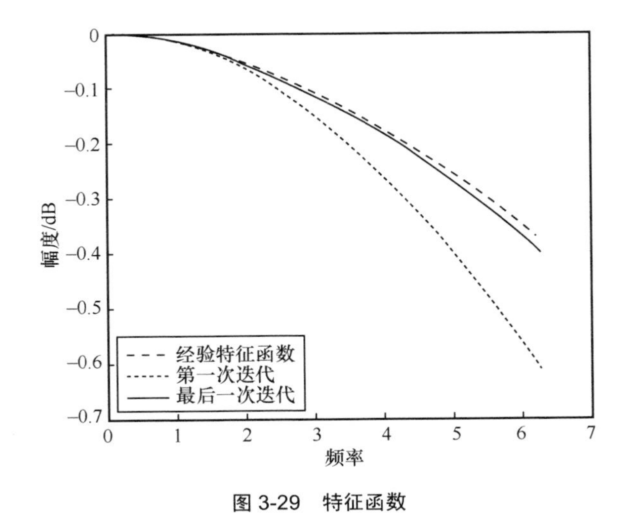

图 3-29　特征函数

下面采用幅度概率分布曲线验证 A 类模型对实测数据的拟合性能，如图 3-30 所示。

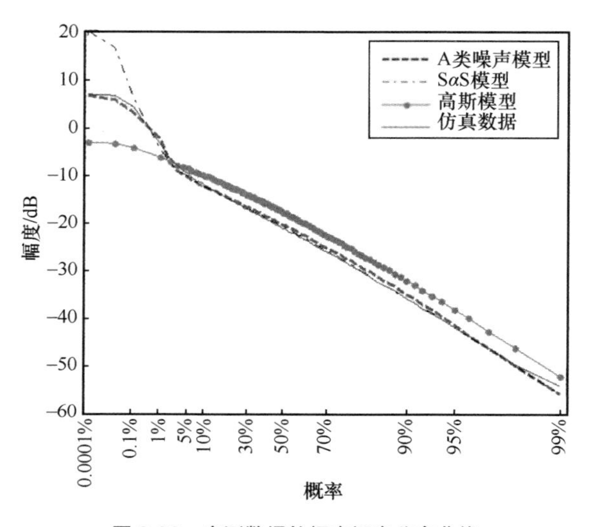

图 3-30 实测数据的幅度概率分布曲线

图 3-30 中 SαS 模型的特征指数和尺度参数仍然基于 log 方法进行估计；高斯模型则基于实测数据的期望和方差决定。可以看到，高斯模型和 SαS 模型不能较好地拟合概率较小的点，表明这两种模型不能较好地描述噪声数据中的小概率事件（脉冲性质的噪声）；基于提出的参数估计方法得到的 A 类噪声模型参数值，绘出的幅度概率分布曲线能够较好地拟合实测的噪声数据。

3.3.3 基于特征函数的 B 类参数估计

采用基于特征函数[32]的方法进行参数估计，采用样本的均值估计特征函数，将样本数据分成 L 段，每段数据的长度都是 N_L，即 $N = L \cdot N_L$，第 l 段数据的特征函数为：

$$\hat{\psi}_l(\theta,\omega) = \frac{1}{N_L}\sum_{i=1}^{N_L}\exp\left\{\mathrm{j}\omega x_i\right\} \tag{3-47}$$

把各段数据的特征函数相加，再取平均值，得到平均值后的特征函数，即：

$$\hat{\psi}_A(\theta,\omega)=\frac{1}{L}\sum_{m=1}^{L}\hat{\psi}_m(\theta,\omega) \tag{3-48}$$

根据式（3-48），可以得到取自然对数后的特征函数：

$$\ln\psi_B(\boldsymbol{\theta},\omega)=-A_\alpha\left|\frac{\Omega}{2}\omega\right|^\alpha-\frac{\Omega^2\omega^2}{4} \tag{3-49}$$

根据噪声的统计特征函数和其理论特征函数，可以得到特征函数的误差为：

$$\boldsymbol{F}(\boldsymbol{\theta},\omega_k)=\ln\psi_B(\boldsymbol{\theta},\omega_k)-\ln\widehat{\psi}(\omega_k) \tag{3-50}$$

其中，$\omega_k=k/M$ 表示频率，$k=0,1,\cdots,M$ 。

对该误差函数关于各参数求导，可得：

$$\boldsymbol{D}(\boldsymbol{\theta})=\frac{\partial\boldsymbol{F}(\boldsymbol{\theta})}{\partial\boldsymbol{\theta}^{\mathrm{T}}}=\begin{bmatrix} D_\alpha(\omega_0) & D_{A_\alpha}(\omega_0) & D_\Omega(\omega_0) \\ D_\alpha(\omega_1) & D_{A_\alpha}(\omega_1) & D_\Omega(\omega_1) \\ \vdots & \vdots & \vdots \\ D_\alpha(\omega_M) & D_{A_\alpha}(\omega_M) & D_\Omega(\omega_M) \end{bmatrix}_{M\times3} \tag{3-51}$$

其中，式（3-52）给出了各元素的表达式。

$$\begin{aligned} D_\alpha(\omega_k)&=-A_\alpha\left(\frac{\Omega\omega_k}{2}\right)^\alpha\ln\left(\frac{\Omega\omega_k}{2}\right) \\ D_A(\omega_k)&=-\left(\frac{\Omega\omega_k}{2}\right)^\alpha \\ D_\Omega(\omega_k)&=-A_\alpha\left(\frac{\Omega\omega_k}{2}\right)^\alpha\frac{\alpha}{\Omega}-\frac{\Omega\omega_k^2}{2} \end{aligned} \tag{3-52}$$

基于最小均方梯度的 B 类噪声模型参数估计算法流程如图 3-31 所示，具体步骤如下。

步骤 1　参数初始化，设置 $\theta^0=\mathrm{e}_3$，上标表示迭代。

步骤 2　对于 $k=0,1,\cdots$，利用式（3-44）和式（3-45）计算 $\boldsymbol{F}(\boldsymbol{\theta})$、$\boldsymbol{D}(\boldsymbol{\theta})$。

步骤 3　计算误差修正量 $\Delta\theta^k=-\left[\boldsymbol{D}^{\mathrm{T}}(\theta^k)\boldsymbol{D}(\theta^k)+\delta I\right]^{-1}\boldsymbol{D}^{\mathrm{T}}(\theta^k)\boldsymbol{F}(\theta^k)$。

步骤 4　计算更新值 $\theta^{k+1}=\theta^k+\mu\Delta\theta^k$，其中 μ 为迭代步长。

步骤 5　如果 $\boldsymbol{F}^{\mathrm{T}}(\boldsymbol{\theta})\boldsymbol{F}(\boldsymbol{\theta})$ 小于期望误差，则停止迭代，否则转到步骤 2。

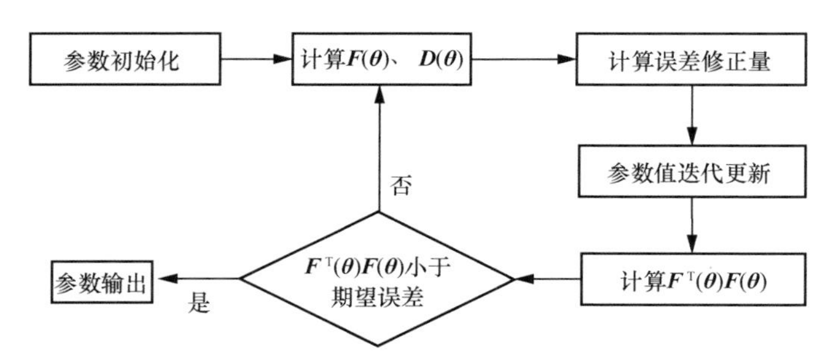

图 3-31 基于最小均方梯度的 B 类噪声模型参数估计算法流程

根据图 3-31，可以看到参数的初始化对参数估计的迭代过程非常重要。鉴于 B 类噪声的特征函数由对称稳定分布和高斯分布两部分组成，而高斯分布又是对称稳定分布的特例，因此可以采用对称稳定分布的参数估计方法对迭代进行初始化。根据对称稳定分布特征函数的定义，可以得到：

$$\psi_S(\omega) = \exp\left\{\gamma^{\alpha}\left|\omega\right|^{\alpha}\right\} \tag{3-53}$$

其中，γ 表示散布系数，$\alpha\,(0<\alpha\leqslant 2)$ 表示特征指数。

假设 X 和 $Y=\ln|X|$服从对称稳态分布，经过对数变换后的随机变量 Y 的一阶、二阶矩为：

$$\bar{Y} = \frac{\sum_{i=1}^{N} Y_i}{N} \tag{3-54}$$

$$\hat{\sigma}_Y^2 = \frac{\sum_{i=1}^{N}\left(Y_i - \bar{Y}\right)^2}{N-1} \tag{3-55}$$

于是，可以得到特征指数的估计初值为：

$$\hat{\alpha} = \sqrt{\frac{2\pi^2}{12\hat{\sigma}_Y^2 - \pi^2}} \tag{3-56}$$

根据对数矩方法，可以得到散布系数的估计初值为：

$$\hat{\gamma} = \exp\left\{\bar{Y} - C_e\left(\frac{1}{\hat{\alpha}} - 1\right)\right\} \tag{3-57}$$

考虑 B 类特征函数和对称稳定分布之间的关系，可以得到脉冲指数的估计初值为：

$$\hat{A}_{\alpha}=\frac{2^{\alpha}\hat{\gamma}^{\alpha}}{\hat{\Omega}^{\alpha}} \tag{3-58}$$

通过上述方法，B 类噪声模型的 3 个参数初值得到确定，将其作为图 3-31 所示参数估计迭代过程的输入[35]，就能得到估计结果。

采用计算机仿真的方法进行计算。用于仿真的参数及其初值见表 3-6。

表 3-6 用于仿真的参数及其初值

参数	理论值	初值
A_{α}	1.2	1.432
α	0.2	0.234
Ω	1.5	2.311

将估计的初值作为图 3-31 所示迭代流程的输入，参数估计结果分别如图 3-32～图 3-34 所示。其中，图 3-32～图 3-34 分别为脉冲指数、空间传输密度因子、归一化因子的估计结果，与理论值的估计误差分别为 0.03、0.006、0.017。

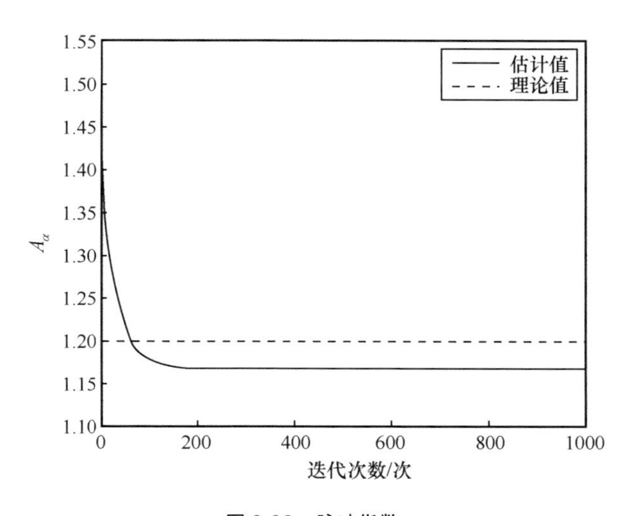

图 3-32 脉冲指数

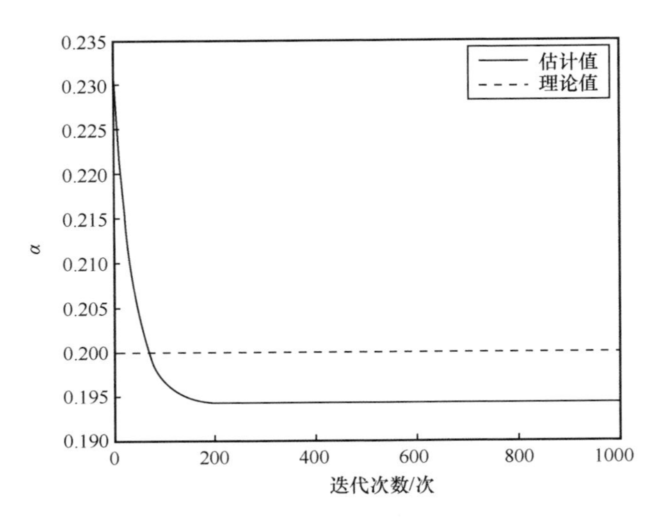

图 3-33　空间传输密度因子

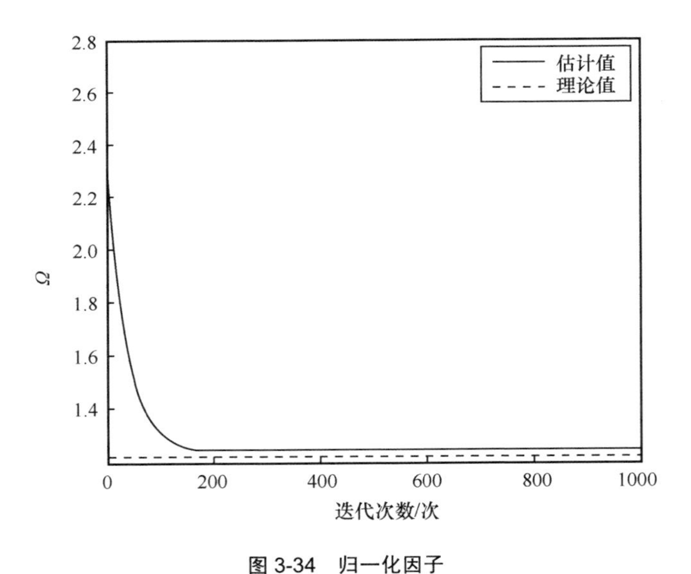

图 3-34　归一化因子

根据噪声的理论参数、仿真的噪声数据以及估计的噪声参数，可以得到 3 个特征函数，如图 3-35 所示。不难发现本节方法可以较好地对 B 类噪声模型的参数进行估计。

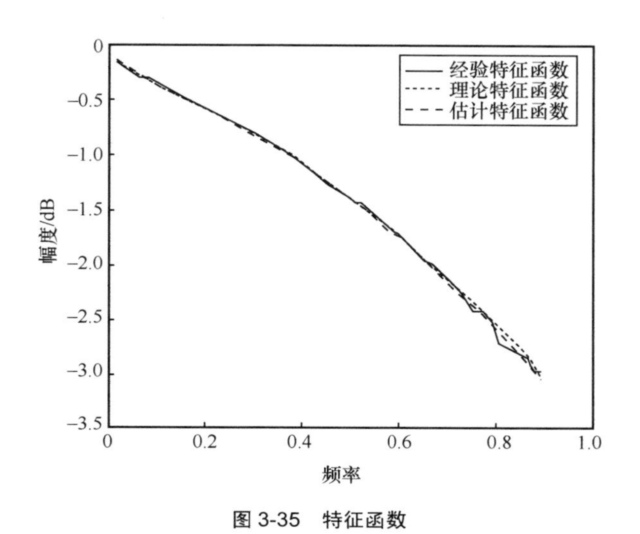

图 3-35 特征函数

3.3.4 基于最小均方误差的 B 类参数估计

根据 Middleton 提出的噪声模型，B 类噪声模型的概率密度函数为：

$$f(x)=\frac{1}{\pi\Omega}\sum_{n=0}^{\infty}\frac{(-A)^n}{n!}\Gamma\left(\frac{1+\alpha n}{2}\right)F_1\left(\frac{1+\alpha n}{2};\frac{1}{2};-\frac{x^2}{\Omega^2}\right) \tag{3-59}$$

其中，A 是 B 类噪声模型的“重叠指数”，也称为“冲激指数”，α 是空间传输密度因子，一般取 $0<\alpha<2$；Ω 为归一化因子；$\Gamma(x)$ 代表 Γ 函数，而 $F_1(a;b;x)$ 指的是合流超几何分布。

实际上，B 类噪声模型的概率密度函数非常复杂，不利于使用，其特征函数的一个简化表达式为：

$$F(\lambda)=\exp(-Ab_{1\alpha}|\lambda|^{\alpha}-\frac{\sigma_{\mathrm{G}}^2}{2}\lambda^2) \tag{3-60}$$

其中，$b_{1\alpha}$ 是 α 的函数，σ_{G}^2 是高斯噪声分量。如果单独取式（3-60）中的第一项作为模型近似，则 B 类噪声模型就退化成对称 α 稳态分布（SαS 分布）。其实，高斯分布本质也是 SαS 分布的特例（$\alpha=2$）。因此，B 类噪声模型可以看作 SαS 过程和独立高斯过程的混合模型。用 γ 替换 $Ab_{1\alpha}$，指代 SαS 过程中的离差，于是式（3-60）的对数形式为：

$$\ln F(\lambda)=-\gamma|\lambda|^{\alpha}-\frac{\sigma_{\mathrm{G}}^{2}}{2}\lambda^{2} \tag{3-61}$$

根据特征函数的定义有：

$$F(\mathrm{i}r)=E\left\{\mathrm{e}^{\mathrm{i}xr}\right\} \tag{3-62}$$

设观测到的数据为$\{x_k\}$，$k=1,\cdots,N$，则式（3-62）的估计为：

$$\hat{F}_N(\lambda)=\frac{1}{N}\sum_{n=1}^{N}\exp(\mathrm{i}x_n\lambda) \tag{3-63}$$

结合式（3-61）和式（3-63）有：

$$\ln\sum_{n=1}^{N}\exp(\mathrm{i}x_n\lambda)-\ln N=-\gamma|\lambda|^{\alpha}-\frac{\delta_{\mathrm{G}}^{2}}{2}\lambda^{2} \tag{3-64}$$

通过特定的序列$\{r_k\}$，可利用最小均方误差方法求解式（3-64），定义变量：

$$y_i=\hat{F}_N(\lambda_i)=\ln\frac{1}{N}\sum_{n=1}^{N}\exp(\mathrm{i}x_n\lambda_i) \tag{3-65}$$

设$\boldsymbol{\theta}=\left[\alpha,\gamma,\sigma_{\mathrm{G}}^{2}\right]^{\mathrm{T}}=\left[\theta_1,\theta_2,\theta_3\right]^{\mathrm{T}}$为$F(ir)$的参数空间。将$\ln F(\lambda,\boldsymbol{\theta})$在$\boldsymbol{\theta}_0$进行泰勒近似并只保留一阶项，有：

$$\begin{aligned}\ln F(\lambda,\boldsymbol{\theta})\approx&\ln F(\lambda,\boldsymbol{\theta}_0)+(\theta_1-\theta_{1,0})\left[\frac{\partial\ln F(\lambda,\boldsymbol{\theta})}{\partial\theta_1}\right]\Bigg|_{\boldsymbol{\theta}=\boldsymbol{\theta}_0}+\\&(\theta_2-\theta_{2,0})\left[\frac{\partial\ln F(\lambda,\boldsymbol{\theta})}{\partial\theta_2}\right]\Bigg|_{\boldsymbol{\theta}=\boldsymbol{\theta}_0}+(\theta_3-\theta_{3,0})\left[\frac{\partial\ln F(\lambda,\boldsymbol{\theta})}{\partial\theta_3}\right]\Bigg|_{\boldsymbol{\theta}=\boldsymbol{\theta}_0}\end{aligned} \tag{3-66}$$

式（3-66）是$\ln F(\lambda,\boldsymbol{\theta})$非线性形式的线性化，也可以看成在$\boldsymbol{\theta}_0$点附近的线性近似。因此，考查式（3-66）的形式，有：

$$y_i-\ln F(\lambda_i,\boldsymbol{\theta}_0)=\beta_1\omega_{1,i}+\beta_2\omega_{2,i}+\beta_3\omega_{3,i}+\varepsilon_i=\boldsymbol{\omega\beta}+\varepsilon_i \tag{3-67}$$

其中，

$$\omega_{m,i}=\frac{\partial\ln F(\lambda_i,\boldsymbol{\theta})}{\partial\theta_m}\Bigg|_{\boldsymbol{\theta}=\boldsymbol{\theta}_0} \tag{3-68}$$

代表$\ln F(\lambda_i,\boldsymbol{\theta})$对$\theta_m$的导数。并有：

$$\beta_m=\theta_m-\theta_{m,0} \tag{3-69}$$

考查式（3-69）的左边，可以看成函数$\ln F(\lambda_i,\boldsymbol{\theta})$在$\boldsymbol{\theta}=\boldsymbol{\theta}_0$处的误差，即$y_i-\ln F(\lambda_i,\boldsymbol{\theta}_0)$。右边$\omega_{1,i}$可以认为是回归方程中的回归变量，而$\beta_j$则是回归系数。

采用最小均方误差方法[36]求解回归方程：

$$y_i - \ln F(\lambda_i, \boldsymbol{\theta}_0) = \beta_1\omega_{1,i} + \beta_2\omega_{2,i} + \beta_3\omega_{3,i} + \varepsilon_i = \boldsymbol{\omega\beta} + \varepsilon_i \tag{3-70}$$

基于式（3-70），关于 θ_m 求偏导数可得：

$$\begin{aligned} \omega_{1,i} &= -\gamma_0 \left|\lambda_i\right|^{\alpha_0} \ln\lambda_i \\ \omega_{2,i} &= -\left|\lambda_i\right|^{\alpha_0} \\ \omega_{3,i} &= -\delta_G \lambda_i^2 \end{aligned} \tag{3-71}$$

于是，可以得到 $\boldsymbol{\omega}$ 的矩阵表达式，即：

$$\boldsymbol{\omega} = \begin{bmatrix} \omega_{1,1}, & \omega_{2,1}, & \omega_{3,1} \\ \omega_{1,2}, & \omega_{2,2}, & \omega_{3,2} \\ \vdots & \vdots & \vdots \\ \omega_{1,N}, & \omega_{2,N}, & \omega_{3,N} \end{bmatrix} \tag{3-72}$$

为方便推导，定义 $\eta_i = y_i - \ln F(\lambda_i, \boldsymbol{\theta}_0)$，根据式（3-70），误差定义为：

$$\varepsilon_i = \eta_i - \boldsymbol{\omega}\hat{\boldsymbol{\beta}} \tag{3-73}$$

根据式（3-73）以及最小均方误差方法，定义 N 个误差平方和为代价函数，即：

$$\zeta = \sum_{i=1}^{N} \varepsilon_i^2 = \sum_{i=1}^{N} \left(\eta_i - \sum_{m=1}^{3} \omega_{m,i}\hat{\beta}_i \right)^2 = (\boldsymbol{\eta} - \boldsymbol{\omega}\hat{\boldsymbol{\beta}})^{\mathrm{T}}(\boldsymbol{\eta} - \boldsymbol{\omega}\hat{\boldsymbol{\beta}}) \tag{3-74}$$

其中，$\boldsymbol{\eta} = \left[\eta_1, \eta_1, \cdots, \eta_N\right]^{\mathrm{T}}$ 是一个矢量。

基于式（3-74），关于 $\hat{\boldsymbol{\beta}}$ 求偏导数，并令该偏导数为 0，即：

$$\frac{\partial\zeta}{\partial\hat{\boldsymbol{\beta}}} = \frac{\partial(\boldsymbol{\eta} - \boldsymbol{\omega}\hat{\boldsymbol{\beta}})^{\mathrm{T}}(\boldsymbol{\eta} - \boldsymbol{\omega}\hat{\boldsymbol{\beta}})}{\partial\hat{\boldsymbol{\beta}}} = -2\boldsymbol{\omega}^{\mathrm{T}}(\boldsymbol{\eta} - \boldsymbol{\omega}\hat{\boldsymbol{\beta}}) = 0 \tag{3-75}$$

式（3-75）的解为：

$$\hat{\boldsymbol{\beta}} = (\boldsymbol{\omega}^{\mathrm{T}}\boldsymbol{\omega})^{-1}\boldsymbol{\omega}^{\mathrm{T}}\boldsymbol{\eta} \tag{3-76}$$

为方便描述，将基于式（3-76）和初始参数值 $\boldsymbol{\theta}_0$ 的结果定义为 $\boldsymbol{\beta}_0$，于是可以得到更新后的参数值：

$$\boldsymbol{\theta}_1 = \hat{\boldsymbol{\beta}}_0 + \boldsymbol{\theta}_0 \tag{3-77}$$

将更新后的参数值 $\boldsymbol{\theta}_1$ 代入式（3-70），将会得到第二次迭代后的结果 $\hat{\boldsymbol{\beta}}_1$。根据式（3-77），第 p 次迭代之后的参数值为：

$$\boldsymbol{\theta}_{p+1}=\hat{\boldsymbol{\beta}}_p+\boldsymbol{\theta}_p \tag{3-78}$$

迭代终止的条件是参数值$\boldsymbol{\theta}$不再显著变化，即：

$$\sum_{m=1}^{3}\left|\theta_{m,p}-\theta_{m,p-1}\right|^2\leqslant\sigma \tag{3-79}$$

其中，σ是两次迭代过程的误差阈值，是一个给定的正数。当且仅当满足条件（式（3-79））时，迭代过程才能趋于稳定状态。

参数估计的初值在递归过程中起着重要的作用。在这里提供一个方法来估计初始值。基于式（3-60），可以发现B类噪声模型的特征函数被分解为SαS模型和高斯模型。也就是说，当特征指数$\alpha=2$时，高斯模型可以被认为是SαS模型的一种特殊情况。因此，与SαS模型相关的参数可以作为B类模型的参数估计初始值。本文采用对数法估计初始参数。

SαS模型特征函数为：

$$F_s(\lambda)=\exp(-\nu^{\alpha}|\lambda^{\alpha}|) \tag{3-80}$$

其中，ν是散度；α（$0<\alpha<2$）是特征指数，它高度决定了分布的形状。随着α值的增大，噪声趋于高斯分布。式（3-80）可知，SαS模型有两个需要估计的未知参数。随机变量$X=x_1,x_2,\cdots,x_N$和$Y=\ln|X|$服从SαS分布。采用N个抽样数据，则Y的均值和方差分别为：

$$\overline{Y}=\frac{\sum_{i=1}^{N}Y_i}{N} \tag{3-81}$$

$$\hat{\sigma}_Y^2=\frac{\sum_{i=1}^{N}(Y_i-\overline{Y})^2}{N-1} \tag{3-82}$$

根据对数法，可以得到特征指数为：

$$\hat{\alpha}=\sqrt{\frac{2\pi^2}{12\hat{\sigma}_Y^2-\pi^2}} \tag{3-83}$$

估计值$\hat{\alpha}$被认为是空间密度传播参数的初值。利用估计的参数$\hat{\alpha}$，可以进一步估计散度，为：

$$\hat{\nu}=\exp\left\{\overline{Y}-C_{\mathrm{e}}\left(\frac{1}{\hat{\alpha}}-1\right)\right\} \tag{3-84}$$

其中，$C_e \approx -0.5772$，为欧拉常数。得到式（3-60）中变量γ的初值为：

$$\gamma = \hat{\nu}^{\hat{\alpha}} \tag{3-85}$$

现在讨论δ_G^2的参数估计初始值。浅水噪声通常由高斯噪声和脉冲噪声两部分组成。由式（3-60）可知，δ_G^2参数主要描述高斯模型部分的方差。这里δ_G^2的初始值是基于分位数图得到的，该图比较了噪声分布和高斯分布。考虑采样噪声$X = x_1, x_2, \cdots, x_N$升序排列，其分位数函数可以表示为：

$$P_i = P\{X \leqslant q_i\} = \int_{-\infty}^{q_i} \frac{1}{\sqrt{2\pi}} \mathrm{e}^{-x^2/2} \mathrm{d}x \tag{3-86}$$

式（3-86）中，分位数函数定义了随机变量X的概率小于或等于给定概率$P_i = \dfrac{i-0.5}{N}$ $(i \in [1, N])$时的噪声瞬时幅值为q_i。因此，P_i进一步决定q_i。当噪声服从高斯分布时，q_i和x_i的关系近似为一条直线。假设 B 类噪声模型的参数为$\gamma = 1.12$、$\alpha = 0.5$、$\delta_G^2 = 5$，其 Q-Q 图如图 3-36 所示。从图 3-36 可以明显看出，非高斯噪声曲线的边缘严重偏离直线，而中间部分接近直线。这说明沿直线分布的噪声仍然是服从高斯分布的，如图 3-36 中两个箭头之间的噪声所示。于是，可以使用高斯模型的方差作为δ_G^2的估计初值。

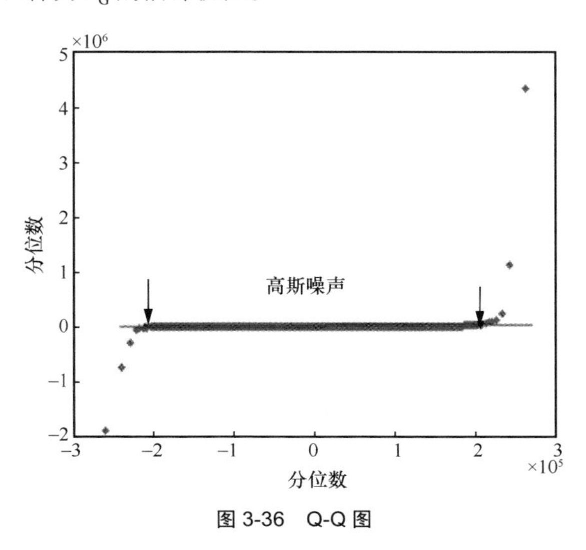

图 3-36　Q-Q 图

B 类噪声模型仿真参数为$\gamma = 1.12$、$\alpha = 0.5$、$\delta_G^2 = 5$，其迭代初值分别为 2.12、0.66、

11.59。基于所给出的方法，参数估计结果分别如图 3-37～图 3-39 所示。可以发现，所给出的方法能较稳健地估计 B 类噪声模型的参数，迭代效率较高，经过 20 次迭代后基本趋于稳定。式（3-63）所示的经验特征函数、式（3-60）所示的理论特征函数以及将估计值代入式（3-60）的估计特征函数如图 3-40 所示，进一步验证了本节方法的有效性。

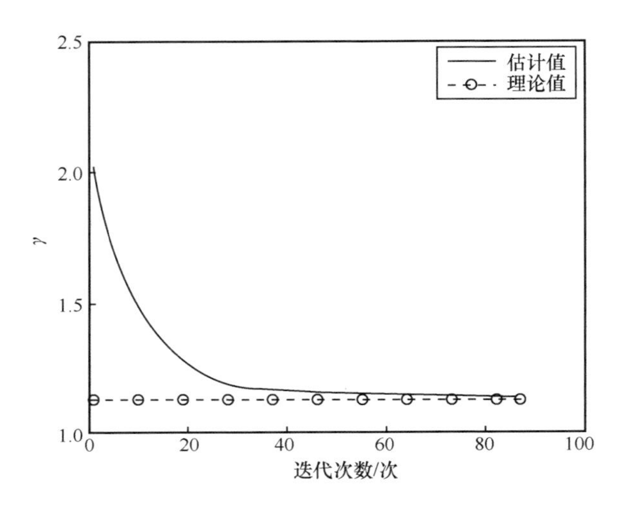

图 3-37　γ 估计值

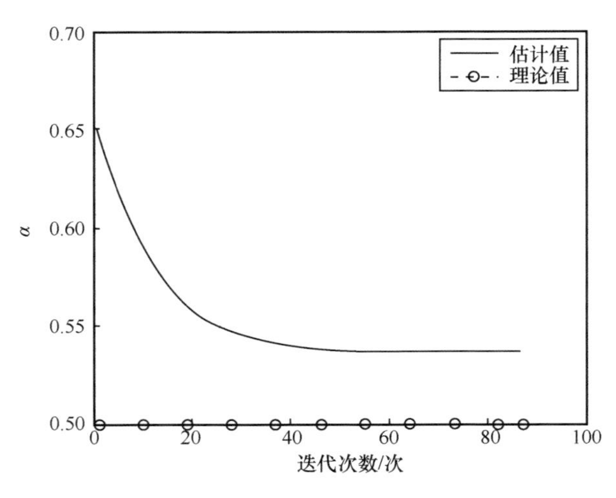

图 3-38　α 估计值

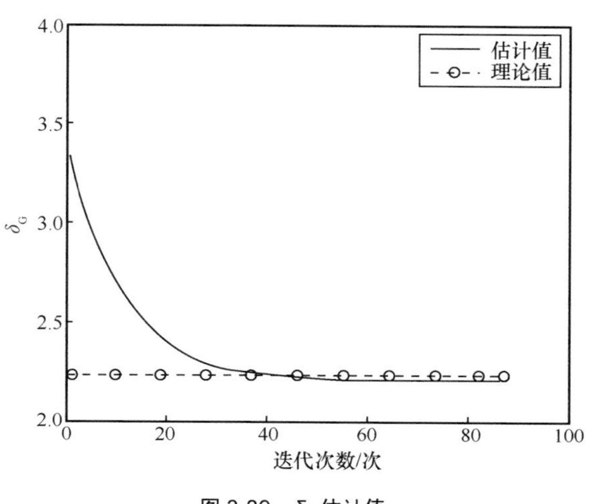

图 3-39　δ_G 估计值

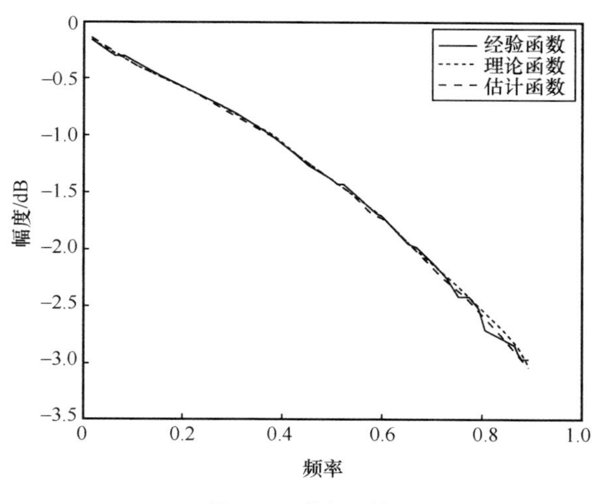

图 3-40　特征函数

下面基于图 3-41 所示的海上试验数据验证本节方法的有效性。

B 类噪声海上试验参数初值分别为 $\gamma = 0.2889$ 、$\alpha = 1.6577$ 、$\delta_G^2 = 0.2518$ ，基于本节方法的估计结果分别如图 3-42～图 3-44 所示。式（3-63）所示的经验特征函数、将估计值代入式（3-60）的估计特征函数（B 类模型）、基于 α 稳定分布噪声的特征函数、基于高斯分布的特征函数如图 3-45 所示，进一步验证了本节方法的有效性。

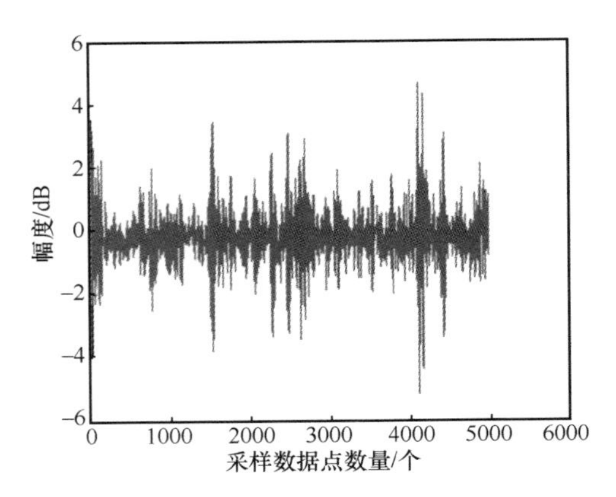

图 3-41　海上试验数据

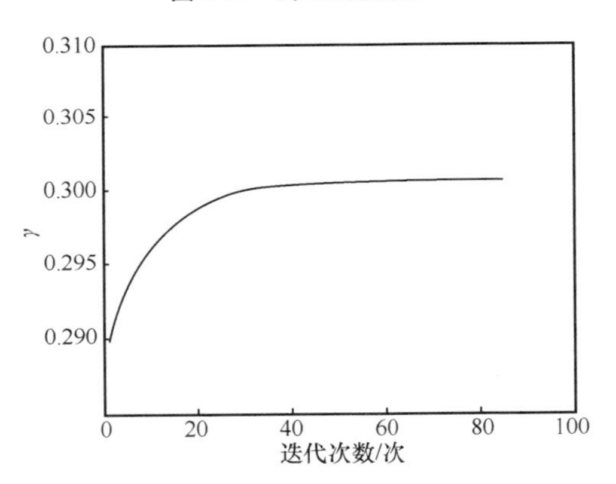

图 3-42　γ 估计值

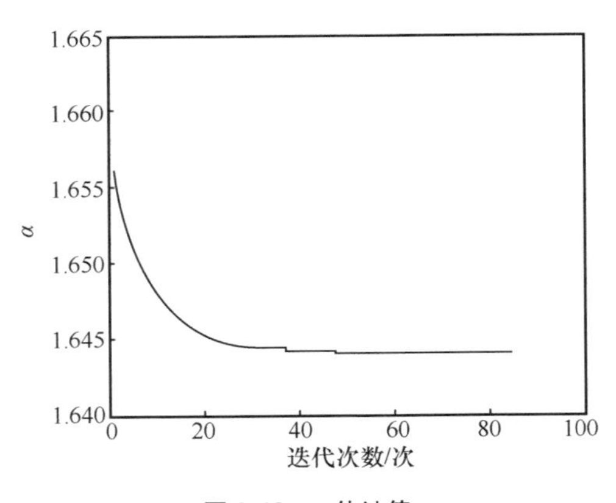

图 3-43　α 估计值

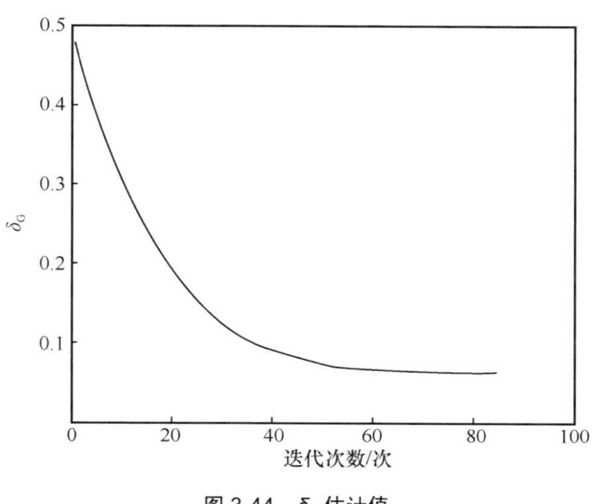

图 3-44　δ_G 估计值

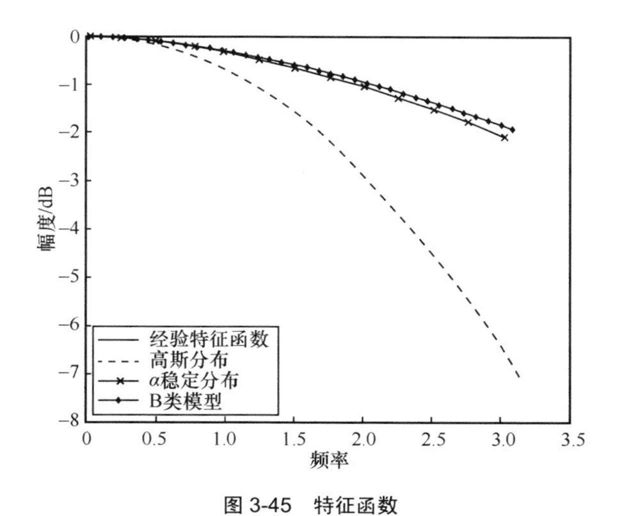

图 3-45　特征函数

3.4　非高斯噪声模型下的信号检测

以瑞利衰落信道模拟水声信道，在瑞利衰落信道的盲非高斯检测算法中，盲接收机在多数情况下采用粒子滤波方法，能获得较为优异的性能，但这些盲粒子滤波接收机大多基于信道衰落模型系数和噪声模型系数已知的假设前提，在瑞利信道下的盲接收机，能通过设计具体的粒子学习算法，在信道衰落模型系数和噪声信道系数都未知的前提下，实现非高斯环境的全盲信号检测。

3.4.1 系统模型

考虑信号中传输在瑞利平坦信道中传输，且信道中存在加性的非高斯噪声，则有：

$$y_t = x_t s_t + e_t ,\ t = 0,1,\cdots,N \tag{3-87}$$

其中，y_t、s_t、x_t、e_t 分别为 t 时刻接收到的复信号、传输的复信号、信道衰落系数和信道中的加性非高斯噪声。复信号 s_t 的取值为有限 alphabet 集 $\mathcal{A} = \{a_1,\cdots,a_{|\mathcal{A}|}\}$。在这里，假设 $\{x_t\}$、$\{s_t\}$ 和 $\{e_t\}$ 是相互独立的。$\{e_t\}$ 是满足独立同分布的随机序列，其中，e_t 是满足零均值复随机变量，并服从混合高斯分布，有：

$$e_t \sim p\mathrm{CN}(0,\sigma_1^2) + (1-p)\mathrm{CN}(0,\sigma_2^2) \tag{3-88}$$

其中，p 为权重，$\mathrm{CN}(0,\sigma_1^2)$ 为均值为零、方差为 σ_1^2 的复高斯分布，$\sigma_2^2 \gg \sigma_1^2$。式(3-88)中第一项 $\mathrm{CN}(0,\sigma_1^2)$ 可以看作高斯背景噪声，第二项 $\mathrm{CN}(0,\sigma_2^2)$ 则是突发的脉冲噪声。混合高斯分布是 Middleton A 类模型的简化形式，在实际中有广泛的应用。

在瑞利衰落信道下，信道衰落系数 $\{x_t\}$ 是服从复高斯分布的。对于 $\{x_t\}$ 的建模，往往采用自回归或自回归平滑模型，即可以看作高斯驱动的低通滤波输出。实际中，常常采用二阶自回归模型（Autoregressive Model（2），AR（2））。

$$x_t = -a_1 x_{t-1} - a_2 x_{t-2} + v_t ,\ v_t \sim N(0,\tau^2) \tag{3-89}$$

该模型与实际的物理背景结合紧密，有：

$$a_1 = -2r_\mathrm{d}\cos\left(\frac{2\pi\Omega_\mathrm{d}}{\sqrt{2}}\right), a_2 = r_\mathrm{d}^2 a_2 = r_\mathrm{d}^2 \tag{3-90}$$

其中，r_d 为 AR（2）的功率谱的陡度，Ω_d 为归一化的最大多普勒频移，其表达式为：

$$\Omega_\mathrm{d} = f_\mathrm{d} T = \frac{v}{\lambda} T \tag{3-91}$$

其中，f_d、v、λ、$1/T$ 分别为最大多普勒频移、移动速率、载波的波长和符号传输速率。根据实际通信系统的先验知识，不难得到 Ω_d 和 r_d 的先验知识。一般地，r_d

取值范围为$[0.9, 0.999]$，Ω_d的上限也易从实际中分析获得。如假设通信系统的载波为 10kHz，目标的最大移动速率为 30 节（1 节=1 海里/时），信号的传输速率大于 30Hz，则根据式（3-91）计算得$\Omega_d \leqslant 0.015$。设定Ω_d的范围为$[0, 0.1]$，该范围基本能满足实际需求。

因此，结合式（3-87）和式（3-89）有：

$$\boldsymbol{x}_t = \boldsymbol{D}\boldsymbol{x}_{t-1} + \boldsymbol{g}v_t \tag{3-92}$$

$$y_t = s_t \boldsymbol{g}^{\mathrm{T}} \boldsymbol{x}_t + e_t \tag{3-93}$$

其中，$\boldsymbol{x}_t = \left[x_t, x_{t-1}\right]^{\mathrm{T}}, \boldsymbol{g} = [1, 0]^{\mathrm{T}}$和$\boldsymbol{D} = \begin{bmatrix} -a_1 & -a_2 \\ 1 & 0 \end{bmatrix}$。在这里，T 代表转置运算。定义$\boldsymbol{\beta} = \left[-a_1, -a_2\right]^{\mathrm{T}}$，则式（3-92）可以重写为：

$$\boldsymbol{x}_t = \boldsymbol{\beta}^{\mathrm{T}} \boldsymbol{x}_{t-1} + \boldsymbol{v}_t \tag{3-94}$$

上文已定义了Ω_d和r_d的范围，因此不难得到$\boldsymbol{\beta}$的定义域$\mathcal{K}$。以往的盲接收机基本基于$\left\{p, \sigma_1^2, \sigma_2^2, \boldsymbol{\beta}, \tau^2\right\}$已知的假设条件，少数盲接收机能在$\left\{p, \sigma_1^2, \sigma_2^2, \boldsymbol{\beta}, \tau^2\right\}$已知的条件下进行信号检测。而盲接收机将在$\left\{p, \sigma_1^2, \sigma_2^2, \boldsymbol{\beta}, \tau^2\right\}$均未知的前提下对接收到的信号进行检测估计。

3.4.2　一维非高斯噪声模型下的信号检测

考虑非高斯噪声环境下瑞利信道中的信号传输模型（式（3-92）和式（3-93））。定义$\boldsymbol{Y}_t = (y_0, y_1, \cdots, y_t)$，$\boldsymbol{S}_t = (s_0, s_1, \cdots, s_t)$，参数$\boldsymbol{\theta} = \left\{\boldsymbol{w}, \sigma_1^2, \sigma_2^2, \boldsymbol{\beta}, \tau^2\right\}$，其中，$\boldsymbol{w} = [p, 1-p]^{\mathrm{T}}$。假设发送信号之间是相互独立的，则有：

$$P(s_t = a_i | \boldsymbol{S}_{t-1}) = P(s_t = a_i), \quad a_i \in \mathcal{A} \tag{3-95}$$

对于发送信号，若接收端没有关于发送信号的先验信息，一般可以假设它们在$\mathcal{A}$中的取值概率是相等的，即有：

$$P(s_t = a_i) = \frac{1}{|\mathcal{A}|}, \quad i = 1, \cdots, |\mathcal{A}| \tag{3-96}$$

服从混合高斯分布的非高斯噪声e_t可以看作一种不完全数据，因此引入指示变量$I_t \in \{1, 2\}$，有：

$$e_t \sim \begin{cases} \mathrm{CN}\left(0,\sigma_1^2\right), & I_t=1 \\ \mathrm{CN}\left(0,\sigma_2^2\right), & I_t=2 \end{cases} \tag{3-97}$$

显然，I_t服从离散分布$P(I_t)$，

$$P(I_t=1)=p,\quad P(I_t=2)=1-p \tag{3-98}$$

在模型中，我们感兴趣的对象为：需要估计的符号s_t，信道衰减系数$\boldsymbol{x}_t$，指示变量I_t以及模型的参数$\boldsymbol{\theta}$。通过贝叶斯方法对问题进行求解，则所需的后验概率分布为：

$$\begin{aligned}&p(\boldsymbol{x}_{t+1},s_{t+1},I_{t+1},\boldsymbol{k}_{t+1},\boldsymbol{H}_{t+1},\boldsymbol{\theta}|\ \boldsymbol{Y}_{t+1})=\\&p(\boldsymbol{\theta}|\ \boldsymbol{H}_{t+1})p(\boldsymbol{x}_{t+1}|\ s_{t+1},I_{t+1},\boldsymbol{k}_{t+1},\boldsymbol{Y}_{t+1})p(s_{t+1},I_{t+1},\boldsymbol{H}_{t+1},\boldsymbol{k}_{t+1}|\ \boldsymbol{Y}_{t+1})\end{aligned} \tag{3-99}$$

其中，$\boldsymbol{H}_t$为$\boldsymbol{\theta}$的充分统计量。简要描述为模型式（3-92）和式（3-93）设计的粒子学习算法结构。在时刻t，通过蒙特卡罗粒子近似$p(\boldsymbol{x}_t,s_t,I_t,\boldsymbol{k}_t,\boldsymbol{H}_t,\boldsymbol{\theta}|\ \boldsymbol{Y}_t)$。在时刻$t+1$，首先，通过权重$\left\{w_{t+1}^{(i)}\right\}_{i=1}^{m}$对粒子进行重采样，其中，权重$w_{t+1}^{(i)}\propto p(y_{t+1}|\{s_t,I_t,\boldsymbol{k}_t,\boldsymbol{\theta}\}^{(i)})$。其次，$\{s_{t+1},I_{t+1}\}$的值则通过$p(s_t,I_t|\ \boldsymbol{Y}_t)$获取，$\boldsymbol{x}_{t+1}$的值则通过$p(\boldsymbol{x}_t|\ s_t,I_t,\boldsymbol{k}_t,\boldsymbol{Y}_t)$获取。对于$\boldsymbol{H}_{t+1}$和$\boldsymbol{k}_{t+1}$，分别通过卡尔曼滤波方法获取$\boldsymbol{k}_{t+1}=\mathcal{K}(\boldsymbol{k}_t,\boldsymbol{\theta}_{t+1},s_{t+1},I_{t+1},y_{t+1})$和递归方法得到$\boldsymbol{H}_{t+1}=\boldsymbol{S}(\boldsymbol{H}_t,\boldsymbol{x}_{t+1},s_{t+1},I_{t+1},y_{t+1})$。最后，参数$\boldsymbol{\theta}$通过$p(\boldsymbol{\theta}|\ \boldsymbol{H}_{t+1})$进行更新。值得注意的是，符号的后验概率被估计为：

$$p(s_t=a_i|\ \boldsymbol{Y}_t)=E\{l(s_t=a_i)|\ \boldsymbol{Y}_t\}\approx\frac{1}{W}\sum_{i=1}^{m}l\left(s_t^{(j)}=a_i\right)w_t^{(j)},\quad j=1,\cdots,|\mathcal{A}| \tag{3-100}$$

其中，$l(\cdot)$是指示函数，如果$s_t=a_i$，则$l(s_t=a_i)=1$，否则$l(s_t=a_i)=0$。对符号s_t进行硬判决有：

$$\hat{s}_t=\arg\max_{a\in\mathcal{A}}p(s_t=a_i|\ \boldsymbol{Y}_t)\approx\arg\max_{a\in\mathcal{A}}\sum_{j=1}^{m}l\left(s_t^{(j)}=a_i\right)v_t^{(j)} \tag{3-101}$$

当传输信号以多进制相移键控（Multiple Phase Shift Keying，MPSK）方式调制时，即：

$$a_i=\exp\left(\mathrm{j}\frac{2\pi i}{|\mathcal{A}|}\right),\quad i=0,\cdots,|\mathcal{A}|-1 \tag{3-102}$$

其中，$\mathrm{j}=\sqrt{-1}$。估计的信号$\hat{s}_t$存在相位模糊的问题。例如，对于二进制相移键控

（Binary Phase Shift Keying，BPSK）信号，有 $s_t \in \{+1,-1\}$。从式（3-93）不难看到，如果 s_t 与 $\boldsymbol{x}_t$ 同时相移 π（值分别改变为 $-s_t$ 和 $-\boldsymbol{x}_t$），但对观测信号 y_t 的结果不发生改变。因此，采用差分编码和解码可以克服相位模糊问题。定义 $\boldsymbol{k}_t = \{\boldsymbol{\mu}_t, \boldsymbol{\Sigma}_t\}$，$\boldsymbol{\mu}_t$ 和 $\boldsymbol{\Sigma}_t$ 分别是 t 时刻卡尔曼滤波产生的 $\boldsymbol{x}_t$ 一阶矩和二阶矩。对于参数 $\boldsymbol{\theta}$，选择其共轭先验为：

$$(\boldsymbol{\beta} \mid \tau^2) \sim N\left(c_0, \tau^2 C_0^{-1}\right) \tag{3-103}$$

$$\tau^2 \sim \Gamma^{-1}(b_0, B_0) \tag{3-104}$$

$$\sigma_i^2 \sim \Gamma^{-1}(d_{i,0}, D_{i,0}), \quad i = 1,2 \tag{3-105}$$

$$\boldsymbol{w} \sim D(\delta_{1,0}, \delta_{2,0}) \tag{3-106}$$

其中，$\Gamma^{-1}(\cdot)$ 为逆伽马分布，$D(\cdot)$ 为狄利克雷分布。

一维非高斯噪声下的信号检测算法的具体流程如下。

步骤 1　重采样。从 $k^{(i)} \sim \text{Multi}\left(\omega_t^{(1)}, \cdots, \omega_t^{(m)}\right)$，$i = 1, \cdots, m$ 中采样 $k^{(i)}$，其中，m 为采样的粒子数，这里 Multi 表示多项式分布。

$$\begin{aligned}&\omega_t^{(i)} \propto P(y_{t+1} | (\boldsymbol{k}_t, \boldsymbol{\theta}, s_t)^{(i)}) = \\ &\sum_{\{a_n, i\} \in A \times \{1,2\}} P(y_{t+1} | (\boldsymbol{k}_t, \boldsymbol{\theta}, s_t)^{(i)}, s_{t+1} = a_n, I_{t+1} = i) P(s_{t+1} = a_n, I_{t+1} = i)\end{aligned} \tag{3-107}$$

其中，

$$P(y_{t+1} | (\boldsymbol{k}_t, \boldsymbol{\theta}, s_t)^{(i)}, s_{t+1} = a_n, I_{t+1} = i) \propto \text{CN}\left(a_n m_{t+1}^{(i)}, \gamma_{t+1}^{(i)} + \sigma_i^2\right) \tag{3-108}$$

其中，$\gamma_{t+1}^{(i)}$、$m_{t+1}^{(i)}$ 的值根据卡尔曼滤波进行预测，有：

$$\boldsymbol{K}_{t+1}^{(i)} = \boldsymbol{D}_t^{(i)} \boldsymbol{\Sigma}_t^{(i)} \left(\boldsymbol{D}_t^{(i)}\right)^{\mathrm{T}} + \boldsymbol{g}\boldsymbol{g}^{\mathrm{T}} (\tau^2)_t^{(i)} \tag{3-109}$$

$$\gamma_{t+1}^{(i)} = \boldsymbol{g}^{\mathrm{T}} \boldsymbol{K}_{t+1}^{(i)} \boldsymbol{g} \tag{3-110}$$

$$m_{t+1}^{(i)} = \boldsymbol{g}^{\mathrm{T}} \boldsymbol{D}_t^{(i)} \boldsymbol{\mu}_t^{(i)} \tag{3-111}$$

步骤 2　抽样符号 $S_{t+1}^{(i)}$ 和指示变量 $I_{t+1}^{(i)}$。S_{t+1} 和 I_{t+1} 的后验概率如式（3-112）所示。

$$
\begin{aligned}
&P(S_{t+1}=a_n,I_{t+1}=i|\ y_{t+1},(\boldsymbol{k}_t,\boldsymbol{\theta},s_t)^{(k')})\\
&\propto P(s_{t+1}=a_n,I_{t+1}=i,y_{t+1},(\boldsymbol{k}_t,\boldsymbol{\theta},s_t)^{(k')})=\\
&P(y_{t+1}|(\boldsymbol{k}_t,\boldsymbol{\theta},s_t)^{(k')},s_{t+1}=a_n,I_{t+1}=i)P(s_{t+1}=a_n,I_{t+1}=i|(\boldsymbol{k}_t,\boldsymbol{\theta},s_t)^{(k')})=\\
&P(y_{t+1}|(\boldsymbol{k}_t,\boldsymbol{\theta},s_t)^{(k^i)},s_{t+1}=a_n,I_{t+1}=i)P(s_{t+1}=a_n,I_{t+1}=i)
\end{aligned}
\tag{3-112}
$$

式（3-112）最后一步的简化是由于 S_{t+1} 和 I_{t+1} 是独立的。根据式（3-112），$S_{t+1}^{(i)}$ 和 $I_{t+1}^{(i)}$ 从集合 $A\times\{1,2\}$ 中采样新值。

步骤 3　估计信道状态 $\boldsymbol{x}_{t+1}^{(i)}$。后验概率 $P\left(\boldsymbol{x}_{t+1}|\ y_{t+1},(\boldsymbol{k}_t,\boldsymbol{\theta},s_t)^{(k)},s_{t+1}^{(i)},I_{t+1}^{(i)}\right)$ 有：

$$
\begin{aligned}
&P\left(\boldsymbol{x}_{t+1}|\ y_{t+1},\left(\boldsymbol{k}_t,\boldsymbol{\theta},s_t\right)^{(k')},s_{t+1}^{(i)},I_{t+1}^{(i)}\right)\\
&\propto P\left(y_{t+1}|\ \boldsymbol{x}_{t+1},\left(\boldsymbol{k}_t,\boldsymbol{\theta},s_t\right)^{(k^l)},s_{t+1}^{(i)},I_{t+1}^{(i)}\right)P\left(\boldsymbol{x}_{t+1}|\left(\boldsymbol{k}_t,\boldsymbol{\theta},s_t\right)^{(k^i)},s_{t+1}^{(i)},I_{t+1}^{(i)}\right)
\end{aligned}
\tag{3-113}
$$

对式（3-113）进行整理，不难有：

$$
P\left(\boldsymbol{x}_{t+1}|\ y_{t+1},\left(\boldsymbol{k}_t,\boldsymbol{\theta},s_t\right)^{(k^i)},s_{t+1}^{(i)},I_{t+1}^{(i)}\right)\sim \mathrm{CN}\left(\boldsymbol{\eta}_{t+1}^{(i)},\gamma_{t+1}^{(i)}\right) \tag{3-114}
$$

其中，

$$
\gamma_{t+1}^{(i)}=\left(\boldsymbol{g}^{\mathrm{T}}\boldsymbol{g}\left(\sigma_{I_{t+1}^{i}}^{-2}\right)^{(k^i)}+\left(\boldsymbol{K}_{t+1}^{(k^i)}\right)^{-1}\right)^{-1} \tag{3-115}
$$

$$
\boldsymbol{\eta}_{t+1}^{(i)}=\gamma_{t+1}^{(i)}\left(\left(\sigma_{I_{t+1}^{(i)}}^{-2}\right)^{(k^i)}y_{t+1}\left(s_{t+1}^{(i)}\right)^{\mathrm{H}}\boldsymbol{g}+\left(\boldsymbol{K}_{t+1}^{(k')}\right)^{-1}\boldsymbol{D}_t^{(k^i)}\boldsymbol{\mu}_t^{(k')}\right) \tag{3-116}
$$

其中，H 代表厄米特转置。从式（3-114）中抽样的值 $\boldsymbol{x}_{t+1}^{(i)}$。

步骤 4　通过卡尔曼滤波方法更新充分统计量。通过卡尔曼滤波迭代产生：

$$
\boldsymbol{\mu}_{t+1}^{(i)}=\boldsymbol{D}_t^{(k^i)}\boldsymbol{\mu}_t^{(k^k)}+\frac{1}{\gamma_{t+1}^{(k^s)}+\left(\sigma_{I_{t+1}^{(i)}}^{2}\right)_t^{(k^2)}}\left(y_{t+1}-s_{t+1}^{(i)}\boldsymbol{m}_{t+1}^{(k')}\right)\boldsymbol{K}_{t+1}^{(k^i)}\boldsymbol{g}s_{t+1}^{(i)} \tag{3-117}
$$

$$
\boldsymbol{\Sigma}_{t+1}^{(i)}=\boldsymbol{K}_{t+1}^{(k^i)}-\frac{1}{\gamma_{t+1}^{(k^i)}+\left(\sigma_{I_{i+1}'}^{2}\right)_t^{(k^i)}}\boldsymbol{K}_{t+1}^{(k^i)}\boldsymbol{g}\boldsymbol{g}^{\mathrm{T}}\boldsymbol{K}_{t+1}^{(k')} \tag{3-118}
$$

步骤 5　参数学习。从 $P\left(\boldsymbol{\theta}|\ \boldsymbol{H}_{t+1}^{(i)}\right)$ 中采样 $\boldsymbol{\theta}^{(i)}$。$P\left(\boldsymbol{\theta}|\ \boldsymbol{H}_{t+1}^{(i)}\right)$ 可以分解为：

$$
\left(\boldsymbol{\beta}_{t+1}|\left(\tau^2\right)_{t+1},\boldsymbol{H}_{t+1}^{(i)}\right)\sim N\left(c_{t+1}^{(i)},\left(\sigma_{I_{i=1}^{(i)}}^{2}\right)_{t+1}^{(i)}\left(C_{t+1}^{(i)}\right)^{-1}\right) \tag{3-119}
$$

$$\left(\left(\tau^2\right)_{t+1} \mid \boldsymbol{H}_{t+1}^{(i)}\right) \sim \Gamma^{-1}\left(b_{t+1}^{(i)}, B_{t+1}^{(i)}\right) \tag{3-120}$$

$$\left(\boldsymbol{w}_{t+1} \mid \boldsymbol{H}_{t+1}^{(i)}\right) \sim D\left(\delta_{1,t+1}^{(i)}, \delta_{2,t+1}^{(i)}\right) \tag{3-121}$$

$$\left(\left(\sigma_{I_{t+1}^{(i)}}^2\right)_{t+1} \mid \boldsymbol{H}_{t+1}^{(i)}\right) \sim \Gamma^{-1}\left(d_{I_{t+1}^{(i)},t+1}^{(i)}, D_{I_{t+1}^{(i)},t+1}^{(i)}\right) \tag{3-122}$$

其中，

$$c_{t+1}^{(i)} = \left(C_{t+1}^{(i)}\right)^{-1}\left(C_t^{(k)} c_t^{(k^k)} + \mathcal{R}\left(\boldsymbol{x}_t^{(k')}\right)\mathcal{R}\left(\boldsymbol{x}_{t+1}^{(i)}\right)\right) \quad C_{t+1}^{(i)} = C_t^{(k')} + \mathcal{R}\left(\boldsymbol{x}_t^{(k^i)}\right)^2 \tag{3-123}$$

$$b_{t+1}^{(i)} = b_t^{(k)} + 1 \tag{3-124}$$

$$B_{t+1}^{(i)} = B_t^{(k^i)} + \frac{1}{2}\left(\mathcal{R}\left(\boldsymbol{x}_{t+1}^{(i)}\right)^2 + \left(c_t^{(k')}\right)^{\mathrm{T}} C_t^{(k^i)} c_t^{(k^l)} - \left(c_{t+1}^{(i)}\right)^{\mathrm{T}} C_{t+1}^{(i)} c_{t+1}^{(i)}\right) \tag{3-125}$$

$$\delta_{j,t+1}^{(i)} = \delta_{j,t}^{(k')} + l\left(I_{t+1}^{(i)} = j\right), \quad j = 1,2 \tag{3-126}$$

$$d_{I_{t+1}^{(i)},t+1}^{(i)} = d_{I_{t+1}^{(i)},t}^{(k^i)} + l\left(I_{t+1}^{(i)} = j\right) \tag{3-127}$$

其中，$\mathcal{R}(x)$ 表示取复数 x 的实数部分。特别地，若 $\boldsymbol{\beta}_{t+1}^{(i)} \notin \mathcal{X}$，则拒绝该值，并重新采样。

考查式（3-92）～式（3-93），不难发现信道模型是高度相关的，换言之，现在接收的信号不仅包含当下的信息，还包含过去的信息。因此，若进行延迟检测，通常结果会比实时检测更精确。对于延迟检测，其中，一种常用方法是延迟权重方法。

延迟权重方法的核心思想是权重 $\left\{w_{t+\Delta}^{(i)}\right\}_{i=1}^{m}$ 包含了接收到信号 $\left\{y_{t+1},\cdots,y_{t+\Delta t}\right\}$ 的信息，若进行延迟估计将会获得更优异的性能。因此，对符号的估计为：

$$p(s_t = a_i \mid \boldsymbol{Y}_{t+\Delta t}) \approx \frac{1}{W_{t+\Delta t}} \sum_{j=1}^{m} l\left(s_t^{(j)} = a_i\right) w_{t+\Delta t}^{(j)}, \quad i = 1,\cdots,|\mathcal{A}| \tag{3-128}$$

值得注意的是，延迟权重方法并不需要额外大量的计算资源，但需要消耗更多的存储资源存储额外的 $\left\{\left(S_{t+1}^{(j)},\cdots,S_{t+\Delta t}^{(j)}\right)\right\}_{j=1}^{m}$。

3.4.3 多维非高斯混合噪声模型下的信号检测

对系统模型进行如下假设：接收机有 R 根天线，且各天线之间的接收区域并不一定相互独立；发送符号经过 BPSK 调制，并在低频信道下传输；信道是慢平坦衰落的，因此可以认为在每次的处理窗口中信道衰减系数是不变的；信道中的噪声是加性非高斯噪声。

设 $\boldsymbol{S}_1,\cdots,\boldsymbol{S}_N$ 是发送端发送的符号，在接收端每个符号采样 M 次，即有 $\boldsymbol{S}_i=\left[s_{i1},\cdots,s_{iM}\right]^{\mathrm{T}}$。T 代表转置算子。信号的调制方式为 BPSK，因此有 $S_{ij}\in\{-1,1\}$。从 R 根天线端接收到的信号为 $\boldsymbol{X}_i=\left[\boldsymbol{x}_{i1},\cdots,\boldsymbol{x}_{iM}\right]$，$i=1,\cdots,N$。其中，$\boldsymbol{x}_{ij}=\left[x_{ij}^1,\cdots,x_{ij}^R\right]^{\mathrm{T}}$，$x_{ij}^r$ 代表从第 r 根天线端接收的信号，$r=1,\cdots,R$。根据上述讨论，有式（3-129）的系统模型：

$$\boldsymbol{X}_i=\boldsymbol{a}\otimes\boldsymbol{S}_i^{\mathrm{T}}+\boldsymbol{N}_i,\quad i=1,\cdots,N \tag{3-129}$$

其中，$\boldsymbol{a}=\left[a_1,\cdots,a_R\right]^{\mathrm{T}}$ 是 R 维信道衰减系数，$\boldsymbol{N}_i$ 为接收的噪声 $\boldsymbol{N}_i=\left[\boldsymbol{n}_{i1},\cdots,\boldsymbol{n}_{iM}\right]$，$\boldsymbol{n}_{ij}=\left[n_{ij}^1,\cdots,n_{ij}^R\right]^{\mathrm{T}}$。这里 $\otimes$ 代表克罗内克积。假设噪声样值 $\boldsymbol{n}_{ij}$ 满足独立同分布（Independent Identically Distribution，IID），且服从混合高斯分布：

$$\boldsymbol{n}_{ij}\sim\sum_{l=1}^{K}\omega_l N(\boldsymbol{0},\boldsymbol{\Sigma}_l),\ i=1,\cdots,N,\ j=1,\cdots,M \tag{3-130}$$

其中，$N(\boldsymbol{0},\boldsymbol{\Sigma}_l)$ 是第 l 个 R 维零均值向量高斯分布，$\boldsymbol{\Sigma}_l$ 是协方差矩阵；ω_l 是第 l 个多维高斯分布的权重，并满足 $\sum_{l=1}^{K}\omega_l=1$，K 是高斯分布的项数。混合高斯分布是一种常用的非高斯噪声模型。混合高斯分布模型在一定条件下可以作为多维 A 类噪声模型的近似形式。值得一提的是，从式（3-129）可以看到，虽然 $\boldsymbol{n}_{ij}$ 是统计独立的，但其各维随机变量往往是相关的。这一点不难理解，天线之间的接收区域并非是独立的，往往是相互重叠的，因此从每根天线接收的信号既有独立部分也有相关部分。考查式（3-129），对于混合模型来说，不难有这个事实：$\boldsymbol{x}_{ij}$ 是一类不完全数据。引入标签变量 $z_{ij}\in\{1,\cdots,K\}$，用以指示 $\boldsymbol{n}_{ij}$ 所属的高斯分布：$z_{ij}=l$ 代表 $\boldsymbol{n}_{ij}$ 由第 l 个高斯分布产生。类似地，有定义 $\boldsymbol{z}_i=\left[z_{i1},\cdots,z_{in}\right]^{\mathrm{T}}$。通过标签变量的引入，有完全数据集 $\{\boldsymbol{x}_{ij},z_{ij}\}$。显然，对于 z_{ij}，其满足概率分布：

$$P(z_{ij}=l)=\omega_l,l=1,\cdots,K \tag{3-131}$$

给定 z_{ij} 的值，则 $\boldsymbol{n}_{ij}$ 的概率分布为：

$$(\boldsymbol{n}_{ij}|\ z_{ij})\sim N(\boldsymbol{0},\boldsymbol{\Sigma}_{z_{ij}}) \tag{3-132}$$

更进一步地，根据式（3-128）和式（3-131），在给定 z_{ij} 条件下 $\boldsymbol{x}_{ij}$ 的条件概率为：

$$(\boldsymbol{x}_{ij} | z_{ij}) \sim N(\boldsymbol{a}s_{ij}, \boldsymbol{\Sigma}_{z_{ij}}) \tag{3-133}$$

本节主要估计的参数为：衰落信道系数 $\boldsymbol{a}$ ，接收信号 $\boldsymbol{S}_i$ ，高斯分布的协方差矩阵 $\boldsymbol{\Sigma}_l$ 以及权重 ω_l 。

在贝叶斯推断模型中，通过先验概率推断后验概率：

$$P(B | A) \propto P(A | B)P(B) \tag{3-134}$$

对于先验概率的选择，若有实际通信系统的先验知识或长期的统计信息，则有助于先验概率的建立，但往往在实际中受到各种因素的限制，这些先验知识不易获得。但从接收信号中获得的信息占主要部分，可以弥补先验知识的缺失。另外，若参数的共轭先验分布较易获得，则往往在贝叶斯推断中会采用共轭先验，使得先验概率分布和后验概率分布在同一分布簇中，以提高推断的效率。于是，对参数先验选择如下。

对于参数 $\boldsymbol{\omega} = \left[\omega_1, \cdots, \omega_k\right]^{\mathrm{T}}$ ，其共轭先验为 Dirichlet 分布：

$$\boldsymbol{\omega} \sim D(\delta, \cdots, \delta) \tag{3-135}$$

对于参数 $\boldsymbol{\Sigma}_l, l = 1, \cdots, K$ ，不难获得其共轭先验为逆威沙特分布（Inverse-Wishart Distribution）：

$$\boldsymbol{\Sigma}_l \sim W^{-1}\left(m_l, \boldsymbol{\Lambda}_l^{-1}\right), l = 1, \cdots, K \tag{3-136}$$

其中，参数 m_l 和 $\boldsymbol{\Lambda}_l$ 分别称为自由度和尺度矩阵。略去常数项，则逆威沙特分布可以表示为：

$$P\left(\boldsymbol{\Sigma}_l; m_l, \boldsymbol{\Lambda}_l^{-1}\right) \propto \left|\boldsymbol{\Sigma}_l\right|^{-\frac{m_1 + R + 1}{2}} \exp\left\{-\frac{1}{2} \mathrm{tr} \boldsymbol{\Lambda}_l^{-1} \boldsymbol{\Sigma}_l^{-1}\right\} \tag{3-137}$$

其中， tr 代表迹算子。

对于参数 $\boldsymbol{a}$ ，其共轭先验为高斯分布：

$$\boldsymbol{a} \sim N(\boldsymbol{u}_0, \boldsymbol{k}) \tag{3-138}$$

其中， $\boldsymbol{u}_0$ 是平均向量， $\boldsymbol{k}$ 是协方差矩阵。对于参数 $\boldsymbol{S}_i$ ，假设在发射端符号的发送概率相同，这一假设在现实中也是常见的。因此 $\boldsymbol{S}_i$ 服从概率分布：

$$P(\boldsymbol{S}_i=\boldsymbol{1})=P(\boldsymbol{S}_i=-\boldsymbol{1})=\frac{1}{a}=\frac{1}{2} \tag{3-139}$$

其中，$\boldsymbol{1}=\{1,\cdots,1\}$。为了便于下面讨论以及符号的表达，令 $\boldsymbol{X}=\left\{\boldsymbol{X}_i \mid i=1,\cdots,N\right\}$，$\boldsymbol{S}=\left\{\boldsymbol{S}_i \mid i=1,\cdots,N\right\}$，$z=\left\{z_i \mid i=1,\cdots,N\right\}$，$\boldsymbol{\eta}=\left\{\delta,m_l,\boldsymbol{\Lambda}_l,\boldsymbol{u}_0,\boldsymbol{k},a\right\}$。通过上述讨论，并根据贝叶斯全概率公式，于是有：

$$\begin{aligned}&P(\boldsymbol{a}\boldsymbol{\Sigma}_l,z,\boldsymbol{S},\omega,\boldsymbol{\eta},\boldsymbol{X})=\\&P(\boldsymbol{X}\mid \boldsymbol{a},\boldsymbol{S},\boldsymbol{\Sigma}_1,z,\omega,\boldsymbol{\eta})P(\boldsymbol{a}\mid \boldsymbol{u}_0\boldsymbol{k})P(\boldsymbol{\Sigma}_1\mid m_t,\boldsymbol{\Lambda})P(\boldsymbol{S}\mid a)P(z\mid \omega)P(\omega\mid \delta)P(\boldsymbol{\eta})\end{aligned} \tag{3-140}$$

上述贝叶斯推断模型的有向无环图（Directed Acyclic Graph，DAG）如图 3-46 所示，其中圆圈代表未知参数，方框代表固定的超参数值，箭头代表变量之间的条件依赖关系。

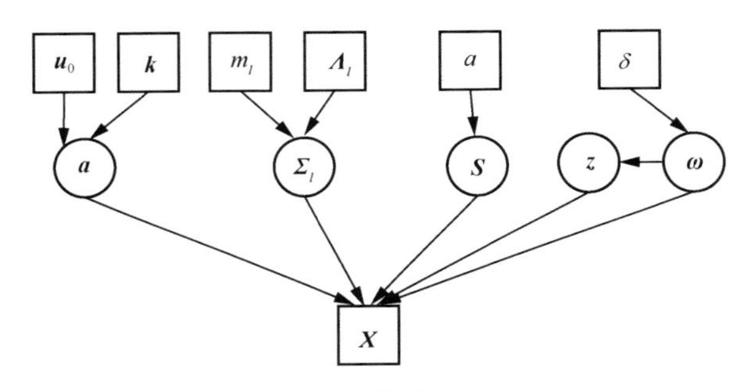

图 3-46　模型的 DAG

蒙特卡罗马尔可夫链（Monte Carlo Markov Chain，MCMC）方法是在统计概率计算领域中广泛应用的一类算法。它较好地解决了传统贝叶斯推断中多参数高维概率的计算问题，为贝叶斯推断领域的发展开辟了新的道路。MCMC 方法通过构造一条以目标概率为稳态分布的马尔可夫链实现。若后验分布易于采样，往往采用吉布斯（Gibbs）方法更新参数样值。Gibbs 采样是一种应用广泛的 MCMC 方法，它避免了从多维概率分布中直接采样，而从各个条件概率分布中进行一系列的采样。在贝叶斯层次模型中，参数的后验分布是常见且易于采样的，因此通过 Gibbs 方法产生一系列抽样值。在每次迭代时，算法的步骤如下。

步骤 1　通过 Gibbs 采样更新权重 $\boldsymbol{\omega}$。

步骤 2　通过 Gibbs 采样更新衰落系数 $\boldsymbol{a}$。

步骤 3　通过 Gibbs 采样更新参数 $\boldsymbol{\Sigma}_l$。

步骤 4　通过 Gibbs 采样更新参数 z_{ij}。

步骤 5　通过 Gibbs 采样更新信号 $\boldsymbol{S}_i$。

通过引入标签变量，将接收的数据变换为一类完全数据，从而建立了含信号、信道衰减系数和噪声模型参数等变量的贝叶斯推断模型，并通过 Gibbs 方法进行参数估计。

3.5　本章小结

本章对水声环境中的非高斯分布噪声进行了详细介绍。首先，介绍了水声信道噪声常用的几种统计模型，分析了噪声模型的原理和产生，阐述了参数估计方法并对其仿真和实验。其次，简要陈述了对于接收机来说，如何针对一维和多维非高斯分布模型实现噪声参数估计。最后，对于非高斯噪声存在的水声信道，说明了如何在该类噪声存在时实现对目标信号的检测。

参考文献

[1] PELEKANAKIS K, LIU H Q, CHITRE M. An algorithm for sparse underwater acoustic channel identification under symmetric α-stable noise[C]//Proceedings of OCEANS 2011 IEEE - Spain. Piscataway: IEEE Press, 2011.

[2] PELEKANAKIS K, CHITRE M. Adaptive sparse channel estimation under symmetric alpha-stable noise[J]. IEEE Transactions on Wireless Communications, 2014, 13(6): 3183-3195.

[3] PELEKANAKIS K, CHITRE M. A class of affine projection filters that exploit sparseness under symmetric alpha-stable noise[C]//Proceedings of 2013 MTS/IEEE OCEANS - Bergen. Piscataway: IEEE Press, 2013: 1-5.

[4] MIN T Y, CHITRE M, PALLAYIL V. Detecting the direction of arrival and time of arrival of impulsive transient signals[C]//Proceedings of OCEANS 2016 MTS/IEEE Monterey. Piscataway: IEEE Press, 2016 : 1-8.

[5] MAHMOOD A, CHITRE M, ARMAND M A. On single-carrier communication in additive white symmetric alpha-stable noise[J]. IEEE Transactions on Communications, 2014, 62(10):

3584-3599.

[6] MAHMOOD A, CHITRE M, ARMAND M A. Detecting OFDM signals in alpha-stable noise[J]. IEEE Transactions on Communications, 2014, 62(10): 3571-3583.

[7] MAHMOOD A, CHITRE M, ARMAND M A. Maximum-likelihood detection performance of uncoded OFDM in impulsive noise[C]//Proceedings of 2013 IEEE Global Communications Conference. Piscataway: IEEE Press, 2013.

[8] MAHMOOD A, CHITRE M. Viterbi detection of PSK signals in Markov impulsive noise[C]//Proceedings of 2018 OCEANS - MTS/IEEE Kobe Techno-Oceans. Piscataway: IEEE Press, 2018.

[9] MAHMOOD A, CHITRE M. Optimal and near-optimal detection in bursty impulsive noise[J]. IEEE Journal of Oceanic Engineering, 2017, 42(3): 639-653.

[10] MAHMOOD A, CHITRE M. Uncoded acoustic communication in shallow waters with bursty impulsive noise[C]//Proceedings of 2016 IEEE Third Underwater Communications and Networking Conference. Piscataway: IEEE Press, 2016.

[11] MIDDLETON D. Canonical and quasi-canonical probability models of class A interference[J]. IEEE Transactions on Electromagnetic Compatibility, 1983, EMC-25(2): 76-106.

[12] 宫宇, 王旭东, 庞福文. Class A 噪声衰落信道下空时分组码的性能估计[J]. 大连海事大学学报, 2008, 34(4): 102-106.

[13] MIDDLETON D. Procedures for determining the parameters of the first-order canonical models of class A and class B electromagnetic interference 10[J]. IEEE Transactions on Electromagnetic Compatibility, 1979, 21(3): 190-208.

[14] NIKIAS C L, SHAO M. Signal processing with alpha-stable distributions and applications[M]. New York: John Wiley & Sons, Inc., 1995.

[15] TSAKALIDES P. Array signal processing with alpha-stable distributions[D]. California: University of Southern California, 1995.

[16] XIA X, ZHANG X B, CHEN X H. Parameter estimation for Gaussian mixture processes based on expectation-maximization method[C]//Proceedings of the 2016 4th International Conference on Machinery, Materials and Information Technology Applications. Paris: Atlantis Press, 2016.

[17] MIDDLETON D. A statistical theory of reverberation and similar first-order scattered fields: II: moments, spectra and special distributions[J]. IEEE Transactions on Information Theory, 1967, 13(3): 393-414.

[18] MCDONALD K F, BLUM R S. A statistical and physical mechanisms-based interference and noise model for array observations[J]. IEEE Transactions on Signal Processing, 2000, 48(7): 2044-2056.

[19] NOLAN J P. Numerical calculation of stable densities and distribution functions[J]. Commu-

nications in Statistics Stochastic Models, 1997, 13(4): 759-774.

[20] NOLAN J. Stable distributions: models for heavy-tailed data[M]. New York: Birkhauser, 2003.

[21] MAHMOOD A, CHITRE M. Modeling colored impulsive noise by Markov chains and alpha-stable processes[C]//Proceedings of OCEANS 2015 - Genova. Piscataway: IEEE Press, 2015: 1-7.

[22] MIDDLETON D. A statistical theory of reverberation and similar first-order scattered fields: II: moments, spectra and special distributions[J]. IEEE Transactions on Information Theory, 1967, 13(3): 393-414.

[23] MIDDLETON D. A statistical theory of reverberation and similar first-order scattered fields: IV: statistical models[J]. IEEE Transactions on Information Theory, 1972, 18(1): 68-90.

[24] MIDDLETON D. A statistical theory of reverberation and similar first-order scattered fields: IV: statistical models[J]. IEEE Transactions on Information Theory, 1972, 18(1): 68-90.

[25] KIM Y, TONG ZHOU G. Representation of the Middleton class B model by symmetric alpha-stable processes and Chi-distributions[C]//Proceedings of ICSP’98. 1998 4th International Conference on Signal Processing. Piscataway: IEEE Press, 1998: 180-183.

[26] MIDDLETON D. Non-Gaussian noise models in signal processing for telecommunications: new methods an results for class A and class B noise models[J]. IEEE Transactions on Information Theory, 1999, 45(4): 1129-1149.

[27] BERRY L A. Understanding Middleton’s formula for class B noise[C]//Proceedings of 1982 IEEE International Symposium on Electromagnetic Compatibility. Piscataway: IEEE Press, 1982.

[28] CHAMBERS J M, MALLOWS C L, STUCK B W. A method for simulating stable random variables[J]. Journal of the American Statistical Association, 1976, 71(354): 340-344.

[29] BERRY L A. Understanding Middleton’s canonical formula for class A noise[J]. IEEE Transactions on Electromagnetic Compatibility, 1981, EMC-23(4): 337-344.

[30] ZABIN S M, POOR H V. Efficient estimation of class A noise parameters via the EM algorithm[J]. IEEE Transactions on Information Theory, 1991, 37(1): 60-72.

[31] ZHANG X B, YING W W, YANG B, et al. Parameter estimation for class A modeled ocean ambient noise[J]. Journal of Engineering and Technological Sciences, 2018, 50(3): 330-345.

[32] JIANG Y Z, HU X L, ZHANG S X, et al. Generation and estimation of parameters of simplified Middleton class B noise[C]//Proceedings of 2007 Third International Conference on Wireless and Mobile Communications. Piscataway: IEEE Press, 2007.

[33] VENSKAUSKAS K K. Simplified approximation of D. Middleton’s non-Gaussian interference distributions[C]//Proceedings of IEEE International Symposium on Electromagnetic Compatibility. Piscataway: IEEE Press, 1990.

[34] ZHANG S X, JIANG Y Z. Identification of class A noise parameters via least square gradient method[C]//Proceedings of 2009 2nd International Congress on Image and Signal Processing. Piscataway: IEEE Press, 2009.

[35] ZHANG X B, TAN C, YING W W. Characteristic function based parameter estimation for ocean ambient noise[C]//Proceedings of 2018 IEEE 3rd International Conference on Image, Vision and Computing. Piscataway: IEEE Press, 2018.

[36] ZHANG X B, YING W W, YANG P X, et al. Parameter estimation of underwater impulsive noise with the class B model[J]. IET Radar, Sonar & Navigation, 2020, 14(7): 1055-1060.

第4章 水声目标被动探测技术

4.1 基于频谱感知的水声信号检测方法

随着对蓝色海洋资源的开发利用，水下通信在经济社会发展和军事科技中的作用变得举足轻重。同时，水下通信用户不断增多，如何有效地利用水下有限的频谱资源已成为水声通信的重要环节。类似于陆上无线电通信中，频谱感知技术可有效地对频谱进行检测、提高陆上频谱资源的利用率，在水下通信中，如何将频谱感知技术有效地应用于水声通信、提高水下频谱利用率也变得至关重要。

水声信道频率选择性衰落严重、声波传播速度低、多径效应和多普勒效应突出，这些特性严重阻碍了高速水声通信系统的实际应用。而认知水声通信系统的提出，使得稳定、高速率的水声通信系统的实现成为可能。类似于认知无线电，认知水声通信系统是一种基于水下环境频谱检测，能够更有效地利用通信资源、智能的高速水声通信系统。不同之处在于，整个水声频带资源是开放的，因此没有授权用户的概念，所有的声呐设备均可以自由地对整个水下频谱加以利用，因此可以将认知用户感知到的其他用户信号视为干扰，而水下频谱检测的一个主要目的就是有效抑制水声通信中的对抗干扰。

目前研究者已对认知水声通信的频谱感知技术进行了相关的研究。胡誉[1]考虑了基于加权融合的双阈值检测能量算法在水声信道中的应用，通过多用户检测来提高检测性能。左加阔等[2]考虑到水下频谱的稀疏性，对压缩感知理论在水声通信频谱检测中的应用进行了研究。杨力[3]研究了认知水声通信系统中基于差分信号的频谱检测，对压缩重构后的信号进行频谱差分检测，降低了噪声不确定性对频谱感知的影响。侯靖等[4]研究了基于小波包变换的水声通信频谱感知技术，通过小波分析提高水下频谱检测性能。

水声通信频谱感知指不断检测水声信道频段，判断频段是否被其他用户占用，从而得到检测频段的使用情况。频谱感知就是为了找出频谱空穴，确保认知用户在不影响其他用户正常通信的情况下使用空闲频段。随着认知无线电技术的不断演进，感知方法也在不断改善。目前常用的感知技术可分为用户发射端检测和用户接收端检测。

发射端检测法提出较早，该技术发展较成熟、设计复杂度低、易实现，但是当无线环境中多径效应和阴影衰落较严重时，接收信号强度的降低将影响检测性能。感知模型可以表示成一个二元假设问题：H_0 表示在检测频段上其他用户信号不存在的假设，H_1 表示在检测频段上其他用户信号存在的假设。假定检测得到的统计量为 Y_c，判决阈值为 λ，则判决准则为：$H_0 : Y_c < \lambda$ 或 $H_1 : Y_c > \lambda$。频谱检测技术的检测性能常用 4 个概念表示：检测概率 P_d、虚警概率 P_f、漏检概率 P_m 和空闲概率 P_n。其中，检测概率和虚警概率在实际应用中常被用作检测性能的重要指标，接收机操作特征（Receiver Operating Characteristic，ROC）也由这两个概率表示。检测概率越高越好，但是它同时也代表了认知用户对其他用户的干扰程度，检测概率越高，干扰越大。虚警概率代表频谱的利用率，虚警概率越低，频谱利用率越高。

因此，本章提出一种水声通信信号多频段协作频谱感知方法[4]，将整个可用频段划分为非重叠频段，各子频段分别进行基于噪声不确定度的双阈值能量检测，引入多频段协作感知，认知用户只对硬判决结果进行联合判决，联合判决采用“多数”判决准则，对于联合判决结果为无主用户信号存在的情况，对子频段的统计量进行融合，采用基于最小总误差概率准则的软判决最优阈值，得到最终的判决结果。仿真结果表明，该方法具有较高的检测概率。

4.1.1 基于多频段协作检测的水声通信信号频谱感知技术

（1）频谱感知建模

将水声通信中单个节点能量检测的频谱感知，建模为一个二元假设问题：

$$x_i(k) \sim \begin{cases} n_i(k), H_0 \\ s_i(k)+n_i(k), H_1 \end{cases}, i=1,2,\cdots,L \tag{4-1}$$

其中，$x_i(k)$ 表示第 i 个认知用户在第 k 时刻接收到的信号；$s_i(k)$ 表示经无线信道衰减、时延及损耗后的其他用户信号；$n_i(k)$ 表示接收到的噪声信号；$n_i(k)$ 和 $s_i(k)$ 相互独立；H_0 表示其他用户信号不存在，H_1 表示其他用户信号存在；L 表示认知用户个数。

（2）单节点频谱感知

基于单节点能量感知统计量的分析，计算单节点频谱感知的检测概率和虚警概率，得到优化的能量检测频谱感知判决阈值。能量感知不需要预先知道其他用户的任何信息，且实现简单、复杂度低，从而被广泛应用。认知用户将感知时间内感知的信号能量与预先设定的判决阈值进行比较，得到本地的感知结果。

能量感知统计量为：

$$X_i = \frac{1}{M}\sum_{k=1}^{M} |x_i(k)|^2 \tag{4-2}$$

其中，M 为采样点数，X_i 为第 i 个认知用户在感知时间内所接收到的信号能量。当 M 足够大时，由中心极限定理可知，X_i 可近似为高斯分布：

$$X_i \sim \begin{cases} N\left(\sigma_n^2, \dfrac{2}{M}\sigma_n^4\right), H_0 \\ N\left(\sigma_n^2+\alpha_i\sigma_n^2, \dfrac{2}{M}(\sigma_n^2+\alpha_i\sigma_n^2)^2\right), H_1 \end{cases} \tag{4-3}$$

其中，σ_n^2 表示噪声功率，α_i 表示第 i 个认知用户的信噪比。将检测统计量 X_i 与预先设置的判决阈值 λ 进行比较，可以得到能量感知的检测概率 $P_{\mathrm{d},i}$ 和虚警概率 $P_{\mathrm{f},i}$ 为：

$$P_{\mathrm{d},i} = Q\left(\frac{\lambda-(\sigma_n^2+\alpha_i\sigma_n^2)}{\sqrt{\dfrac{2}{M}}(\sigma_n^2+\alpha_i\sigma_n^2)}\right) \tag{4-4}$$

$$P_{\mathrm{f},i} = Q\left(\frac{\lambda-\sigma_n^2}{\sqrt{\dfrac{2}{M}}\sigma_n^2}\right) \tag{4-5}$$

其中，$Q(\cdot)$ 为高斯互补积分函数。给定虚警概率，可求得判决阈值为：

$$\lambda=\left(\sqrt{\frac{2}{M}}Q^{-1}(P_{\mathrm{f},i})+1\right)\sigma_n^2 \tag{4-6}$$

其中，$Q^{-1}(\cdot)$ 为 $Q(\cdot)$ 的反函数。

（3）基于双阈值和最优判决阈值能量检测的协作频谱感知

本书首先提出了基于双阈值和最优判决阈值能量检测的协作频谱感知算法（Cooperative Spectrum Sensing Algorithm based on Double-threshold and Optimal Decision Threshold Energy Detection，CSDO），并得到了较高的检测概率和较低的虚警概率。具体如下。

在实际的无线环境中，接收端的噪声不仅包含高斯白噪声，还包含其他干扰噪声。虽然这些噪声混合之后的噪声功率随位置和时间随机变动，但接收端的噪声功率总体上是在一定范围内变动的。噪声功率的变动程度称为噪声的不确定度。由式（4-6）可知，本地判决阈值和噪声功率直接相关，噪声功率动态变化时，将直接影响本地检测性能。具体表现为，没有其他用户信号存在时，噪声功率动态增大，可能会大于预设的阈值，造成误判，即虚警概率升高；有其他用户信号存在时，噪声功率动态减小，可能小于预设的阈值，即检测概率降低。当噪声的不确定度增大时，噪声功率对其他用户信号的检测性能影响更大。因此，为降低噪声不确定度对检测性能的影响，利用噪声功率处于一个范围内的特点，本地检测采用双阈值检测。

定义噪声不确定区间为：

$$\beta=\frac{\hat{\sigma}_n^2}{\sigma_n^2}\in[10^{-C/10},10^{C/10}],C\geqslant 0 \tag{4-7}$$

其中，$\hat{\sigma}_n^2$ 表示实际噪声功率；σ_n^2 表示标准噪声功率；β 为噪声不确定量，假设 β 的上边界为 C（单位：dB），即系统存在的最大噪声不确定度，且 $10\lg\beta$ 在 $[-C,C]$ 上均匀分布。

根据噪声不确定性模型和能量检测固定虚警概率，检测双阈值可以表示为：

$$\lambda_{1,i}=\left(\sqrt{\frac{2}{M}}Q^{-1}(P_{\mathrm{f},i})+1\right)\frac{1}{\beta}\sigma_n^2 \tag{4-8}$$

$$\lambda_{2,i}=\left(\sqrt{\frac{2}{M}}Q^{-1}(P_{\mathrm{f},i})+1\right)\beta\sigma_n^2 \tag{4-9}$$

硬判决指认知用户通过对比检测统计量与预设单阈值，判定其他用户信号存在或不存在。软判决指认知用户的检测统计量处于预设双阈值之间时，不直接进行判决，而是将各检测统计量进行融合处理，最后再进行判决。

本地双阈值判决准则示意图如图 4-1 所示，当检测统计量位于不确定区域外时，直接采取硬判决，当检测统计量大于 λ_2 时，本地判为 H_1；当检测统计量小于 λ_1 时，本地判为 H_0。当检测统计量位于不确定区域时，本地无法直接做出判决，因为无法辨别出此时的统计量是受其他用户信号影响还是噪声波动的影响，所以对这部分统计量的处理将直接影响整体检测性能。选择通过控制信道将检测统计量发送到融合中心。

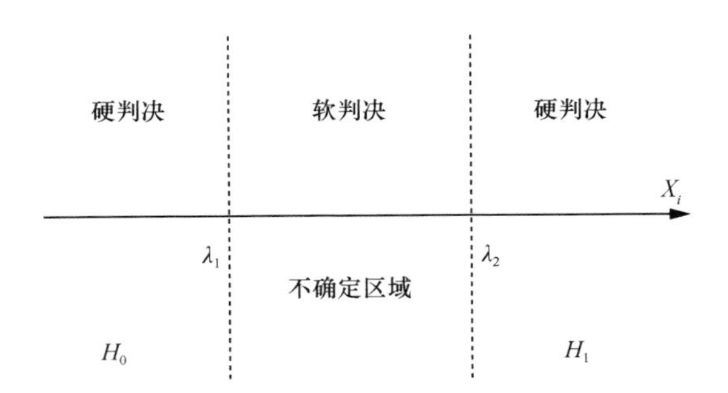

图 4-1　本地双阈值判决准则示意图

本地判决准则为：

$$Y_i=\begin{cases}H_0, X_i<\lambda_1\\ X_i, \lambda_1\leqslant X_i\leqslant\lambda_2\\ H_1, X_i>\lambda_2\end{cases} \tag{4-10}$$

其中，Y_i 为第 i 个认知用户本地判决结果。本地双阈值判决准则判决流程如图 4-2 所示。

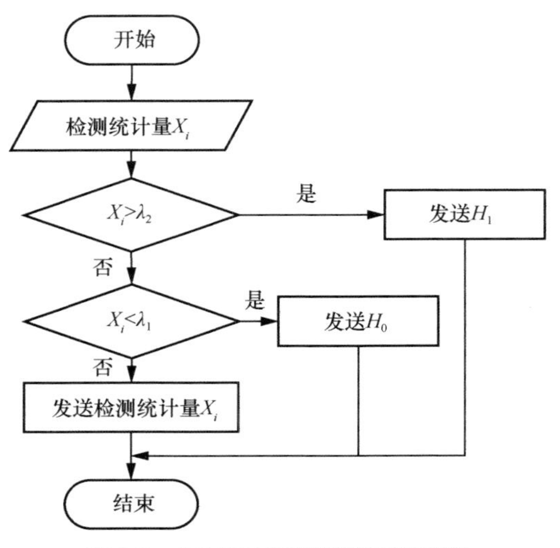

图 4-2 本地双阈值判决准则判决流程

融合中心对这 N 个认知用户的检测统计量进行软判决，可看作对这 N 个用户进行一次单阈值的软判决协作频谱感知。对需要进行软判决的 N 个检测统计量 Y_i 进行合并，如式（4-11）所示。

$$Y_c = \sum_{i=1}^{N} w_i Y_i \tag{4-11}$$

其中，w_i 为加权因子。

由式(4-3)可得 Y_c 在其他用户不存在和其他用户存在时的均值和方差：μ_0、σ_0、μ_1、σ_1。基于最小总误差概率准则的软判决最优阈值，可得总的误差概率 P_e 最小。

$$P_e = P_0 P_F + P_1 P_M \tag{4-12}$$

$$P_M = 1 - P_D \tag{4-13}$$

其中，P_0 为其他用户不存在的概率，P_1 为其他用户存在的概率，则基于最小总误差概率准则的软判决最优阈值 λ_{opt} 为：

$$\lambda_{opt} = \begin{cases} \dfrac{1}{\sigma_1^2 - \sigma_0^2}\left[\sigma_1^2\mu_0 - \sigma_0^2\mu_1 + \sigma_0\sigma_1 \times \sqrt{(\mu_1-\mu_0)^2 + 2(\sigma_1^2-\sigma_0^2)\left(\dfrac{\ln P_0}{\ln P_1} + \dfrac{\ln\sigma_1}{\ln\sigma_0}\right)}\right] & ,\sigma_0 \neq \sigma_1 \\ \dfrac{1}{2}(\mu_0+\mu_1) + \dfrac{\ln P_0 - \ln P_1}{\mu_1 - \mu_0}\sigma_0^2 & ,\sigma_0 = \sigma_1 \end{cases} \tag{4-14}$$

将上述基于最小总误差概率准则的软判决最优阈值当作融合中心软判决时的阈值，提出 CSDO，并得到较高的检测概率和较低的虚警概率，融合中心软判决方法流程如图 4-3 所示。

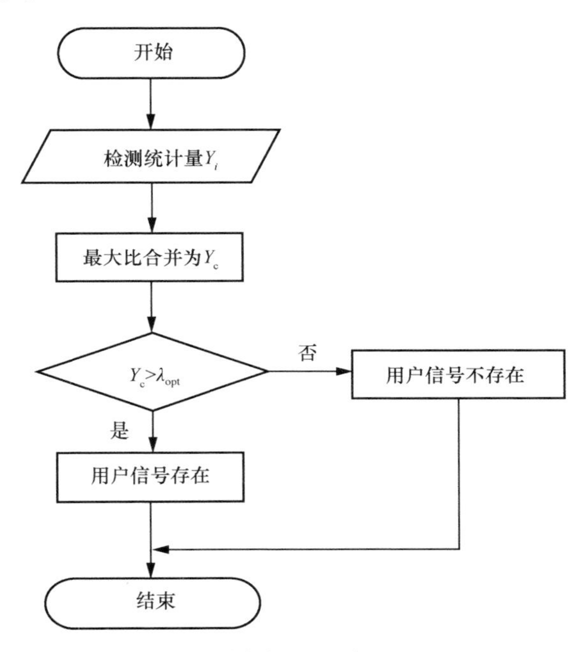

图 4-3　融合中心软判决方法流程

定义认知用户本地检测概率 $P_{d,i}$ 、本地虚警概率 $P_{f,i}$ 、本地漏检概率 $P_{m,i}$ 、本地空闲概率 $P_{n,i}$ 分别为：

$$P_{d,i} = P(X_i > \lambda_{2,i} \mid H_1) \tag{4-15}$$

$$P_{f,i} = P(X_i > \lambda_{2,i} \mid H_0) \tag{4-16}$$

$$P_{m,i} = P(X_i < \lambda_{1,i} \mid H_1) \tag{4-17}$$

$$P_{n,i} = P(X_i < \lambda_{1,i} \mid H_0) \tag{4-18}$$

得到系统的检测概率 $P_{d,csdo}$ 和虚警概率 $P_{f,csdo}$：

$$P_{d,csdo} = 1 - \prod_{i=1}^{L}(1-P_{d,i}) + \sum_{k=1}^{L} C_L^k \prod_{t=1}^{k} P_{m,t} P(Y_c > \lambda_{opt}, \lambda_1 \leqslant X_i \leqslant \lambda_2 \mid H_1) \tag{4-19}$$

$$P_{\mathrm{f,csdo}} = 1 - \prod_{i=1}^{L}(1 - P_{\mathrm{f},i}) + \sum_{k=1}^{L} C_L^k \prod_{t=1}^{k} P_{\mathrm{n},t} P(Y_{\mathrm{c}} > \lambda_{\mathrm{opt}}, \lambda_1 \leqslant X_i \leqslant \lambda_2 \mid H_0) \quad (4\text{-}20)$$

（4）基于双阈值和最优判决阈值能量检测的多频段协作频谱感知

在 CSDO 的基础上，本书提出了基于双阈值和最优判决阈值能量检测的多频段协作频谱感知算法（Multiband Cooperative Spectrum Sensing Algorithm based on Double-threshold and Optimal Decision Threshold Energy Detection，MCSDO），并得到更高的检测概率和更低的虚警概率，被检测频段被划分成 K 个子频段示意图如图 4-4 所示。

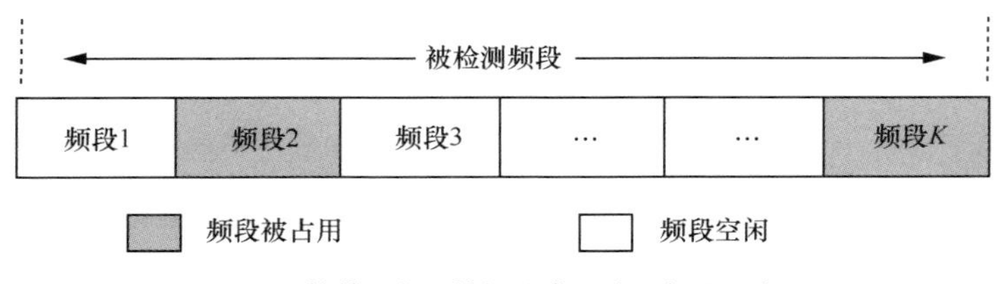

图 4-4　被检测频段被划分成 K 个子频段示意图

在各认知用户进行本地检测时，将被检测频段分为 K 个子频段，各子频段分别进行基于噪声不确定度的双阈值能量检测，得到各子频段的检测结果，用 $X_{i,j}$ 表示第 i 个认知用户检测第 j 个子频段的能量感知统计量，计算方式与第二部分 X_i 的计算方式相同。各子频段互不重叠，认知用户对各子频段分别进行双阈值能量检测，得到硬判决结果或检测能量感知统计量，对各子频段得到的硬判决结果进行多频段联合判决，本地多频段协作频谱感知示意图如图 4-5 所示。当检测能量感知统计量处于双阈值之间时，与 CSDO 相同，将检测的能量感知统计量发送到融合中心，由融合中心对这个认知用户的能量感知统计量进行软判决。在 CSDO 的基础上，引入多频段协作感知，即基于双阈值和最优判决阈值能量检测的多频段协作频谱感知。

对认知用户本地检测的多频段协作频谱感知得到的 K 个结果，采用以下准则：认知用户只对硬判决结果进行联合判决，联合判决采用“多数”判决准则。本地多频段协作频谱感知流程如图 4-6 所示。认知用户对各子频段分别进行双阈值能量检测，得到各子频段的检测能量感知统计量和硬判决结果；对于各子频段检测得到的硬判决结果，当超过 $K/2$ 个子频段的结果为信号检测统计量大于最大阈值 λ_2 时，认知用户判定检测频段其他用户信号存在，向融合中心发送 H_1；当所有子频段的检测结果为信号检测统计量小于最大阈值 λ_1，即判定其他用户信号均不存在时，向融合中心发送 H_0；除上述两种情况外，其余情形下，认知用户需要对子频段的统计量进行融合，进而发送到融合中心，进行最终判决。

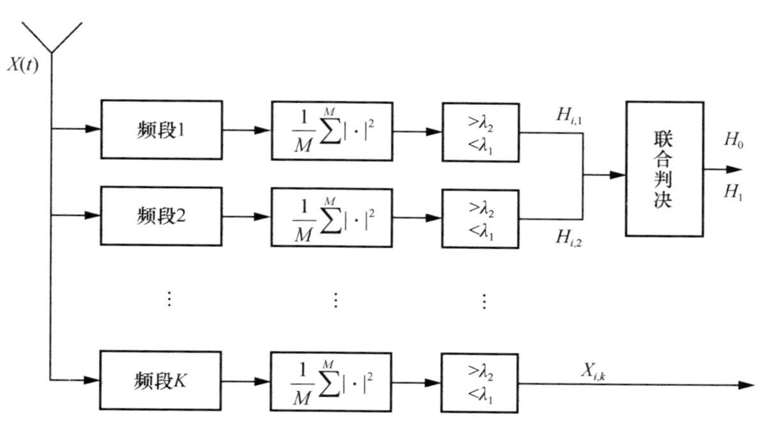

图 4-5 本地多频段协作频谱感知示意图

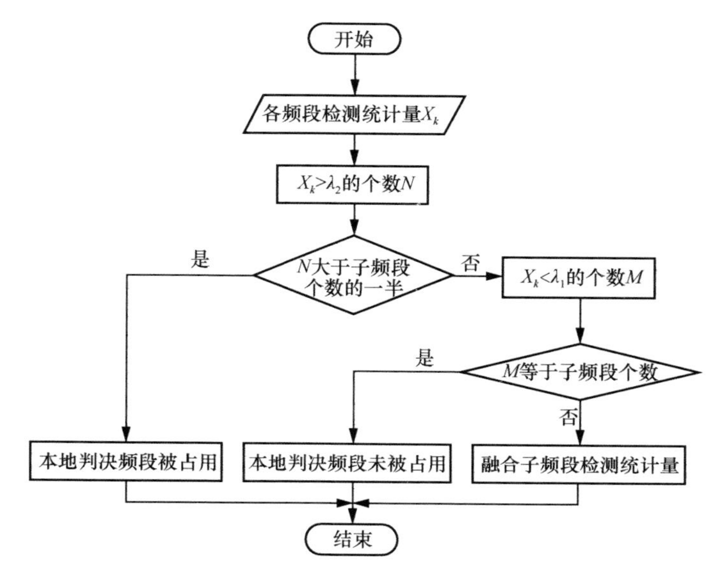

图 4-6 本地多频段协作频谱感知流程

因为各子频段均属于同一认知用户，所以认为同一认知用户的所有子频段的信噪比相同，因此对子频段信息进行融合时均采用等增益融合，提出以下两种本地融合方案：将所有的子频段检测统计量进行等增益融合，称为认知用户本地全融合；将所有大于 λ_1 的子频段检测统计量进行等增益融合，称为认知用户本地部分融合。

4.1.2 仿真分析

本实施例中测得各认知用户的信噪比分别为：−1.39dB、−0.95dB、−1.29dB，平均信噪比为−1.2dB。整个多频段协作感知系统重复检测 10000 次。

当子频段数 K 为 4，认知用户本地对检测统计量进行全融合时，本地全融合时 MCSDO 与 CSDO 的 ROC 曲线如图 4-7 所示，可以看出，MCSDO 在实际应用中比 CSDO 性能优越。例如，当虚警概率 $P_{\mathrm{f}}=16.47\%$ 时，MCSDO 的检测概率 $P_{\mathrm{d}}=75.68\%$，CSDO 的检测概率 $P_{\mathrm{d}}=51.12\%$，MCSDO 的检测概率比 CSDO 方法的检测概率提高了 24.56%。此外，在通用软件无线电外设（Universal Software Radio Peripheral，USRP）平台和认知用户本地对检测统计量进行全融合方案下，MCSDO 的优越性也得到验证。这是因为多频段协作频谱感知的引入，使得认知用户本地的检测性能提高，即具有更高的检测概率和更低的虚警概率。

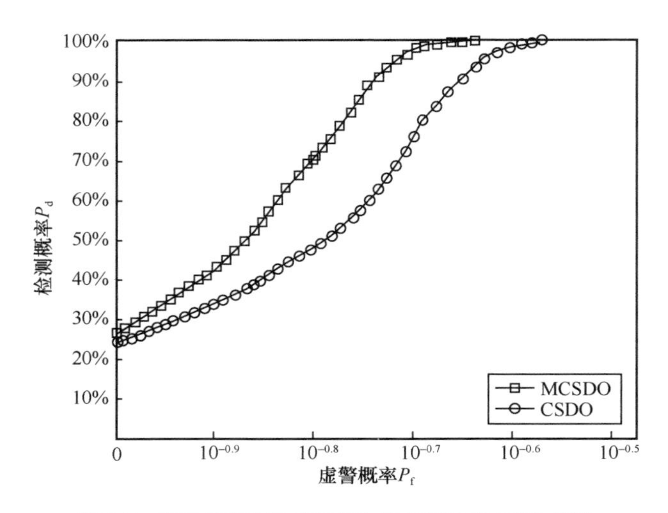

图 4-7　本地全融合时 MCSDO 与 CSDO 的 ROC 曲线

当子频段数 K 变化，本地采用全融合时，不同 K 值下 MCSDO 的 ROC 曲线如图 4-8 所示。当子频段数 K 降为 1 时，MCSDO 退化成 CSDO。由图 4-8 可以看出，随着子频段数 K 的不断增加，系统的检测性能也在不断提高。但是子频段数增加同时意味着认知用户本地的计算负载增加，感知时间增长，系统的吞吐量下降，因此实际应用中应根据要求选择合理的子频段数。

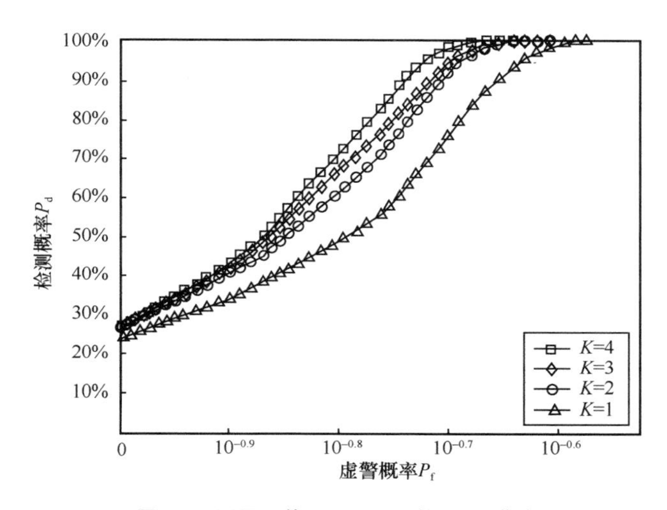

图 4-8　不同 K 值下 MCSDO 的 ROC 曲线

当子频段数 K 为 4，认知用户本地对检测统计量进行部分融合时，不同协作感知方法下的 ROC 曲线如图 4-9 所示，可以看出，本地采用部分融合时，MCSDO 的检测性能仍然优于 CSDO。例如，当虚警概率 $P_f = 16.47\%$ 时，MCSDO 采用部分融合时的检测概率 $P_d = 96.3\%$，MCSDO 采用全融合时的检测概率 $P_d = 75.68\%$，CSDO 的检测概率 $P_d = 51.12\%$。对比三者可以看出，无论在本地对检测统计量采用全融合还是部分融合，MCSDO 的性能都明显优于 CSDO，其中，采用部分融合时的检测性能比采用全融合时的检测性能更加优越。这是因为部分融合时充分利用了各子频段双阈值检测后的结果，提高了硬判决结果 H_1 和软判决信息在融合中心最终判决中的影响，降低了硬判决结果 H_0 对整体检测性能的影响。采用全融合时，只有当超过一半的子频段判定其他用户信号存在时，最终的检测性能才会有所提高。

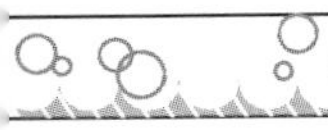

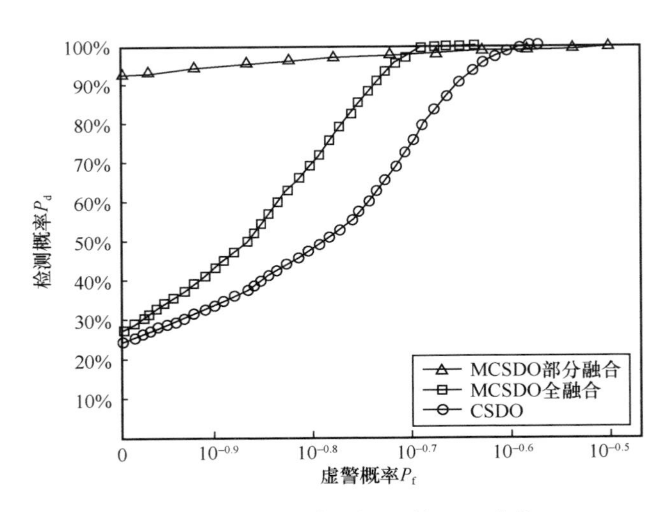

图 4-9　不同协作感知方法下的 ROC 曲线

本节提出并验证了基于双阈值和最优判决阈值能量检测的多频段协作检测水声通信信号的频谱感知算法。研究了基于这种噪声不确定性的双阈值协作频谱感知和多频段协作感知，将子频段信息融合后的结果作为本地检测结果发送到融合中心进行最终判决，采用全融合和部分融合两种融合方式，融合中心对软判决信息采用机器阅读理解（Machine Reading Comprehension，MRC）融合，将基于最小误差概率准则的最优阈值作为融合中心的判决阈值，提高了系统的检测性能。

4.2　水声信号时频特征提取方法

复杂海域的水声信号包含海洋生物、声呐探测、水声通信和船舶噪声等不同声源信号，辨识多目标声源的前提是提取显著的水声信号特征信息，能够区分不同目标声源之间的差异。相比于时域、频域特征，时频特征联合时域和频域，呈现信号分量更多的局部变化特性信息以及信号分量之间的关联。常见经典的时频变换方法有短时傅里叶变换(Short-Time Fourier Transform，STFT)、连续小波变换(Continuous Wavelet Transform，CWT）、Wigner-Ville 分布（Wigner-Ville Distribution，WVD）和 Chirplet 变换（Chirplet Transform，CT）。Chirplet 变换在分析具有紧邻分量的信号时，性能比 STFT、CWT 和 WVD 模型更佳。另外在时频变换中，可依赖重分配和时频脊线提取两种方式实现时频分量能量集中。为了解决快时变调频分量和紧邻甚至频点重叠的多种模式分量的时频特征提取难点，本节以提取水声信号高分辨率的时频谱为目的，重点开展非线性调频分量 Chirplet 变换方法研究。先推导出 Chirplet 变换调制因子，并提出同步补偿 Chirplet 变换（Synchro-Compensating Chirplet Transform，SCCT）方法，用于提取高噪声下快时变调频信号的时频特征。部分水声信号包含短时瞬态脉冲、长音调态和噪声多种模式分量，并且 SCCT 在提高感兴趣分量的分辨率的同时，也提高了噪声时频能量，为此又提出各向异性 Chirplet 变换方法，并用实际采集的水声信号验证非线性调频分量 Chirplet 变换方法的有效性。

4.2.1　Chirplet 变换

传统的连续 Chirplet 变换被定义为解析信号 $s(t)$ 与一个 Chirplet 基函数 h_c^* 的内积[5]，即：

$$
\begin{aligned}
&S_{\mathrm{CT}}(t,f)=\langle s(t),h_c\rangle=\int_{-\infty}^{\infty}s(\tau)h_c^*(\tau-t,f)\mathrm{d}\tau= \\
&\int_{-\infty}^{\infty}s(\tau)h(\tau-t)\mathrm{e}^{\mathrm{j}\frac{c}{2}(\tau-t)^2}\mathrm{e}^{-\mathrm{j}2\pi f\tau}\mathrm{d}\tau
\end{aligned}
\tag{4-21}
$$

其中，$h_c^*(\cdot)$ 是函数 $h_c(\cdot)$ 的共轭复数，t 、f 和 c 分别表示时间、频率和啁啾率，$h(t)$ 是一个窗函数。考虑噪声下的解析信号 $s(t)=a(t)\mathrm{e}^{\mathrm{j}2\pi\int_0^t\phi(\tau)\mathrm{d}\tau}+\varepsilon(t)$ ，其中， $a(t)$ 和 $\int_0^t\phi(\tau)\mathrm{d}\tau$ 分别是信号的调幅和相位函数，$\varepsilon(t)$ 是加性白高斯噪声函数。瞬时频率为相位的导数，即 $\phi(\tau)$ ，其在时刻 t 处的一阶泰勒展开为 $\phi(\tau)=\phi(\mathrm{t})+\phi'(t)(\tau-t)+R(\Delta t)$ ，残差项 $R(\Delta t)$ 在 $\Delta t\to 0$ 时逐渐趋向于 0。为了便于计算推导，后文忽略残差项，$\phi'(t)$ 是瞬时频率关于时间 t 的导数。

依据式（4-21）的 CT，解析信号 $s(t)$ 在瞬时频率 $\phi(t)$ 处的时频谱表示为：

$$
\begin{aligned}
&|S_c(t,\phi(t))|=\left|\int_{-\infty}^{\infty}h(\tau-t)a(\tau)\mathrm{e}^{\mathrm{j}2\pi\left(\phi(t)\tau+\frac{\phi'(t)}{2}(\tau-t)^2\right)}\mathrm{e}^{\mathrm{j}\frac{c}{2}(\tau-t)^2}\mathrm{e}^{-\mathrm{j}2\pi\phi(t)\tau}\mathrm{d}\tau\right|= \\
&\left|\int_{-\infty}^{\infty}\mathrm{e}^{\mathrm{j}\frac{2\pi\phi'(t)+c}{2}(\tau-t)^2}h(\tau-t)a(\tau)\mathrm{e}^{\mathrm{j}2\pi\phi(t)\tau}\mathrm{e}^{-\mathrm{j}2\pi\phi(t)\tau}\mathrm{d}\tau\right|\leqslant
\end{aligned}
$$

$$\left|\int_{-\infty}^{\infty} h(\tau-t)a(\tau)\mathrm{e}^{\mathrm{j}2\pi\phi(t)\tau}\mathrm{e}^{-\mathrm{j}2\pi\phi(t)\tau}\mathrm{d}\tau\right| = \int_{-\infty}^{\infty} h(\tau-t)a(\tau)\mathrm{d}\tau \tag{4-22}$$

式（4-22）说明瞬时频率的一阶导数$\phi'(\mathrm{t})$和啁啾率c的存在，导致构成的调制因子$\mathrm{e}^{\mathrm{j}\frac{2\pi\phi'(t)+c}{2}(\tau-t)^2}$影响传统 CT 的时频谱能量集中度。为了抑制此调制项的干扰，第 4.2.2 节提出一种 SCCT，引入与啁啾率反方向的能量吸引算子，即自调解调算子（Selftuning Demodulated Operator，SDO），通过 SDO 控制信号分量的时频能量集中度。

4.2.2 同步补偿 Chirplet 变换

引入的 SDO 为$2\pi c(t)$，同步补偿 Chirplet 变换定义为：

$$\begin{aligned} S_{\mathrm{SCCT}}(t,f) &= \int_{-\infty}^{\infty} s(\tau)h_{c(t)}^{*}(\tau-t,f)\mathrm{d}\tau = \\ &\int_{-\infty}^{\infty} s(\tau)h(\tau-t)\mathrm{e}^{\mathrm{j}\pi c(t)(\tau-t)^2}\mathrm{e}^{-\mathrm{j}2\pi f\tau}\mathrm{d}\tau = \\ &\left|S_{\mathrm{SCCT}}(t,f)\right|\mathrm{e}^{\mathrm{j}\phi_{c(t)}(t,f)} \end{aligned} \tag{4-23}$$

根据式（4-22），解析信号$s(t)$在瞬时频率$\phi(t)$处的 SCCT 时频谱表示为：

$$\left|S_{\mathrm{SCCT}}(t,\phi(t))\right| = \left|\int_{-\infty}^{\infty} \mathrm{e}^{\mathrm{j}\pi(\phi'(t)+c(t))(\tau-t)^2} h(\tau-t)a(\tau)\mathrm{d}\tau\right| \tag{4-24}$$

如果$\phi'(t)=-c(t)$，沿着瞬时频率的解析信号分量的时频能量可达到最大化，因此瞬时频率直接影响 SCCT 提取的时频能量集中度，可通过局部瞬时频率补偿对应时频分量的能量，进而提高时频谱图的时频分辨率。但是，实际采集的信号缺少局部瞬时频率的先验知识，而且高噪声干扰下瞬时频率估计偏差较大，致使难以准确估计出最大化的 SDO 值。由式（4-22）可知，利用平稳相位近似[6]，在 SCCT 时频谱中，用局部瞬时频率$\frac{\partial\phi_{c(t)}(t,f)}{\partial t}=0$和群延迟$\frac{\partial\phi_{c(t)}(t,f)}{\partial f}=0$控制所有分量的时频点。

用一阶相位函数估计的局部瞬时频率和群延迟算子对慢时变调频分量估计性能很好，如线性调频分量。然而，对于非线性调频分量，相位函数属于高阶多项式，对快时变调频分量估计性能大幅度下降。为此，本节从局部啁啾率角度出发，引入瞬时旋转角算子，用一系列局部轮廓偏向角系数，估算信号所有调频分量的自解调算子。

瞬时旋转角算子定义为：

$$\Im\left(\frac{\hat{S}_{\mathrm{SCCT}}(t,f)}{S_{\mathrm{SCCT}}(t,f)}\mathrm{e}^{\mathrm{j}\vartheta(t)}\right)=0 \tag{4-25}$$

其中，$\Im(\cdot)$ 表示复数的虚部，$\vartheta(t)$ 表示时刻 t 的脊线轮廓偏向角，对于任意的时频点 (t,f)，$S_{\mathrm{SCCT}}(t,f)\neq 0$，$\hat{S}_{\mathrm{SCCT}}(t,f)$ 是窗函数为 $(\tau-t)h(\tau-t)$ 的 SCCT，定义为：

$$\hat{S}_{\mathrm{SCCT}}(t,f)=\frac{2}{\sigma_t}\int_{-\infty}^{\infty}(\tau-t)s(\tau)h_{c(t)}^{*}(\tau-t,f)\mathrm{d}\tau \tag{4-26}$$

其中，σ_t 表示窗函数的时宽，用来确定时频域上的时间分辨率。在 SCCT 时频谱中，用瞬时旋转角算子确定局部调频分量的时频点 $(t,\ f)$，其被旋转映射为：$(u,t)=(t,f)\boldsymbol{R}^{\mathrm{T}}$，$\boldsymbol{R}=[\cos\vartheta(t),\sin\vartheta(t);-\sin\vartheta(t),\cos\vartheta(t)]$ 是标准旋转矩阵。于是，每对时频点 (t,f) 由定向的 SCCT 脊线重分配，得到时频能量同步补偿的 SCCT 为：

$$|S(t,f,\vartheta(t))|=\int_{-\infty}^{\infty}s(\tau)h_{\vartheta(t)}^{*}(u,v)\mathrm{d}\tau \tag{4-27}$$

其中，

$$\begin{cases}u=(\tau-t)\cos\vartheta(t)-f\sin\vartheta(t)\\ v=(\tau-t)\sin\vartheta(t)+f\cos\vartheta(t)\end{cases} \tag{4-28}$$

方向时频脊线定义：D 是满足式（4-25）的一系列时频点集合，$\widetilde{D}\subset D$ 是相对于偏向角 $\vartheta(t)$，局部时频谱 $|S(t,f,\vartheta(t))|$ 最大值确定的时频点。假设解析信号 $s(t)$ 包含 M 个分量，则存在 M 个脊线，使得相应偏向角 $\vartheta(t)$ 的局部时频谱最大。$\widetilde{D}_m$ 表示第 $m(m=1,2,\cdots,M)$ 个脊线上所有的时频点。在方向时频脊线上，对应于局部的偏向角，每个被旋转映射的时频点 $(u_m,v_m)\in\widetilde{D}_m$ 有且仅属于一个脊线，并对应一个时频分量。

依据方向时频脊线定义，在时频脊线重分配式（式（4-27））计算的 SCCT 时频谱中，为了确保时频能量集中最大化，时频脊线的方向角与时刻 t 处的偏向角 $\vartheta(t)$ 垂直，即 $\vartheta(t)+\dfrac{\pi}{2}$，进而估计局部瞬时频率的曲率。为了估计每个时频点处的局部偏向角，本节引入主导瞬时啁啾率系数，定义为：

$$\hat{c}(t) = \arg\max_{\vartheta(t)} |S(t, f, \vartheta(t))| \tag{4-29}$$

为了精确估计瞬时频率参量，一个二维的候选瞬时频率 $\omega(t,f)$ 表示为：

$$\omega(t,f) = -\mathrm{j}\frac{\partial_t S_{\mathrm{SCCT}}(t,f)}{S_{\mathrm{SCCT}}(t,f)} \tag{4-30}$$

根据式（4-23）的 SCCT，计算 SDO 为 $\hat{c}(t)$ 的 $S_{\mathrm{SCCT}}(t,f)$ 对时间 t 的偏导数为：

$$\begin{aligned}
&\partial_t S_{\mathrm{SCCT}}(t,f) = \partial_t\left(\int_{-\infty}^{\infty} s(\tau)h(\tau-t)\mathrm{e}^{\mathrm{j}\pi\hat{c}(t)(\tau-t)^2}\mathrm{e}^{-\mathrm{j}2\pi f\tau}\mathrm{d}\tau\right) = \\
&-\int_{-\infty}^{\infty} s(\tau)h'(\tau-t)\mathrm{e}^{\mathrm{j}\pi\hat{c}(t)(\tau-t)^2}\mathrm{e}^{-\mathrm{j}2\pi f\tau}\mathrm{d}\tau + \\
&\mathrm{j}\pi\hat{c}'(t)\int_{-\infty}^{\infty}(\tau-t)^2 s(\tau)h(\tau-t)\mathrm{e}^{\mathrm{j}\pi\hat{c}(t)(\tau-t)^2}\mathrm{e}^{-\mathrm{j}2\pi f\tau}\mathrm{d}\tau - \\
&2\mathrm{j}\pi\hat{c}(t)\int_{-\infty}^{\infty}(\tau-t)s(\tau)h(\tau-t)\,\mathrm{e}^{\mathrm{j}\pi\hat{c}(t)(\tau-t)^2}\mathrm{e}^{-\mathrm{j}2\pi f\tau}\mathrm{d}\tau = \\
&-S_{\mathrm{SCCT}}^{h'}(t,f) - \mathrm{j}\pi\hat{c}(t)\sigma_t\hat{S}_{\mathrm{SCCT}}(t,f)
\end{aligned} \tag{4-31}$$

其中，$\hat{c}'(t)=0$ 是常量值 $\hat{c}(t)$ 的导数。将式（4-31）代入式（4-30），得到：

$$\omega(t,f) = \mathrm{j}\frac{S_{\mathrm{SCCT}}^{h'}(t,f)}{S_{\mathrm{SCCT}}(t,f)} - \pi\hat{c}(t)\sigma_t\frac{\hat{S}_{\mathrm{SCCT}}(t,f)}{S_{\mathrm{SCCT}}(t,f)} = \mathrm{j}\frac{S_{\mathrm{SCCT}}^{h'}(t,f)}{S_{\mathrm{SCCT}}(t,f)} - 2\pi\hat{c}(t) \tag{4-32}$$

依据方向时频脊线确定的局部瞬时频率，SCCT 可重分配为：

$$S_{\mathrm{SCCT}}(t,f) = \left|S_{\mathrm{SCCT}}(t,f)\right|\mathrm{e}^{\mathrm{j}\phi(t,f)} \tag{4-33}$$

本节 SCCT 用瞬时旋转角算子同步补偿初始时频谱的能量，用方向时频脊线确定的局部瞬时频率重计算 SCCT 的时频点值。结合方向时频脊线和频率重分配两种方式，同步提高 SCCT 提取时频分量的时频分辨率。SCCT 用一系列瞬时旋转算子作为局部瞬时啁啾率，估算出调频分量的曲率，进一步计算时频系数，因此，SCCT 适用于具有快时变非线性调频分量的信号。实际水声信号包含多个调频分量，为了提高多分量的时频分辨率，可用逆 SCCT 从时频谱中重构每个分量。

4.2.3 多分量信号的 SCCT

当解析信号包含多调频分量，即 $s(t)=\sum_{m=1}^{M} S_m(t)+n(t)$ 时，其中 M 为分量个数，

为了重构出信号中所有的分量，需要用离散 SCCT 对信号解调并重采样。离散的 SCCT 表示为：

$$\bar{S}_{\mathrm{SCCT}}(t,\omega)=\sum_{m=1}^{M}a_m(t)\mathrm{e}^{\mathrm{j}2\pi(\omega t+\phi_m(t))}\delta(\omega-\omega_m(t,f)) \tag{4-34}$$

其中，$\delta(\cdot)$ 是 Dirac-delta 函数。沿频率方向，SCCT 对 ω 积分，得到：

$$\Re\left[\int_{-\infty}^{\infty}\bar{S}_{\mathrm{SCCT}}(t,\omega)\mathrm{d}\omega\right]=\Re\left[\sum_{m=1}^{M}a_m(t)\mathrm{e}^{\mathrm{j}2\pi(\omega_m(t,f)t+\phi_m(t))}\right]\approx s(t) \tag{4-35}$$

利用逆 SCCT 和方向时频脊线，能够用多分量信号的瞬时频率重构每个分量。从高分辨率的时频谱中，每个调频分量可重采样为：

$$s_m(t)=\Re\left[\frac{\hat{c}(t)}{2\pi h(0)}\int_{|\omega-\phi_m(t)|<\bar{\epsilon}}\bar{S}_{\mathrm{SCCT}}(t,\omega)\mathrm{d}\omega\right] \tag{4-36}$$

其中，$\bar{\epsilon}$ 是一个阈值，用于界定最小的时频带宽。

4.2.4 各向异性 Chirplet 变换

对于实际多种模式分量的水声信号，SCCT 存在两个问题：（1）难以平衡时频谱的时间分辨率和频率分辨率，当谐波分量时频能量高时，脉冲分量的时频能量集中度不一定高；（2）低信噪比的信号，同步补偿时频谱中多分量的能量时，同时也补偿时频谱中的噪声能量。另外，实际水声信号，如海洋生物信号、声呐探测信号、水声通信信号和船舶噪声信号等，多是低信噪比信号或多种模式分量的信号，致使现有的时频变换方法难以提取高分辨率的时频特征。为此，针对多种模式分量的水声信号，本节提出一种各向异性 Chirplet 变换（Anisotropic Chirplet Transform，ACT），鲸和多载波多级频移键控（Multi-Carrier Multi-Frequency Shift Keying，MCMFSK）信号的时频谱如图 4-10 所示，图 4-10（a）为 ACT 提取的鲸声信号的时频谱，包含噪声、短时瞬态脉冲和长音调态 3 种模式分量，并且短时瞬态脉冲和长音调态两种模式分量部分频点存在重叠。图 4-10（b）中 MCMFSK 信号的时频谱包含噪声和音调态分量，并且同步头中音调态分量紧邻。

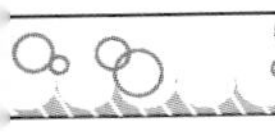

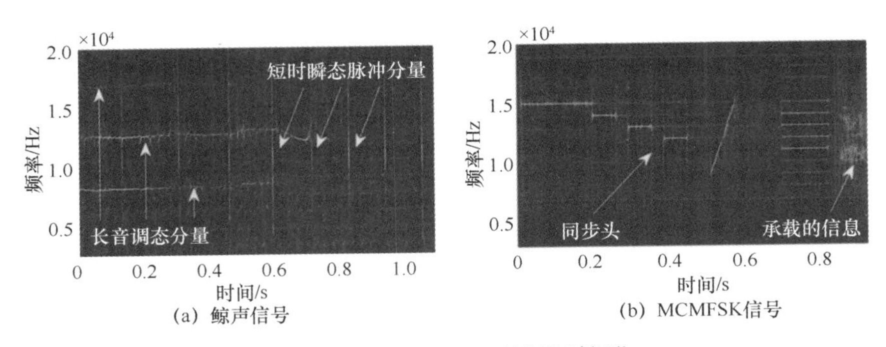

(a) 鲸声信号　　(b) MCMFSK信号

图 4-10　鲸和 MCMFSK 信号的时频谱

对于短时瞬态脉冲和长音调态两种分量，为了规避 Heisenberg 不确定性限制，兼顾时频谱的时间和频率分辨率，各向异性 Chirplet 变换将时频平面上所有时频点视为像素，目的是用频率重分配将能量集中在时频分量的像素上，进而提高时间和频率分辨率。为了在时频谱中量化时频点的能量值和局部时频变化特性，本节引入了瞬时频率和瞬时时间的定义。不同于群延迟（相位关于频率的导数），瞬时时间描述了沿时间轴局部时刻的时频信息变化特性。

瞬时频率和瞬时时间定义： 多模式分量的解析信号 $s(t)=\sum_{m=1}^{M}S_m(t)+n(t)$ 的时频变换为 $(t_m,f_m)(t)=\left|S_{\text{SCCT}}(t,f)\right|\mathrm{e}^{\mathrm{j}\phi(t,f)}$ 。假设每个分量 $S_m(t)$ 一系列时频点为 (t_m,f_m) ，为了度量每个时频点的能量，瞬时频率和瞬时时间有如下定义。

（1）瞬时频率是相位关于时间的导数，即：

$$\hat{\omega}_m(t,f)=\frac{1}{2\pi}\frac{\mathrm{d}\phi_m(t,f)}{\mathrm{d}t} \tag{4-37}$$

（2）瞬时时间是当前时间减去相位的频率导数，即：

$$\hat{t}_m(t,f)=t-\frac{1}{2\pi}\frac{\mathrm{d}\phi_m(t,f)}{\mathrm{d}f} \tag{4-38}$$

为了提取水声信号的多种模式分量特征，对于解析信号时频谱中的所有分量，定义与信号相关的时频点转换，即 $t(t,f)\to(\hat{t}(t,f),\hat{\omega}(t,f))$ ，转换后的时频点依赖于对应信号分量的时频相位 $\phi(t,f)$ 。根据瞬时频率和瞬时时间定义，如果在时刻 t_k 处时频点是 Diracdelta 函数 $\delta(t-t_k)$ ，则此脉冲分量上的时频点被映射为一系列时频点

$\hat{\omega}(\tau,f)=\hat{\omega}(t,f)+\hat{\omega}'(t,f)$，例如，图 4-10（a）中的短时瞬态脉冲分量满足 Diracdelta 函数。如果谐波信号第 m 个分量满足 $s_m(t)=a_m\mathrm{e}^{\mathrm{j}2\pi f_k t}$ 具有常数频率 f_k，则第 m 个谐波分量上的时频点 (t_m,f_m) 被映射为一系列时频点 $(\hat{t}_m(t,f),f_k)$，图 4-10（b）中的 MCMFSK 信号的音调态分量满足此映射条件。如果非线性调频分量，根据平稳相位近似原理，所有分量以闭集形式定义瞬时时频点 $(\hat{t}(t,f),\hat{\omega}(t,f))$ 为：

$$\hat{\omega}(t,f)=\partial_t\Im\left\{\ln\left|S_{\mathrm{SCCT}}(t,f)\right|\right\}=f+\frac{1}{\sigma_t}\Im\left\{\frac{\hat{S}_{\mathrm{SCCT}}(t,f)}{S_{\mathrm{SCCT}}(t,f)}\mathrm{e}^{\mathrm{j}\vartheta(t)}\right\} \tag{4-39}$$

$$\hat{t}(t,f)=t-\partial_f\Im\left\{\ln\left|S_{\mathrm{SCCT}}(t,f)\right|\right\}=t+\sigma_t\Re\left\{\frac{\hat{S}_{\mathrm{SCCT}}(t,f)}{S_{\mathrm{SCCT}}(t,f)}\mathrm{e}^{\mathrm{j}\vartheta(t)}\right\} \tag{4-40}$$

其中，$S_{\mathrm{SCCT}}(t,f)$ 和 $\hat{S}_{\mathrm{SCCT}}(t,f)$ 分别是式（4-23）和式（4-26）定义的 SCCT，$\vartheta(t)$ 为式（4-25）定义的瞬时旋转角算子。在时刻 t 处，瞬时频率一阶泰勒展开为 $\hat{\omega}(\tau,f)=\hat{\omega}(t,f)+\hat{\omega}'(t,f)[\tau-f]$（此处忽略残差项），则在局部瞬时频率 $\hat{\omega}(t,f)$ 处，解析信号的 SCCT 重定义为：

$$\begin{aligned}S_{\mathrm{SCCT}}(t,\hat{\omega}(t,f))=\int_{-\infty}^{\infty}a(\tau)h(\tau-t)\mathrm{e}^{\mathrm{j}\pi[\hat{\omega}'(t,f)+c(t)](\tau-t)^2}\mathrm{d}\tau=\\ \int_{-\infty}^{\infty}z(\tau)\mathrm{e}^{\mathrm{j}\psi(\tau)}\mathrm{d}\tau\end{aligned} \tag{4-41}$$

其中，$z(\tau)=h(\tau-t)$；$\psi(\tau)=\pi\left[\hat{\omega}'(t,f)+c(t)\right](\tau-t)^2$，$\hat{\omega}'(t,f)+c(t)\neq 0$。如果 $\hat{\omega}'(t,f)+c(t)=0$，则 SCCT 类似于傅里叶变换。

如果 $z(\tau)>0$、相位 $\psi(\tau)$ 属于 C^1，且与相位 $\psi(\tau)$ 控制的振荡频率相比，$z(\tau)$ 的变化相对缓慢，式（4-41）可采用平稳相位近似求得。这样，除了平稳相位邻近的点，其他时频点 $\mathrm{e}^{\mathrm{j}\psi(\tau)}$ 的正负值彼此应相互抵消[7]。于是，在时刻 τ 处，搜索相位 $\psi(\tau)$ 的导数为 0 的频点，可以确定逼近时间 t 时频分量的局部时频点，即：

$$\psi'(t)=2\pi\left[\hat{\omega}'(t,f)+c(t)\right](t-\tau)=0 \tag{4-42}$$

$\psi''(t)=2\pi\left[\hat{\omega}'(t,f)+c(t)\right]$ 不为 0，则 $\psi(\tau)$ 一阶泰勒展开近似为 $\psi(\tau)=\psi(t)+\dfrac{\psi''(t)}{2}(\tau-t)^2$（忽略了残差项）。瞬时频率 $\hat{\omega}(t,f)$ 处的时频表示为：

$$S_{\mathrm{SCCT}}(t,\hat{\omega}(t,f))=z(t)\int_{-\infty}^{\infty}\mathrm{e}^{\mathrm{j}\frac{\psi''(t)}{2}(\tau-t)^2}\mathrm{d}\tau \tag{4-43}$$

令：

$$v^2=\frac{\psi''(t)}{2}(\tau-t)^2 \Rightarrow \mathrm{d}\tau=\sqrt{\frac{2}{\psi''(t)}}\mathrm{d}v \tag{4-44}$$

式（4-43）可转化为：

$$S_{\mathrm{SCCT}}(t,\hat{\omega}(t,f))=z(t)\sqrt{\frac{2}{\psi''(t)}}\int_{-\infty}^{\infty}\mathrm{e}^{\mathrm{j}v^2}\mathrm{d}v \tag{4-45}$$

根据 Fresnel 积分公式 $\int_{-\infty}^{\infty}\mathrm{e}^{\mathrm{j}v^2}\mathrm{d}v=\sqrt{\frac{\pi}{2}}+\mathrm{j}\sqrt{\frac{\pi}{2}}$，并替换 $\psi''(t)$，能得到瞬时时频点的时频表示为：

$$S_{\mathrm{SCCT}}(t,\hat{\omega}(t,f))=a(t)h(0)\frac{1+\mathrm{j}}{\sqrt{2\left[\hat{\omega}'(t,f)+c(t)\right]}} \tag{4-46}$$

用式（4-46）近似求得的 SCCT 时频谱分辨率不仅受瞬时啁啾率 $c(t)$ 控制，还取决于瞬时频率 $\hat{\omega}'(t,f)$ 和 $h(0)$ 的时间分辨率 σ_t。

式（4-46）所示时频变换模型的主要缺点是瞬时啁啾率和一维高斯函数只考虑时间分辨率，难以保证时频谱在时间和频率分辨率同时最优。为说明上述问题，以采样率为 48kHz 的鲸声信号为例，该信号属于多种模式分量的信号，包含短时瞬态脉冲、长音调态和噪声 3 种模式的分量。不同时间和频率尺度空间下鲸声信号的时频谱如图 4-11 所示。从图 4-11（a）～图 4-11（e）分析可知，时间尺度 Δt 越大，频率分辨率越低，短时瞬态脉冲分量能量越分散，反之，能量越集中；频率尺度 Δf 越大，时间分辨率越低，长音调态分量能量越分散，反之，能量越集中；而图 4-11（f）在多尺度空间下的时频谱，提高了时间和频率两方向的时频能量集中度。因此，为了提高多种模式分量的时频能量集中度，本节引入各向异性时频变二维窗函数，提出一种各向异性 Chirplet 变换。

当高斯窗函数的窗宽仅是时变时，算法确定每一时刻的 σ_t，可使在高斯窗内的信号段接近准平稳。可用时变尺度 σ_t 控制高斯窗的时宽，确定为：

$$L=2\sigma_t\sqrt{2\ln 2} \tag{4-47}$$

一些传统方法[8-11]提到，时变窗宽依赖于信号的啁啾率。对于一个连续信号，局部平稳窗的时变宽 $L(t)$ 需要满足条件：

$$L(t)=\max_l 2l \quad \text{s.t.} \quad \int_{t-l}^{t+l}|\hat{\omega}(\tau,f)|\,\mathrm{d}\tau\leqslant\Delta l, l>0 \tag{4-48}$$

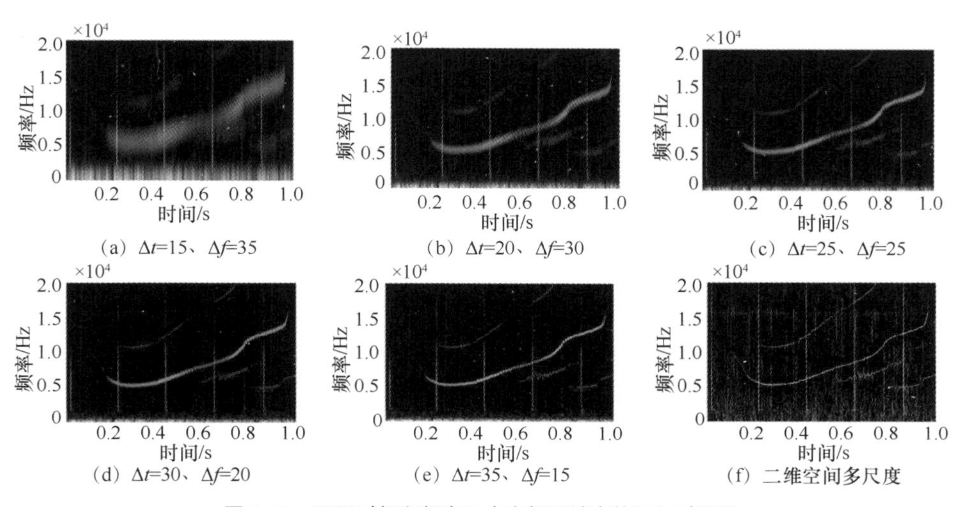

(a) Δt=15、Δf=35　(b) Δt=20、Δf=30　(c) Δt=25、Δf=25

(d) Δt=30、Δf=20　(e) Δt=35、Δf=15　(f) 二维空间多尺度

图 4-11　不同时间和频率尺度空间下鲸声信号的时频谱

其中，通过阈值 Δl 调整 $L(t)$，解析信号的时频变换 $S_{\mathrm{ACT}}(t,f)$ 在每个时刻 t 处都是准平稳的。式（4-48）不能给出平衡瞬时频率 $\hat{\omega}(t,f)$ 和标准差 σ_t 两个参数的最佳窗宽。于是，引入一个时频变的标准差 $\sigma(t,f)$，允许控制时频谱的时间和频率分辨率。根据式（4-47）和式（4-48），高斯窗函数的时频变尺度 $\sigma(t,f)$ 定义为：

$$\sigma(t,f)=\frac{L(t,f)}{2\sqrt{2\ln 2}} \tag{4-49}$$

满足条件：

$$\text{s.t.}\quad \begin{cases}\displaystyle\int_{t-l}^{t+l}|\hat{\omega}(\tau,f)|\,\mathrm{d}\tau\leqslant\Delta l, & l>0\\ \displaystyle\int_{f-f_0}^{f+f_0}\left|W\left(\omega_t,\omega_f\right)\right|\mathrm{d}\omega\leqslant\Delta f, & f_0>0\end{cases} \tag{4-50}$$

其中，$W\left(\omega_t,\omega_f\right)$ 是 $\hat{\omega}(t,f)$ 的傅里叶变换，参数 Δl 和 Δf 分别通过解析信号的调制频率边界值求得。

利用时频变的标准差 $\sigma(t,f)$，二维时频变高斯窗函数被推广为：

$$\hat{h}(t,f)=\frac{1}{\sqrt{2\pi}\sigma(t,f)}\mathrm{e}^{-\frac{\kappa}{2\sigma^2(t,f)}} \tag{4-51}$$

其中，$\kappa=[t\quad f]\boldsymbol{R}_{-\theta}\begin{bmatrix}\lambda^2 & 0\\ 0 & \lambda^{-2}\end{bmatrix}\boldsymbol{R}_{\theta}[t\quad f]^{\mathrm{T}}$，$\boldsymbol{R}_{\theta}=\begin{bmatrix}\cos\theta & \sin\theta\\ -\sin\theta & \cos\theta\end{bmatrix}$，$\theta=\vartheta_{\mathrm{opt}}$ 是时间

$1.5 \leqslant \lambda \leqslant 2.5$ 处啁啾率的最佳瞬时旋转角，$\lambda \geqslant 1$ 表示各向异性算子。当 $\lambda = 1$ 时，各向异性的时频变高斯窗函数退化成一般的高斯窗函数。通过多次试验最大化重构信号的信噪比来选择各向异性算子的参数值。以图 4-11 中的鲸信号为例，通过扩大信噪比范围为–5～20dB、间隔为 1 的不同高斯白噪声，当 $\lambda = 1,2,3,3.5$ 时，分别用各向异性 Chirplet 变换重构信号计算输出信号的信噪比，不同信噪比下 ACT 重构信号的信噪比如图 4-12 所示。多次试验都证明，当参数 $\lambda = 2$ 时，解析信号时频能量集中度最高，重构信号的信噪比最大。设置不同情况下的时宽 Δt 和频宽 Δf 参量值，当各向异性算子取值范围为 $1.5 \leqslant \lambda \leqslant 2.5$ 时，ACT 的时频能量集中度更好。

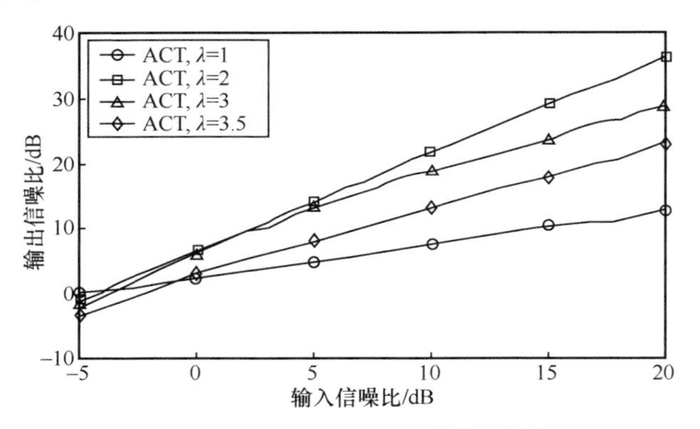

图 4-12　不同信噪比下 ACT 重构信号的信噪比

引入时频变高斯窗函数，ACT 定义为：

$$
\begin{aligned}
& S_{\mathrm{ACT}}(t,f) = \int_{-\infty}^{\infty} s(\tau) h_{c(t)}^{*}(\tau - t, f)\,\mathrm{d}\tau = \\
& \int_{-\infty}^{\infty} s(\tau)\hat{h}(\tau - t, f)\mathrm{e}^{\mathrm{j}\pi c(t)(\tau - t)^2}\mathrm{e}^{-\mathrm{j}2\pi f\tau}\,\mathrm{d}\tau \\
& S = S_{\mathrm{ACT}}(t,f)
\end{aligned}
\tag{4-52}
$$

在时频空间中，高斯窗被视作一个具有宽因子为 $2\sqrt{2\ln 2}L_t$ 和高因子为 $2\sqrt{2\ln 2}L_f$ 的二维高斯掩码。时频变窗的高宽尺度比参数量 β 定义为：

$$
\beta = \frac{2\sqrt{2\ln 2}L_t}{2\sqrt{2\ln 2}L_f} = \frac{\tan\theta}{2\pi\sigma^2} \tag{4-53}
$$

当解析信号的包络谱全局最小化，即 $\partial\hat{h}(\tau - t)/\partial\sigma^2 = 0$ 时，求得时频变最佳标准差为 $\sigma_{\mathrm{opt}}^2 = 1/(2\pi|c(t)|)$。理想的时频表示与二维高斯掩码 $\beta = \tan\theta|c(t)|$ 执行卷

积操作，实现最大化的时频能量集中度。

当解析信号被方差为 σ_{ε}^2 的加性白高斯噪声 $\varepsilon(t,f)$ 污染时，时频变高斯窗能对噪声滤波。在滤波信号中，可通过噪声方差对噪声估计为：

$$\begin{aligned}\sigma_{\bar{\varepsilon}}^2 &= E\{[\varepsilon(t,f) * \hat{h}(t,f)]^2\} = \\ &\iint \hat{h}(\boldsymbol{v})\hat{h}(\bar{\boldsymbol{v}})E[\varepsilon(\boldsymbol{u}-\boldsymbol{v})\varepsilon(\boldsymbol{u}-\bar{\boldsymbol{v}})]\mathrm{d}\boldsymbol{v}\mathrm{d}\bar{\boldsymbol{v}} = \\ &\sigma_{\varepsilon}^2 \iint \hat{h}(\boldsymbol{v})\hat{h}(\bar{\boldsymbol{v}})\delta(\boldsymbol{v}-\bar{\boldsymbol{v}})\mathrm{d}\boldsymbol{v}\mathrm{d}\bar{\boldsymbol{v}} = \frac{\sigma_{\varepsilon}^2}{2\pi\sigma^2}\end{aligned} \tag{4-54}$$

其中，$\boldsymbol{u}=[t,f]^{\mathrm{T}}$，$\sigma_{\bar{\varepsilon}}^2$ 是平滑噪声的方差。式（4-54）证明，噪声抑制性能并不依赖于各向异性算子和旋转的偏向角。用时频变高斯窗函数的 ACT 不仅可以补偿解析信号的时频能量集中度，而且可以降低时频谱中噪声的能量集中度。因此，提出的 ACT 算法弥补了 SCCT 算法的不足，更适用于提取具有多种模式分量信号的时频特征。

4.2.5　结构分离融合算法

时频变换提取的时频谱，水声信号时频分量通常是稀疏的，且时频谱能反映所有时频分量分布，但不能反映所有分量随时间变化规律。常见水声信号分量包含噪声、音调态和短时瞬态脉冲 3 种模式分量，其中感兴趣的分量多为音调态和短时瞬态脉冲两种模式分量。若提取时频谱中感兴趣分量的时频变化规律，可进一步区分时频谱内不同声元素变化。本节着重分析时频谱中长音调态和瞬态脉冲两种模式分量，深层挖掘用于区分水声信号声元素变化的特征量。

为此，引入结构分离融合（Structure-Split-Merge，SSM）算法，提取稀疏的时频谱中音调态和短时瞬态脉冲分量，进一步求得辨识信号的参量——脉冲音调强度比（Pulsed to Tonal Strength Ratio，PTR）。利用 ACT 输出的复时频稀疏系数，SSM 算法利用分离和融合标准，从时频空间分离出感兴趣的轮廓线，融合不同模式分量的子轮廓。SSM 重构算法实现两种模式的稀疏脊线表示，其中为了简化输入的时频特征矩阵 $\boldsymbol{S}=S_{\mathrm{ACT}}(t,f)$，相关的时频变换矩阵 $\hat{\boldsymbol{S}}=\hat{S}_{\mathrm{ACT}}(t,f)$ 偏向角为 $\vartheta=\vartheta(t)$。

鲸声信号的时频谱如图 4-13 所示。图 4-13（a）是 ACT 获得解析信号的时频谱。尽管 ACT 能抑制噪声分量，提取高分辨率的时频分布，但不能呈现随时间变化的音调态分量或短时瞬态脉冲分量的变化特性。而 SSM 算法，能定位到 ACT 时频谱中两种模式的时频分量，并通过分离和融合准则，消除时频中的噪声分量，分离出时频谱中的短时瞬态脉冲分量（图 4-13（c））和音调态分量（图 4-13（d））。提取到的感兴趣的分量能用于信号检测、多分量水声信号分离重构等应用领域。通常时频变换算法提取的信号的时频分量分布，并不能分析出时频分量为音调态分量还是短时瞬态脉冲分量。在水声信号辨识中，时频谱能用于区分不同信号声元素类别，但当时频谱呈现特征很相似时，会干扰时频谱特征下训练的声元素辨识器，识别率会下降。这种情况下，不同时频分量之间的强度变化必能成为区分相似声元素的依据。为了提取信号声元素中的多种模式分量的变化特性，以区分不同的声元素时频谱，Ramón 等[12]引入 PTR 参量，度量时频谱中瞬态脉冲和音调态分量变化特性，可以辨别两个类似的鲸声信号。当信号中发声的是“click”事件时，PTR 的值增大；当信号中音调事件数量增加时，PTR 的值减小，因此，PTR 通过分析时频谱能量分布变化特性，能检测出音调态分量和短时瞬态脉冲分量变化，成为一项辨识信号的重要参量。依据 SSM 分解的时频谱中音调态分量和短时瞬态脉冲分量，定义新的 PTR 为：

$$R = 10\lg \frac{S(t,f)_{\mathrm{p}}}{S(t,f)_{\mathrm{t}}} \tag{4-55}$$

其中，$S(t,f)_{\mathrm{p}} = \sum_{m=1}^{M} S_m(t,m)_{\mathrm{p}}$ 和 $S(t,f)_{\mathrm{t}} = \sum_{m=1}^{M} S_m(t,m)_{\mathrm{p}} C_{1,2}$ 分别表示在时刻 t 处短时瞬态脉冲分量和音调态分量的时频能量和。

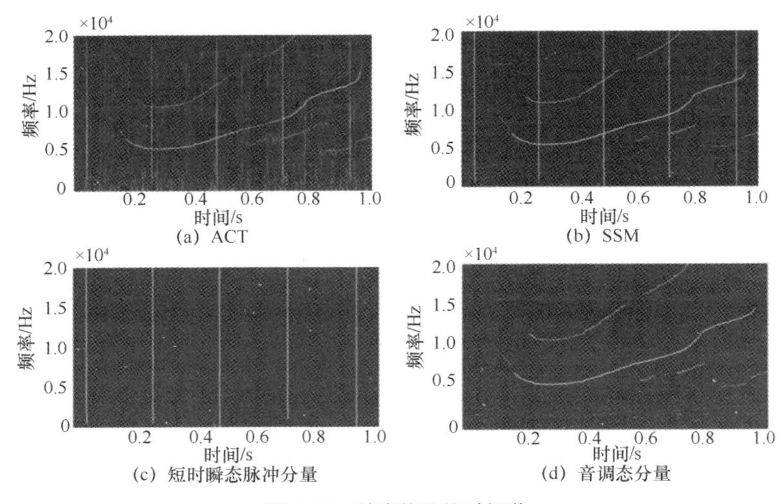

(a) ACT (b) SSM

(c) 短时瞬态脉冲分量 (d) 音调态分量

图 4-13 鲸声信号的时频谱

4.2.6 仿真分析

实验 1　为了验证提出的 SCCT 算法在噪声环境下分析具有非线性调频分量的信号性能，本组实验采用具有两个调频分量的仿真信号，该信号的两个分量紧邻且频点有重叠。仿真信号模型表示为：

$$\begin{aligned}&s(t)=s_1(t)+s_2(t)+\varepsilon(n)=\\&\sin(2\pi(25t-5\sin(t)))+\sin(2\pi(25t+15\sin(t)))+\varepsilon(n)\end{aligned} \tag{4-56}$$

此信号的持续时长为 15s，样本采样率为 100Hz，$\varepsilon(n)$是具有标准方差和 0 均值的加性白高斯噪声，信噪比为–3dB。式（4-56）所示信号的时域波形、频谱和不同算法的时频谱图如图 4-14 所示，图 4-14（a）和图 4-14（b）分别给出了此非线性调频分量的时域波形和频谱。受噪声影响，频谱图中有 3 个值接近峰值点，并且每个峰值点对应的频率值也存在误差。无论时域特征还是频域特征，都不足以提供该仿真信号的有效特征信息以区分信号中的分量，以及信号分量随时间或频率变化特性。接着，本组实验分别用 STFT、基于傅里叶的同步挤压变换（Fourier-based Synchrosqueezing Transform，FSST）、广义线性调频小波变换（General Linear Chirplet Transform，GLCT）和 SCCT 这 4 个算法提取此仿真信号的时频特征，都用相同长度为 128 的高斯窗函数。

图 4-14（c）和图 4-14（d）给出了 STFT 和 FSST 的时频谱图，受噪声干扰，时频能量集中度低，时频谱中分量信息模糊。STFT 采用固定长度的窗函数，对低谐波分量进行处理，时频能量集中度高，当分析瞬时频率快时变的调频分量时，时频能量集中度下降。FSST 是在 STFT 时频谱图上估计瞬时频率，再执行频率重分配，重构出高精度的时频谱。当分析低信噪比的调频信号时，STFT 初步获得的是模糊的时频谱，导致估计的瞬时频率误差较大，所以 FSST 的时频谱比 STFT 具有更低的时频能量集中度。图 4-14（e）给出了 GLCT 的时频谱，GLCT 是一种特殊的线性 Chirplet 变换，引入具有 c 个固定值的啁啾率参数，将时频面划分为$c+1$个部分，每个部分用对应固定的旋转映射，以匹配线性时频分量。不同调频分量的啁啾率参数值是固定的，在处理具有快慢时变的调频信号时，在慢时变信号分量上，能量集中度高；在快时变信号分量上，能量集中度降低。另外，对于低信噪比的调频信号，

时频特征提取性能会受噪声干扰影响。对比图 4-14（e）和图 4-14（f），SCCT 的时频谱图分辨率比 GLCT 的高。SCCT 在 GLCT 基础上，引入自解调算子和方向时频脊线，同步补偿调频分量的能量，另外用一系列局部瞬时旋转算子估算瞬时啁啾率。

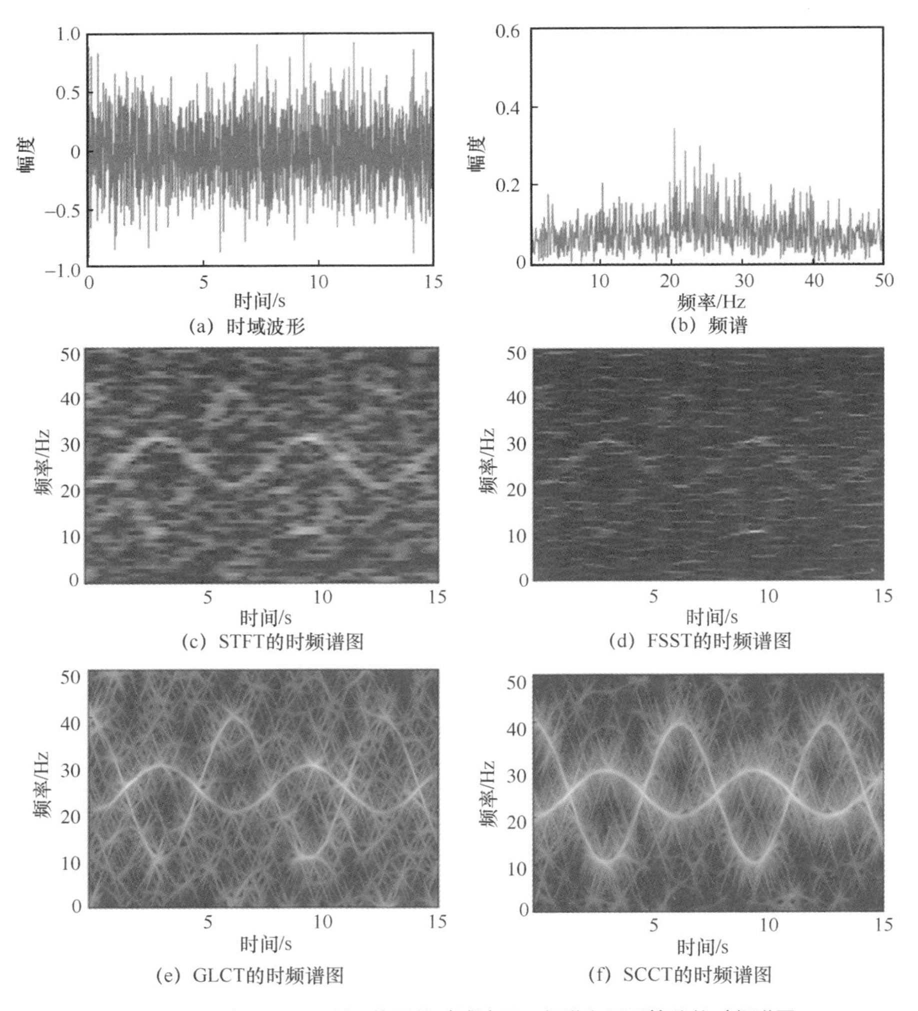

图 4-14　式（4-56）所示信号的时域波形、频谱和不同算法的时频谱图

实验 2　为验证 SCCT 算法提取非线性调频分量的瞬时频率参量性能，本组实验采用具有 3 个调频分量的仿真信号。该信号的分量仍具有紧邻且频点重叠特性，

并加入信噪比为 0dB 的高斯白噪声作为干扰。仿真信号模型为：

$$
\begin{aligned}
& s(t)=s_1(t)+s_2(t)+s_3(t)+\varepsilon(n)= \\
& \sin(2\pi(25t \mp 15\sin(t)))+\sin(2\pi(10+30t-15\cos(t)))+\varepsilon(n)
\end{aligned}
\tag{4-57}
$$

此信号的持续时长为 15s，采样频率为 100Hz。式（4-57）所示信号的时频谱、估计的瞬时频率和重构的信号结果如图 4-15 所示。图 4-15 左侧图给出了经 STFT、FSST、GLCT 和 SCCT 提取的时频谱图。利用提出的方向时频脊线提取法可估计时频谱中分量的瞬时频率。图 4-15 中间图给出了时频脊线提取估算所有时频谱中对应的瞬时频率参量。依据瞬时频率参量，重构出每个信号分量，通过叠加得到重构的信号。图 4-15 右侧图为 4 种算法重构的信号与无噪声情况下的仿真信号对比。对比分析图 4-15 左侧图，SCCT 提取的时频谱分辨率比 STFT、FSST 和 GLCT 更高，而时频谱的能量集中度直接影响瞬时频率参量的估计，所以 SCCT 估算的每个信号分量的瞬时频率更接近真实的瞬时频率。如图 4-15（d）中间图所示， SCCT 的时频谱可以准确分离出重叠的 3 个调频分量。用 SCCT 重构出的信号比 STFT、FSST 和 GLCT 更接近真实信号的包络。

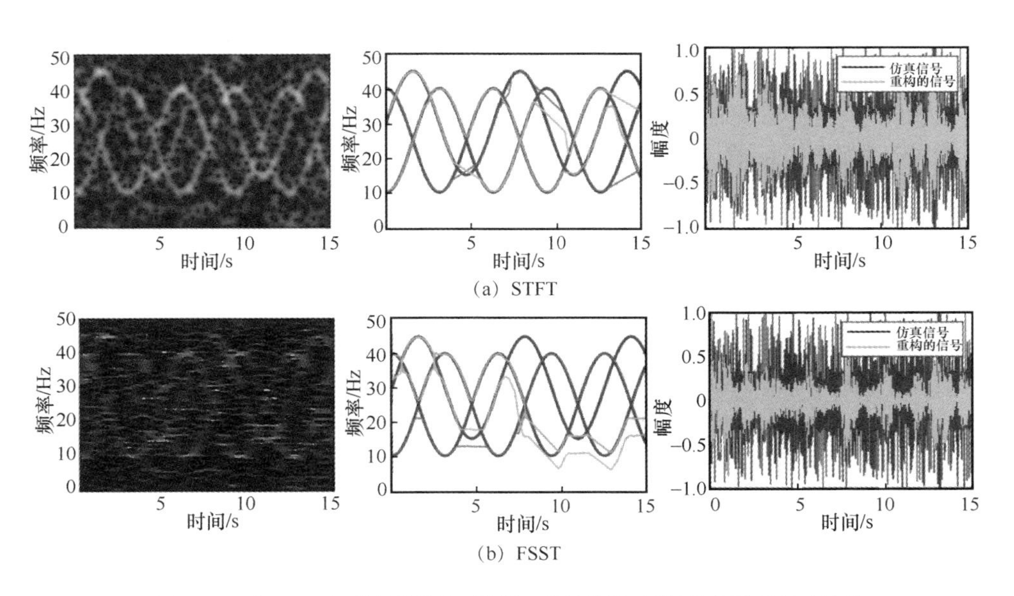

图 4-15　式（4-57）所示信号的时频谱、估计的瞬时频率和重构的信号结果

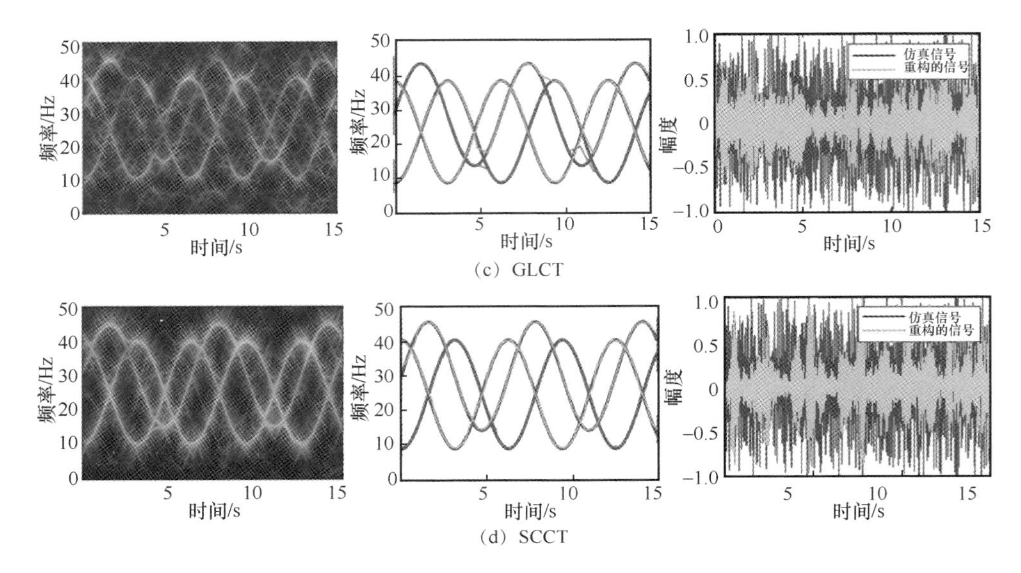

(c) GLCT

(d) SCCT

图 4-15　式（4-57）所示信号的时频谱、估计的瞬时频率和重构的信号结果（续）

4.3　水下船舶辐射噪声特征提取方法

4.3.1　高阶累积量提取

（1）高阶矩和高阶累积量的定义

对于非高斯分布的随机变量或者随机过程而言，信号具有的所有信息不会体现在一阶和二阶统计量中，要获得更充分、更加完善的信息，特别是相位信息，只有通过高阶统计量获得。所以，高阶统计量是一阶和二阶统计量信息的十分重要的补充，因此有学者称，以前所有应用一阶和二阶统计量来进行信号处理的应用，如果使用效果不理想或者无效，都可以尝试用高阶统计量重新尝试一遍。

首先从特征函数入手，引出高阶矩和高阶累积量的定义。假设一个随机变量 x 的分布函数为 $F(x)$，则称：

$$\Phi(\omega)=E[\mathrm{e}^{\mathrm{j}\omega x}]=\int_{-\infty}^{\infty}\mathrm{e}^{\mathrm{j}\omega x}\mathrm{d}F(x)=\int_{-\infty}^{\infty}\mathrm{e}^{\mathrm{j}\omega x}f(x)\mathrm{d}x \tag{4-58}$$

为 x 的第一特征函数[13]。其中 $f(x)$ 为概率密度函数。那么相应的离散情况是：

$$\varPhi(\omega)=E[\mathrm{e}^{\mathrm{j}\omega x}]=\sum_{k}\mathrm{e}^{\mathrm{j}\omega x_k}p_k,\qquad p_k=p\{x=x_k\} \tag{4-59}$$

特征函数 $\varPhi(\omega)$ 是概率密度函数 $f(x)$ 的傅里叶变换。同样，针对多维随机变量也可以得到，假设随机变量 $x_1,x_2,\cdots,x_n$ 联合概率分布函数为 $f(x_1,x_2,\cdots,x_n)$，则联合特征函数为：

$$\varPhi(\omega_1,\omega_2,\cdots,\omega_n)=\int_{-\infty}^{\infty}\cdots\int_{-\infty}^{\infty}\mathrm{e}^{\mathrm{j}(\omega_1x_1+\omega_2x_2+\cdots+\omega_nx_n)}\mathrm{d}F(x_1,x_2,\cdots,x_n) \tag{4-60}$$

令 $\boldsymbol{x}=[x_1,x_2,\cdots,x_n]^{\mathrm{T}}$，$\boldsymbol{\omega}=[\omega_1,\omega_2,\cdots,\omega_n]^{\mathrm{T}}$，则相关的矩阵形式为：

$$\varPhi(\boldsymbol{\omega})=\int\mathrm{e}^{\mathrm{j}\boldsymbol{\omega}^{\mathrm{T}}\boldsymbol{x}}f(\boldsymbol{x})\mathrm{d}\boldsymbol{X} \tag{4-61}$$

或者相关的标量形式为：

$$\varPhi(\omega_1,\omega_2,\cdots,\omega_n)=\int_{-\infty}^{\infty}\cdots\int_{-\infty}^{\infty}\mathrm{e}^{\mathrm{j}\sum_{k=1}^{n}\omega_kx_k}f(x_1,\cdots,x_n)\mathrm{d}x_1,\cdots,\mathrm{d}x_n \tag{4-62}$$

其中，$f(\boldsymbol{x})=f(x_1,x_2,\cdots,x_n)$ 为联合概率密度函数。同时定义特征函数的对数为第二特征函数，即：

$$\psi(\omega)=\ln\varPhi(\omega) \tag{4-63}$$

先来看高阶矩的定义，随机变量 x 的 k 阶矩定义如下：

$$m_k=E[x^k]=\int_{-\infty}^{\infty}x^kp(x)\mathrm{d}x \tag{4-64}$$

由式（4-64）可以明显得出 $m_0=1$，$m_1=\eta=E[x]$。那么随机变量 x 的 k 阶中心矩定义为：

$$\mu_k=E[(x-\eta)^k]=\int_{-\infty}^{\infty}(x-\eta)^kp(x)\mathrm{d}x \tag{4-65}$$

由式（4-65）可得出：$\mu_0=1$、$\mu_1=0$、$\mu_2=\sigma^2$。若 $m_k(k=1,2,\cdots,n)$ 存在，则把 x 的特征函数 $\varPhi(\omega)$ 按泰勒级数展开，即：

$$\varPhi(\omega)=1+\sum_{k=1}^{n}\frac{m_k}{k!}(\mathrm{j}\omega)^k+O(\omega^n) \tag{4-66}$$

并且可以得到 m_k 与 $\varPhi(\omega)$ 的 k 阶导数之间的关系表达式为：

$$m_k=(-\mathrm{j})^k\left.\frac{\mathrm{d}^k\varPhi(\omega)}{\mathrm{d}\omega^k}\right|_{\omega=0}=(-\mathrm{j})^k\varPhi^k(0),\quad k\leqslant n \tag{4-67}$$

再来确定高阶累积量的定义，把随机变量 x 的第二特征函数 $\psi(\omega)$ 按泰勒级数展开，有：

$$\psi(\omega)=\ln\Phi(\omega)=\sum_{k=1}^{n}\frac{c_k}{k!}(\mathrm{j}\omega)^k+O(\omega^n) \tag{4-68}$$

并且得到 c_k 与 $\psi(\omega)$ 的 k 阶导数之间的关系表达式为：

$$c_k=\frac{1}{\mathrm{j}^k}\left[\frac{\mathrm{d}^k}{\mathrm{d}\omega^k}\ln\Phi(\omega)\right]\Bigg|_{\omega=0}=\frac{1}{\mathrm{j}^k}\left[\frac{\mathrm{d}^k\psi(\omega)}{\mathrm{d}\omega^k}\right]\Bigg|_{\omega=0}=(-\mathrm{j})^k\psi^k(0),\ \ k\leqslant n \tag{4-69}$$

c_k 就是随机变量 x 的 k 阶累积量，实际上由于 $\Phi(0)=1$ 和 $\Phi(\omega)$ 的连续特性，当 $\delta>0$，使得 $|\omega|<\delta$ 时，$\Phi(\omega)\neq 0$，故第二特征函数 $\psi(\omega)=\ln\Phi(\omega)$ 对 $|\omega|<\delta$ 有意义且是一个单一值，$\ln\Phi(\omega)$ 的前 n 阶导数在 $\omega=0$ 处也存在，所以 c_k 也存在。在式（4-66）与式（4-68）中令 $n\to\infty$，并利用：

$$\begin{aligned}\Phi(\omega)&=1+\sum_{k=1}^{n}\frac{m_k}{k!}(\mathrm{j}\omega)^k=\exp\left[\sum_{k=1}^{\infty}\frac{c_k}{k!}(\mathrm{j}\omega)^k\right]=\\&1+\sum_{k=1}^{\infty}\frac{c_k}{k!}(\mathrm{j}\omega)^k+\frac{1}{2!}\left[\sum_{k=1}^{\infty}\frac{c_k}{k!}(\mathrm{j}\omega)^k\right]^2+\cdots+\frac{1}{n!}\left[\sum_{k=1}^{\infty}\frac{c_k}{k!}(\mathrm{j}\omega)^k\right]^n+\cdots\end{aligned} \tag{4-70}$$

比较式（4-70）中各 $(\mathrm{j}\omega)^k(k=1,2,\cdots)$ 同幂项系数，可得 k 阶累积量与 k 阶矩的关系如下：

$$c_1=m_1=E[x]=\eta \tag{4-71}$$

$$c_2=m_2-m_1^2=E[x^2]-(E[x])^2=E[(x-E[x])^2]=\mu_2 \tag{4-72}$$

$$c_3=E[x^3]-3E[x]E[(x^2)]+2(E[x])^3=E[(x-E[x])^3]=\mu_3 \tag{4-73}$$

$$c_4=m_4-3m_2^2-4m_1m_3+12m_1^2m_2-6m_1^4\neq E[(x-E[x])^4]=\mu_4 \tag{4-74}$$

若 $E[x]=\eta=0$，则：

$$c_1=m_1=0$$

$$c_2=m_2=E[x^2]$$

$$c_3=m_3=E[x^3]$$

$$c_4=m_4-3m_2^2=E[x^4]-3(E[x^2])^2$$

由上面的结论可以得知，当随机变量 x 的均值为 0 时，其前三阶矩和前三阶累积量的值相同，但四阶累积量与对应的高阶矩不一样。再从单个随机变量的定义推广到多维随机变量的高阶矩和高阶累积量的定义，给定 n 维随机变量 $(x_1, x_2, \cdots, x_n)$，其联合特征函数为：

$$\Phi(\omega_1, \omega_2, \cdots, \omega_n) = E[\exp \mathrm{j}(\omega_1 x_1 + \omega_2 x_2 + \cdots + \omega_n x_n)] \quad (4\text{-}75)$$

那么其第二联合特征函数为：

$$\psi(\omega_1, \omega_2, \cdots, \omega_n) = \ln \Phi(\omega_1, \omega_2, \cdots, \omega_n) \quad (4\text{-}76)$$

显而易见，联合特征函数 $\Phi(\omega_1, \omega_2, \cdots, \omega_n)$ 就是多维随机变量 $(x_1, x_2, \cdots, x_n)$ 的联合概率密度函数 $p(x_1, x_2, \cdots, x_n)$ 的 n 维傅里叶变换。对式（4-75）与式（4-76）分别按泰勒级数展开，则阶数 $r = k_1 + k_2 + \cdots + k_n$ 的联合矩用联合特征函数 $\Phi(\omega_1, \omega_2, \cdots, \omega_n)$ 定义为：

$$m_{k_1 k_2 \cdots k_n} = E\left[x_1^{k_1} x_2^{k_2} \cdots x_n^{k_n}\right] = (-\mathrm{j})^r \left[\frac{\partial^r \Phi(\omega_1, \omega_2, \cdots, \omega_n)}{\partial \omega_1^{k_1} \partial \omega_2^{k_2} \cdots \partial \omega_n^{k_n}}\right]\Bigg|_{\omega_1 = \omega_2 = \cdots = \omega_n = 0} \quad (4\text{-}77)$$

同样地，阶数 $r = k_1 + k_2 + \cdots + k_n$ 的联合累积量也可用第二联合特征函数 $\psi(\omega_1, \omega_2, \cdots, \omega_n)$ 定义为：

$$\begin{aligned} c_{k_1 k_2 \cdots k_n} &= (-\mathrm{j})^r \frac{\partial \psi(\omega_1, \omega_2, \cdots, \omega_n)}{\partial \omega_1^{k_1} \partial \omega_2^{k_2} \cdots \partial \omega_n^{k_n}}\Bigg|_{\omega_1 = \omega_2 = \cdots = \omega_n = 0} = \\ &(-\mathrm{j})^r \frac{\partial^r \ln \Phi(\omega_1, \omega_2, \cdots, \omega_n)}{\partial \omega_1^{k_1} \partial \omega_2^{k_2} \cdots \partial \omega_n^{k_n}}\Bigg|_{\omega_1 = \omega_2 = \cdots = \omega_n = 0} \end{aligned} \quad (4\text{-}78)$$

联合累积量 $c_{k_1 k_2 \cdots k_n}$ 用联合矩 $m_{k_1 k_2 \cdots k_n}$ 的多项式表示，但其一般表达式十分复杂，在这里仅给出二阶、三阶和四阶联合累积量与其对应阶次联合矩之间的关系。设 $x_1, x_2, \cdots, x_n$ 与 x_4 均为 0 均值随机变量，则：

$$c_{11} = \mathrm{cum}(x_1, x_2) = E[x_1 x_2] \quad (4\text{-}79)$$

$$c_{111} = \mathrm{cum}(x_1, x_2, x_3) = E[x_1 x_2 x_3] \quad (4\text{-}80)$$

$$\begin{aligned} &c_{1111} = \mathrm{cum}(x_1, x_2, x_3, x_4) = \\ &E[x_1 x_2 x_3 x_4] - E[x_1 x_2]E[x_3 x_4] - E[x_1 x_3]E[x_2 x_4] - E[x_1 x_4]E[x_2 x_3] \end{aligned} \quad (4\text{-}81)$$

但对于均值不为 0 的随机变量，把式（4-79）～式（4-81）中的 x_i 用 $x_i - E[x_i]$ 代替即可。与前面的情形相似，前三阶的联合矩同前三阶联合累积量的值相同，但四阶及大于四阶的情况就不同了，其中联合累积量与相应阶次的联合矩不同。特别需要注意的是，式（4-79）采用的符号 $\mathrm{cum}(\cdot)$ 表示联合累积量。一般设一个 0 均值 k 阶平稳随机过程 $\{x(n)\}$，则该过程的 k 阶累积量 $c_{k,x}(m_1,m_2,\cdots,m_{k-1})$ 定义为随机变量 $\{x(n),x(n+m_1),\cdots,x(n+m_{k-1})\}$ 的 k 阶联合累积量，即：

$$c_{k,x}(m_1,m_2,\cdots,m_{k-1})=\mathrm{cum}(x(n),x(n+m_1),\cdots,x(n+m_{k-1})) \tag{4-82}$$

而该过程的 k 阶矩 $m_{k,x}(m_1,m_2,\cdots,m_{k-1})$ 则定义为随机变量 $\{x(n),x(n+m_1),\cdots,x(n+m_{k-1})\}$ 的 k 阶联合矩，即：

$$m_{k,x}(m_1,m_2,\cdots,m_{k-1})=\mathrm{mom}(x(n),x(n+m_1),\cdots,x(n+m_{k-1})) \tag{4-83}$$

其中，$\mathrm{mom}(\cdot)$ 表示联合矩。同时因为 $\{x(n)\}$ 是 k 阶平稳的，所以随机过程 $\{x(n)\}$ 的 k 阶累积量和 k 阶矩仅仅和时延参数 $m_1,m_2,\cdots,m_{k-1}$ 有关，与时刻 n 的值无关，其二阶、三阶和四阶累积量分别为：

$$c_{2,x}(m)=E[x(n)x(n+m)] \tag{4-84}$$

$$c_{3,x}(m_1,m_2)=E[x(n)x(n+m_1)x(n+m_2)] \tag{4-85}$$

$$\begin{aligned}c_{4,x}(m_1,m_2,\cdots,m_3)&=E[x(n)x(n+m_1)x(n+m_2)x(n+m_3)]-\\&c_{2,x}(m_1)c_{2,x}(m_2-m_3)-c_{2,x}(m_2)c_{2,x}(m_3-m_1)-c_{2,x}(m_3)c_{2,x}(m_1-m_2)\end{aligned} \tag{4-86}$$

可以看出，随机过程 $\{x(n)\}$ 的二阶累积量恰好等于其二阶矩，即自相关函数，同理，可以知道三阶累积量也等于三阶矩，但随机过程 $\{x(n)\}$ 的四阶累积量与其四阶矩不同，要求四阶累积量必须要同时知道四阶矩和自相关函数。

（2）高阶谱在船舶辐射噪声中的应用

船舶辐射噪声的时变特性较慢，这和其他的非平稳信号是一样的。同时，海洋环境下噪声的来源组成十分复杂，既有高斯成分也有非高斯成分，所以可以利用高阶累积量具有自动抑制高斯噪声的特性，把高阶累积量应用到检测船舶辐射噪声当中，更好、更精确地提取出船舶辐射噪声中的低频线谱成分。

设 $\{x(n)\}$ 为 0 均值平稳随机过程，那么其 k 阶累积量 $c_{k,x}(m_1,m_2,\cdots,m_{k-1})$ 的（k–1）维傅里叶变换定义为 $\{x(n)\}$ 的 k 阶谱（k_{th}-Order Spectrum）[14]，即：

$$S_{k,x}(\omega_1,\omega_2,\cdots,\omega_{k-1})=\sum_{m_1=-\infty}^{\infty}\cdots\sum_{m_{k-1}=-\infty}^{\infty}c_{k,x}(m_1,m_2,\cdots,m_{k-1})\exp\left[-\mathrm{j}\sum_{i=1}^{k-1}\omega_i m_i\right] \tag{4-87}$$

通常 $S_{k,x}(\omega_1,\omega_2,\cdots,\omega_{k-1})$ 是一个复数，其存在的充要条件是 $c_{k,x}\left(m_1,m_2,\cdots,m_{k-1}\right)$ 绝对可和，即：

$$\sum_{m_1=-\infty}^{\infty}\cdots\sum_{m_{k-1}=-\infty}^{\infty}\left|c_{k,x}(m_1,m_2,\cdots,m_{k-1})\right|<\infty \tag{4-88}$$

高阶累积量具有很强的抑制高斯噪声的能力，且包含了功率谱所没有的丰富信息，如相位信息等。因此可以用高阶累积量检测微弱信号。

船舶辐射噪声中，除了基频，船舶的轴频、叶片频均有一系列的谐波频率，应用高阶累积量的切片和切片谱进行分析研究。假设有一个随机变量 $x(t)$，其四阶累积量[15]定义为：

$$\begin{aligned}&c_{4x}(m_1,m_2,m_3)=\\&\mathrm{cum}(x(n),x(n+m_1),x(n+m_2),x(n+m_3))=\\&E[x(n)x(n+m_1)x(n+m_2)x(n+m_3)]-\\&E[x(n)x(n+m_1)]E[x(n+m_2)x(n+m_3)]-\\&E[x(n)x(n+m_2)][x(n+m_1)x(n+m_3)]-\\&E[x(n)x(n+m_3)]E[x(n+m_1)x(n+m_2)]\end{aligned} \tag{4-89}$$

这时讨论时延变量 m_1、m_2、m_3 之间的数值关系就可以确定四阶累积量的 3 种一维切片：

当 $m_1=m_2=m_3=m$ 时，有：

$$c_{4x}^{(1)}(m)=E[x(n)x^3(n+m)]-3R_x(m)\sigma_x^2 \tag{4-90}$$

当 m_1、m_2、m_3 中有任意两个相等且等于 m，剩余的一个为 0 时就有：

$$c_{4x}^{(2)}(m)=E[x^2(n)x^2(n+m)]-2R_x^2(m)-\sigma_x^4 \tag{4-91}$$

当 m_1、m_2、m_3 中有任意两个相等且等于 0，剩余的一个为 m 时就有：

$$c_{4x}^{(3)}(m)=E[x^3(n)x(n+m)]-3R_x(m)\sigma_x^2 \tag{4-92}$$

其中，σ_x^2 为协方差，$R_x(m)$ 为相关函数，$c_{4x}^{(1)}(m)$ 称为四阶累积量的对角切片，$c_{4x}^{(2)}(m)$ 和 $c_{4x}^{(3)}(m)$ 称为四阶累积量的非对角切片。对上面的一维切片做傅里叶变换得到相应的切片谱：

$$S_{4x}^{(i)}(\omega)=\sum_{m=-\infty}^{+\infty}c_{4x}^{(i)}(m)\exp(-\mathrm{j}\omega m) \tag{4-93}$$

这时就可以发现切片谱和三谱之间的关系为：

$$S_{4x}(\omega)=\frac{1}{(2\pi)^2}\iint T_{4x}(\omega,\sigma_1,\sigma_2)\mathrm{d}\sigma_1\mathrm{d}\sigma_2 \tag{4-94}$$

从式（4-94）可以看出，切片谱其实就是三谱沿着某一个频率的平面积分，是三谱在某一频率轴上的投影。又假设有一组均值为 0 的实谐波过程为：

$$y(n)=\sum_{j=1}^{L}a_j\cos(\omega_j n+\varphi_j) \tag{4-95}$$

其中，a_j、ω_j 分别为谐波的幅值和频率，是一个常数，φ_j 在 $[0,2\pi]$ 上均匀分布；L 为谐波分量个数。如果这些谐波之间不存在任何相位耦合，就可以得到实谐波过程的四阶累积量为：

$$c_{4y}(m_1,m_2,m_3)=-\frac{1}{8}\sum_{j=1}^{L}a_j^4[\cos\omega_j(m_1-m_2-m_3)+\cos\omega_j(m_2-m_1-m_3)+\cos\omega_j(m_3-m_2-m_1)] \tag{4-96}$$

这时就可以按照 m_1、m_2、m_3 之间的数值关系分别求取各自的切片谱：

$$S_{4x}^{(1)}(\omega)=S_{4x}^{(3)}(\omega)=-\frac{3}{16}\sum_{j=1}^{L}a_j^4[\delta(\omega-\omega_j)+\delta(\omega+\omega_j)] \tag{4-97}$$

$$S_{4x}^{(2)}(\omega)=-\frac{1}{16}\sum_{j=1}^{L}a_j^4[4\delta(\omega)+\delta(\omega-2\omega_j)+\delta(\omega+2\omega_j)] \tag{4-98}$$

从式（4-97）可以看出，实谐波过程时，$S_{4x}^{(1)}(\omega)$ 和 $S_{4x}^{(3)}(\omega)$ 相等，它们在 $\omega=\omega_j$ 处取得了最大值。而 $S_{4x}^{(2)}(\omega)$ 求取的是谐波过程的倍频，且这个切片谱的大部分能量集中在 $\omega=0$ 处，所以不使用这个切片谱提取辐射噪声的低频线谱。而 $S_{4x}^{(1)}(\omega)$ 是一种比较简单的切片谱，可以有效地反映船舶辐射噪声的特性，因此本书采用对角切片作为分析的工具。考虑到轴频信号和叶频信号均有谐波分量，所以建立如下仿真模型。

$$s(n)=\begin{cases}0.3\cos(2\pi 0.04n), & 0\leqslant n<3000\\ 0.6\cos(2\pi 0.08n), & 3000\leqslant n<7000\\ \cos(2\pi 0.12n), & 7000\leqslant n<10000\end{cases} \tag{4-99}$$

其中，$n(t)$ 是高斯白噪声。需要注意的是，式（4-99）中的 0.04、0.08 和 0.12 都不是真实的频率值，而是归一化的频率值，具体的频率值还要根据采样频率决定。

首先用功率谱进行仿真，可以得到其模型时域图和模型功率谱，分别如图 4-16 和图 4-17 所示，可以发现这时归一化频率为 0.12 的分量已经淹没在噪声中不能分辨了。这时对上述的模型进行三阶累积量对角切片，也就是 1.5 维谱，双谱三维图和双谱对角切片谱分别如图 4-18 和图 4-19 所示。可以看到这时的 1.5 维谱的谐波分量非常明显，所以也可以看出高阶谱对比功率谱（二阶谱）的优势。这里 1.5 维谱除了可以有效地提取谐波分量，也可以用来进行二次相位耦合的检测。

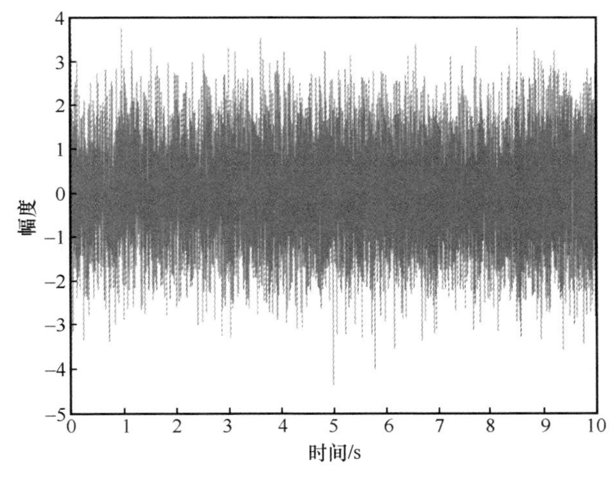

图 4-16　模型时域图

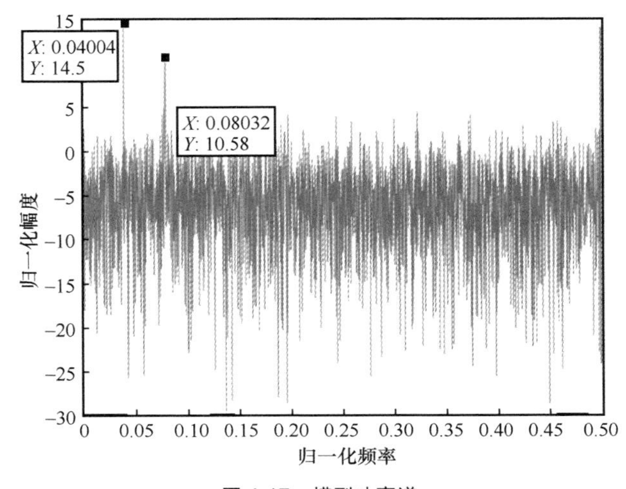

图 4-17　模型功率谱

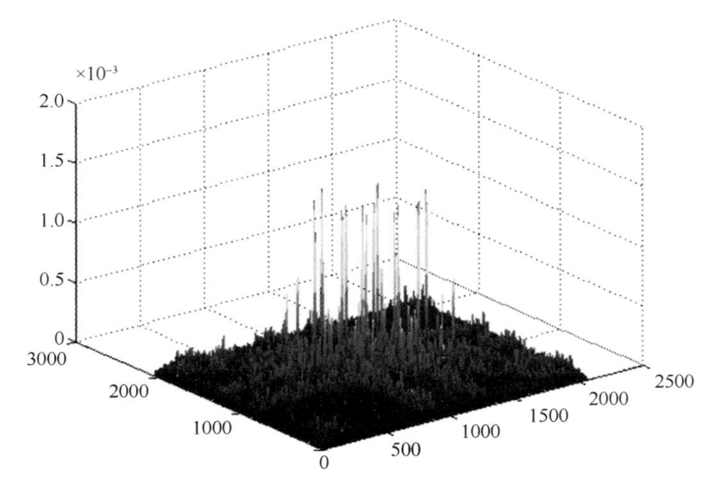

图 4-18　双谱三维图

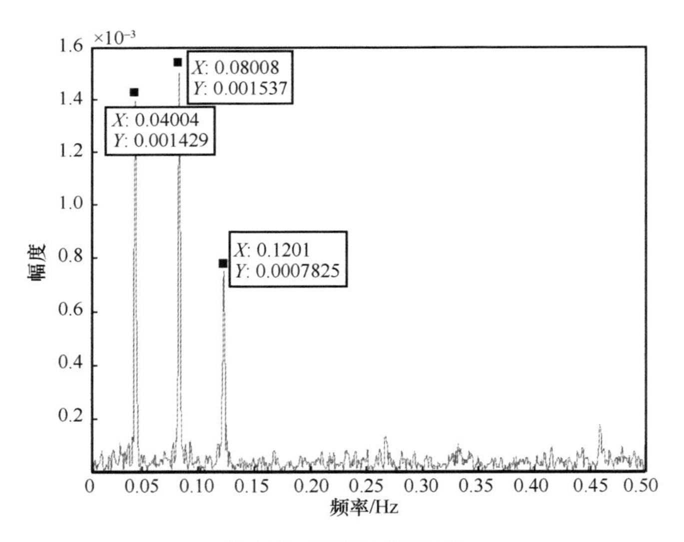

图 4-19　双谱对角切片谱

4.3.2　混沌特征提取

不同的研究领域对混沌理论有不同的见解。目前比较有影响力、涉及范围较广的关于混沌的数学定义是由 Li-Yorke 发表的论文《Period Three Implies Chaos》（周期三意味着混沌）中所描述的：在区间 $[a,b]$ 上连续自映射的函数 $f(x)$，假如存在一个周期为 3 的周期点，那么就一定会存在是任意正整数的周期点，也就意味着会出现混沌现象。而从语言的描述上也可以定义混沌现象就是宏观无序、微观有序的现象。也就是说，产生混沌现象的系统或者数学模型均是有序的、确定的。而这个系统或模型的解的轨迹是不可预测的。非线性动力学也定义了一些可以提供理论指导及对混沌现象进行测定的标度，其认为是由非线性系统中的非线性交叉耦合作用所产生的一种现象，这种耦合的现象在本书中就可以具体为混沌系统中非线性项和周期力之间的耦合。这种耦合程度的不同，可以导致非线性系统的解发生动力学的行为变换。这种动力学的行为变换也是利用混沌振子检测微弱信号的基础。

（1）混沌的判断依据

所有的混沌系统都是非线性系统,但并不是所有的非线性系统都具有混沌特性。因此应用一个非线性系统前，首先要判断该非线性系统是否是混沌系统。如果该非线性系统是混沌系统，还需要判断系统运行过程什么时候是混沌状态。通常需要一种或者结合多种方法判断一个系统或者一段时间序列是否具有混沌的性质。这些方法包括庞加莱截面法和李雅谱诺夫（Lyapunov）指数法等。

①　庞加莱截面法

庞加莱截面法就是在相空间中，选取一个适当的截取面，以便让某对共轭变量在这个截面上是一个固定值[16-17]。根据庞加莱截面可以判断系统处于什么状态：当庞加莱截面上只有一个不动点或者若干个离散点时，则可以判断系统为周期状态；当有一个封闭的曲线时，则可以判断其为准临界混沌状态；当具有分形结构且有成片的密集点时，可以判断其为混沌状态。庞加莱截面法是根据系统激励的频率进行取点并绘图的。根据式（4-100）所示的 Duffing 数学模型进行研究：

$$\begin{cases} x' = y \\ y' = -ky - x^3 + x + r\cos(wt) \end{cases} \tag{4-100}$$

其中，取系统参数 r 的区间为 $[0,2]$。保持系统参数 w=1、k=0.5 不变，此时观察系统的分叉图，庞加莱截面的分叉图如图 4-20 所示。

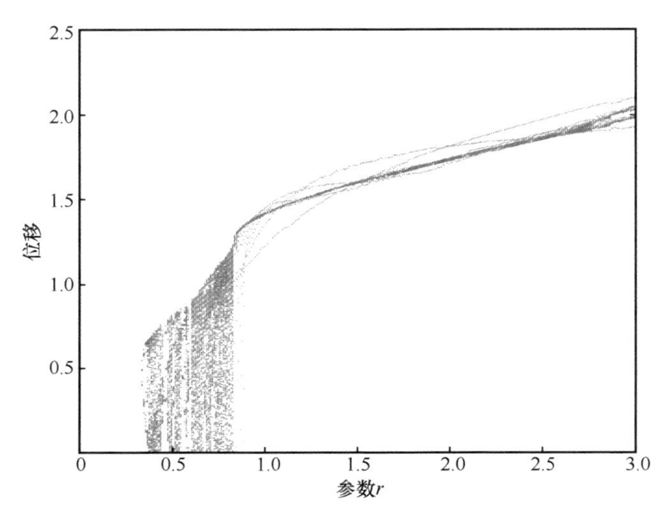

图 4-20　庞加莱截面的分叉图

从图 4-20 可以看出，在系统参数 r 的区间 $[0.4, 0.8]$ 上有明显的分叉和密集的离散点，所以当系统参数 r 取这段区间的值时，就可以判断系统处于混沌状态。而当 r 的取值在 $[0.8, 2.5]$ 时，只能看见一条条的直线，这个时候系统处于周期状态，这和前面用相平面法和功率谱法的分析是一致的。

② 李雅谱诺夫指数法

前面庞加莱截面法的算法复杂度低、计算简单，但是要观察图像后才能对混沌系统的状态进行判定，这种方法是一种定性分析的方法，如果受到一些临界状态甚至主观因素的影响，这种方法存在一些误差甚至误判，有时很难断定系统的行为究竟是什么。所以需要一种定量分析系统动力学行为的方法。Lyapunov 指数是描述系统动力学特性的一个非常重要的指标，反映的是系统相空间中相邻轨迹随时间以指数收敛或发散的程度。Lyapunov 指数越大，即相空间的轨迹发散速度越快，系统的混沌特性越好[18]。因此可以根据动力系统的最大 Lyapunov 指数判断系统是否处于混沌状态。

- 当 Lyapunov 指数 $\lambda > 0$ ，系统相空间轨迹随着时间以指数形式发散，这时系统处于混沌状态。
- 当 Lyapunov 指数 $\lambda < 0$ ，系统相空间轨迹随着时间以指数形式收敛，这时系

统处于非混沌状态。

- 当 Lyapunov 指数 $\lambda = 0$ 或者 $\lambda \approx 0$，系统处于周期和混沌的临界状态。

目前很多学科都应用 Lyapunov 指数判断系统的混沌行为，如对语音信号检测进行非线性特性的研究[19-20]，对海杂波[21-22]和水下目标信号的混沌特性分析[23]。求解系统的 Lyapunov 指数有许多方法[24-25]，总的来说分为两大类：一是根据已知的系统数学模型求解；二是未知动力学系统的运动方程，只能通过观测其时间序列进行求解。具体的求解方法如下。

- 分析法：这是一种先对相空间进行重构求得系统状态方程的雅克比矩阵，然后对这个雅克比矩阵进行特征值分解或者奇异值分解求解 Lyapunov 指数，这种方法的缺点就是对噪声敏感。
- Wolf 法和小数据量法[18]：这两种方法非常适合应用在系统方程未知且观测的时间序列数量较少的情况，而且得到的结果对奇怪吸引子不敏感。这两种方法均是对系统的多条轨道进行跟踪求解，所以也可统称为轨道跟踪法。

（2）用于微弱信号检测的混沌振子

目前所研究的混沌振子非常多，有 Duffing 振子、VanderPol-Duffing 振子、Lorenz 振子、Chen 振子、Rossler 振子和 Birkhoff-shaw 振子等[26]。这些振子模型具有其对应的应用。Duffing 振子是在研究硬弹簧中的机械问题时提出来的一种振子方程，最常应用于微弱信号检测[27-28]。该方程的具体形式为：

$$x''(t) + kx(t) - x(t) + x^3(t) = a\cos(\omega t) \tag{4-101}$$

其中，k 是常数，称为阻尼比。$-x(t) + x^3(t)$ 是 Duffing 振子的非线性部分。$a\cos(\omega t)$ 称为周期策动力，a 是周期策动力的幅值，ω 是周期策动力的周期。当非线性部分为 $-x(t) + x^3(t)$ 形式时，称为 Holmes 型 Duffing 方程。该混沌振子的复杂动力学行为主要受非线性项 $-x(t) + x^3(t)$ 的影响而表现出非常复杂的非线性随机行为。而在研究 Duffing 方程的过程中，有学者提出了将 Holmes 型 Duffing 方程的非线性项 $-x(t) + x^3(t)$ 替换成 $-x^3(t) + x^5(t)$：

$$x''(t) + kx'(t) - x^3(t) + x^5(t) = a\cos(\omega t) \tag{4-102}$$

这种模型称为改进型 Duffing 振子[29-30]。这也是本书进行微弱信号检测的系统模型。参数 a 与系统的动力学行为密切相关。当 $a = 0$ 时，可以发现系统的相轨迹会

收敛于焦点 $(1,0)$ 或 $(-1,0)$ ，具体收敛在哪个焦点由系统的初始条件决定，这时把 $(0,0)$ 点称为系统相平面的鞍点。而当 $a \neq 0$ 时，系统会表现出非常复杂的混沌特性。当 a 较小的时候，系统的相轨迹会由收敛到某一个焦点变为围绕某一个焦点做周期振动，产生同宿轨迹。并且，随着 a 的增大，系统的相轨迹会转变为倍周期分叉，继续增大 a ，系统的输出会由倍周期分叉转变为随机振荡，即混沌状态。从同宿轨道到混沌状态，是随着 a 的变换而迅速变化的。而后随着 a 继续增加的一段很长的变换过程中，系统始终处于混沌状态，而当周期策动力 a 超过某一个阈值 a_d 时，系统就会由混沌状态进入大尺度周期状态，这个时候相轨迹会发生明显的变化，这时，相轨迹会把鞍点和焦点紧紧围住，且对应的庞加莱映射也是不动点。当参数 a 处于阈值 a_d 附近时，系统是非常敏感的， a 稍微变化都会使系统状态发生巨大的改变，这点也是检测微弱信号时采用的原理。

（3）小波和混沌理论的船舶辐射噪声检测

船舶辐射噪声检测主要是依据 Duffing 振子对参数的敏感性和对噪声的免疫性。但是，Duffing 振子的噪声的免疫性存在一个极限值，当噪声超过系统的承受极限时，Duffing 振子的检测就有可能失效。针对这种噪声强度较大，或者要求在较低信噪比的情况下检测出有效信号，结合小波变换和 Duffing 振子检测微弱信号的整体系统框图如图 4-21 所示。

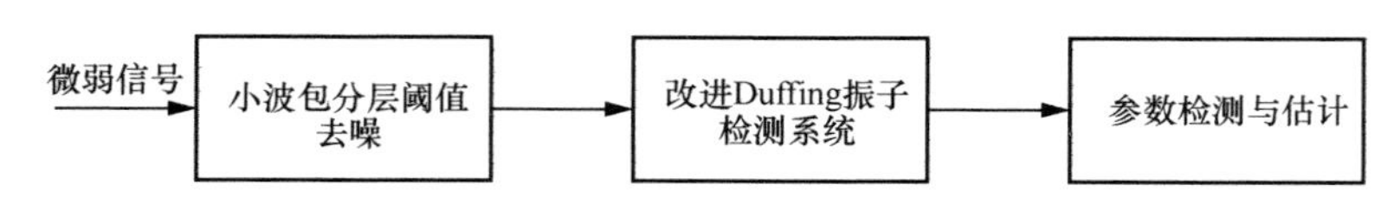

图 4-21　结合小波变换和 Duffing 振子检测微弱信号的整体系统框图

先利用小波包把待测信号进行小波包多层阈值去噪，然后把去噪后的信号输入改进 Duffing 振子进行信号检测，根据 Duffing 振子的动力学行为的变化来确定检测，最后实现参数的估计，完成微弱信号的检测。本书主要介绍微弱信号的频率检测和相位检测。

① 振子阵列的频率检测

在实际的检测中，被测信号的频率都是未知的，这时就需要重新提出一种方法来检测这种频率未知的微弱信号。给定一个待测信号为：

$$s(t) = a\cos(a_0 t + \varphi_0) + n(t) \tag{4-103}$$

其中，$n(t)$ 为均值为 0 的高斯白噪声。针对上面的待测信号构造检测振子：

$$\frac{1}{\omega^2}x''(t) + \frac{1}{\omega}kx'(t) - x^3(t) + x^5(t) = a_d\cos(\omega t) \tag{4-104}$$

其中，a_d 是由混沌状态转变为大尺度周期状态的临界状态时的系统周期策动力幅值。这时假设系统周期策动力的角频率之间存在一个差值 $\Delta\omega$，这时有 $\omega_0 = \omega + \Delta\omega$，此时，把待测信号送入 Duffing 振子就可以得到：

$$\frac{1}{\omega^2}x''(t) + \frac{1}{\omega}kx'(t) - x^3(t) + x^5(t) = a_d\cos(\alpha t) + a\cos((\omega + \Delta\omega)t + \varphi_0) + n(t) \tag{4-105}$$

其中，$a_d\cos(\alpha t) + a\cos((\omega + \Delta\omega)t + \varphi_0)$ 项经过化简后可得：

$$a_d\cos(\omega t) + a\cos((\omega + \Delta\omega)t + \varphi_0) = A(t)\cos(\omega t + \varphi(t)) \tag{4-106}$$

其中，

$$A(t) = \sqrt{a_d^2 + 2a_d a\cos(\Delta\omega t + \varphi_0) + a^2} \tag{4-107}$$

$$\varphi(t) = \arctan\left[\frac{a\sin(\Delta\omega t + \varphi_0)}{a_d + a\cos(\Delta\omega t + \varphi_0)}\right] \tag{4-108}$$

当 $\Delta\omega = 0$ 时，如果相位 φ_0 满足：

$$\pi - \cos^{-1}\frac{a}{2a_d} < \varphi_0 < \pi + \cos^{-1}\frac{a}{2a_d} \tag{4-109}$$

系统能一直保持混沌状态，如果待测信号的初始相位不在这个范围，那么系统就会从混沌状态跳转到大尺度周期状态。而当 $\Delta\omega \neq 0$ 时，系统的合成策动力 $A(t)$ 一会儿大于 a_d 一会儿小于 a_d，这时系统就变为一会儿是大尺度周期状态一会儿是混沌状态，把这种状态称为间歇混沌状态。此时可以通过计算间歇混沌状态的周期 $T = 2\pi / \Delta\omega$，求出相应待测信号的频率。这里需要注意的是，$\Delta\omega$ 的值不能取得过大，一般取 $\Delta\omega < 0.03\omega$，这时会有非常明显的间歇混沌现象出现。而当 $\Delta\omega > 0.03\omega$ 时，相平面变化过快，系统的混沌状态和大尺度周期状态保持稳定的时间非常短，这时就很难计算出间歇混沌状态的周期了，会给估计待测信号的频率带来误差。这时构造一个振子阵列检测频率未知的待测信号。混沌振子阵列由多个阵元构成，每个阵元的周期策动力频率是一个等比序列：

$$a_1 = m, \omega_{k-1} = q\omega_k \tag{4-110}$$

这里选择公比 q 为 1.03，这是因为前面讨论过 $\Delta\omega > 0.03\omega$ 时，很难观测到系统的间歇混沌状态，为了保证 $\omega_{k+1} - \omega_k \leqslant 0.03\omega_k$，则 $\dfrac{\omega_{k+1}}{\omega_k} \leqslant 1.03$。这时假设待测信号在第 k 个阵元和第 k+1 个阵元中都依次出现了间歇混沌现象，那么就可以判断待测信号的频率 $\omega_0 \in [\omega_k, \omega_{k+1}]$，那么间歇混沌的周期分别为：

$$T_k = 2\pi / \Delta\omega_k , T_{k+1} = 2\pi / \Delta\omega_{k+1} \tag{4-111}$$

那么待测信号的频率为：

$$\omega_0 = \frac{\omega_k + \Delta\omega_k + \omega_{k+1} - \Delta\omega_{k+1}}{2} \tag{4-112}$$

从式（4-112）可以看出，估计待测信号频率的最关键之处是求出间歇混沌的周期值，在这里采用梅尔尼科夫（Melnikov）函数计算混沌的周期值。当系统处于大尺度周期状态时，Melnikov 函数将会停留在 0 处；当系统处于混沌状态时，Melnikov 函数就会在 0 附近振荡。改进的 Duffing 振子的系统状态方程为：

$$\begin{cases} x' = y \\ y'' = -ky - x^5 + x^3 + a\cos(wt) \end{cases} \tag{4-113}$$

式（4-113）存在同宿轨道 $q_0(t)$，并记：

$$f(x) = \begin{pmatrix} y \\ -x^3 + x^5 \end{pmatrix} \ g(x) = \begin{pmatrix} 0 \\ -ky + a\cos(at) \end{pmatrix} \tag{4-114}$$

就可以得到 Melnikov 函数的定义：

$$M(t_0) = \int_{-\infty}^{\infty} f(q_0(t))^\wedge g(q_0(t), t + t_0)\mathrm{d}t \tag{4-115}$$

其中，符号 ^ 表示取较小值。假如阻尼比 k 为一个确定的值，那么当：

$$\frac{a}{k} > \left| \frac{\sqrt{2}(3\pi^2 + 16^2)^{3/2}}{256\pi} \right| \tag{4-116}$$

Duffing 振子可对 $\exists t_0$ 使得 $M(t_0)$=0，并且还有 $\dfrac{\mathrm{d}M(t_0)}{\mathrm{d}t_0} \neq 0$，此时 Duffing 振子有混沌解。而这时同宿轨道方程的 Melnikov 函数可以定义为：

$$M(t_0)=\int_{-\infty}^{\infty}[ky(t)+a\cos\omega(t+t_0)]y(t)\mathrm{d}t=-\frac{4}{3}k\pm\sqrt{2}\pi\omega a\sec h\left(\frac{\pi\omega}{2}\right)\sin\omega t_0 \tag{4-117}$$

那么根据 Melnikov 判据，系统出现混沌运动（在 Smale 变换意义下）的条件是 Melnikov 函数存在简单的 0 点，即 $M(t_0)=0$。而此时 $\frac{a}{k}$ 的最小值被称为混沌系统的阈值，这个值与混沌系统的运动动力学行为密切相关。

$$\min\left(\frac{a}{k}\right)=\frac{2\sqrt{2}\cosh\left(\frac{\omega\pi}{2}\right)}{3\omega\pi} \tag{4-118}$$

从式（4-118）可以看出混沌系统的阈值跟 ω 密切相关。混沌系统阈值和频率的关系如图 4-22 所示。

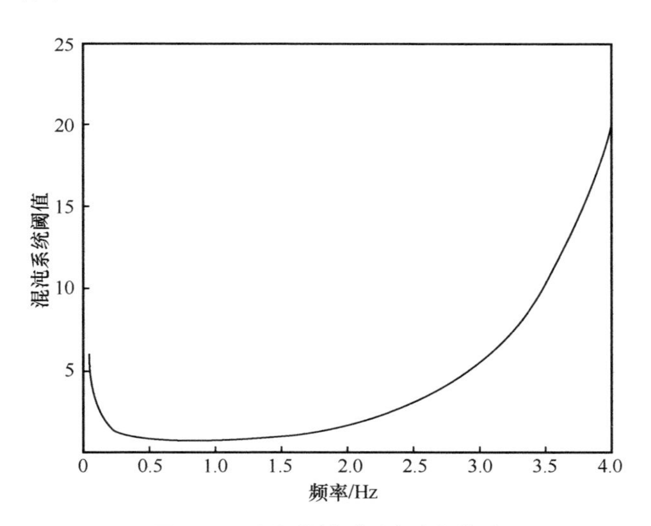

图 4-22　混沌系统阈值和频率的关系

从图 4-22 可以看出，当周期策动力 ω 较小的时候，系统的阈值也比较小，那么当系统的阻尼比 k 固定时，只需要 a 较小的低频段摄动就可以让系统发生混沌现象。而随着频率的增加系统的阈值迅速增加，这也就意味着在高频段摄动需要较大的 a 值。这时就可以确定混沌系统进入大周期运动状态的阈值，这个阈值可以用来判断系统是处于混沌状态还是周期状态，避免了通过观察相轨迹判断系统状态所带来的分辨不明显的缺陷。

② 振子阵列的相位检测

下面在前面估计频率的基础上再来估计微弱信号的相位。假设已知一个信号的频率，这时假设输入的信号为 $s(t)=a\cos(\omega_0+\varphi_0)+n(t)$ ，把这个信号送入 Duffing 振子就可以得到：

$$\frac{1}{\omega_0^2}x''(t)+\frac{1}{\omega_0}kx'(t)-x^3(t)+x^5(t)=A(t)\cos(\omega_0 t+\varphi(t))+n(t) \tag{4-119}$$

其中，

$$A(t)=\sqrt{a_d^2+2a_d a\cos(\varphi_0)+a^2} \tag{4-120}$$

$$\varphi(t)=\arctan\left[\frac{a\sin\varphi_0}{a_d+a\cos\varphi_0}\right] \tag{4-121}$$

从式（4-119）可以看出，当初始相位 $\varphi_0\in[\pi-\arccos(a/a_d),\pi+\arccos(a/a_d)]$ 时，$A(t)$ 始终小于或等于 a_d ，系统始终处于混沌状态；而初始相位不在上面的范围时，$A(t)$ 始终大于 a_d ，系统处于大尺度状态。这就是在已知微弱信号频率时检测其相位的原理。改变初始相位 φ_0 的值，可以发现系统处于混沌状态或者大尺度状态，而当初始相位的改变超出范围时，系统的状态就改变了，记录相应的状态改变的相位位置点就可以估计出初始相位值。因此本书提出一种通过延迟信号的初始相位检测方法。把信号通过延迟器进行延迟，从而改变信号的初始相位，再把改变后的信号输入混沌振子系统。一般把 2π 分成 M 份，也就是每次初始相位的改变值为：

$$\Delta\varphi=\frac{2\pi}{M} \tag{4-122}$$

把第 i 次延迟的信号送入混沌振子系统中：

$$\frac{1}{\omega_0^2}x''(t)+\frac{1}{\omega_0}kx'(t)-x^3(t)+x^5(t)=a_d\cos(\omega_0 t)+a\cos\left(\omega_0 t+\varphi_0+i\frac{2\pi}{M}\right)+n(t) \tag{4-123}$$

这个时候系统的输出状态会有以下两种情况。

- 原始的初始相位如果使得系统的初始状态是混沌状态，这个时候增加初始相位，会发现在第 i_1 次改变初始相位时，系统的输出从混沌状态转变为大尺度周期状态。而后继续增加初始相位，会在第 i_2 次改变初始相位时，系统的状态又从大尺度周期状态转变为混沌状态。于是有：

$$\varphi_0 = 2\pi - (i_1 + i_2 - 1)\frac{\pi}{M} \tag{4-124}$$

- 当原始的初始相位使得系统的初始状态是大尺度周期状态时，这个时候增加初始相位，就会在第 i_1 次改变时发现，系统从大尺度周期状态转变为混沌状态了，继续增加初始相位，会在第 i_2 次改变时，发现系统又从混沌状态转变成了大尺度周期状态。于是就有：

$$\varphi_0 = \pi - (i_1 + i_2 - 1)\frac{\pi}{M} \tag{4-125}$$

又因为混沌状态时时间序列过零点的周期是随机的，而大尺度周期状态的过零点周期是大致相等的。本书为了判断混沌系统的输出是混沌状态还是大尺度周期状态，采用过零检测法。把系统的时间序列分成 2^n 段，对每段求出相应的零点或者过零点的序列号，然后求出每段过零点之间的平均距离，最后依次比较每段的平均距离，如果距离之差超过一定范围，则认定这时系统处于混沌状态，反之，如果所有距离之差均在某一定范围内，就认定系统处于大尺度周期状态。

4.3.3　熵特征提取

熵是热力学中的一个基本概念，它可以反映系统的无序程度。在动力学理论中，熵能够度量时间序列的复杂程度。熵为 0，说明时间序列是完全规则的周期信号；熵为无穷大，说明时间序列是随机的；熵为正数，说明系统是混沌的。

本章主要用熵度量船舶辐射噪声的复杂程度。主要研究内容如下。

- 基于变分模态分解（Variational Mode Decomposition，VMD）、加权排列熵（Weighted Permutation Entropy，WPE）和局部切空间排列（Local Tangent Space Alignment，LTSA）的船舶辐射噪声特征提取。VMD 用于解决经验模态分解（Empirical Mode Decomposition，EMD）、集合经验模态分解（Ensemble Empirical Mode Decomposition，EEMD）缺乏数学理论依据的缺点。排列熵（Permutation Entropy，PE）是分析非线性时间序列的重要方法。但 PE 没

有考虑相同序号的相邻向量可能幅度变化不同，因此 WPE 通过对相邻向量进行加权处理该问题。另外，传统的线性流形学习方法不能对非线性信号进行有效分析，而 LTSA 运算速度快，鲁棒性好，能有效挖掘出高维空间的低维流形。所以，本书将 VMD、WPE 和 LTSA 应用于船舶辐射噪声特征提取。

- 基于加权复合多尺度排列熵的船舶辐射噪声特征提取。本书提出采用加权复合多尺度排列熵（Weighted Composite Multi-scale Permutation Entropy，WCMPE）表征船舶辐射噪声的复杂性，有效克服了多尺度排列熵（Multi-scale Permutation Entropy，MPE）和加权多尺度排列熵（Weighted Multi-scale Permutation Entropy，WMPE）的局限性。

（1）变分模态分解–加权排列熵（VMD-WPE-LTSA）

① 变分模态分解

EEMD 虽然解决了模态混叠问题，但它缺少数学理论依据。VMD 是一种新的自适应信号处理方式[31]，它解决了 EMD 中存在的虚假分量、模态混叠的问题。VMD 假设每个本征模态函数（Intrinsic Mode Function，IMF）是有限带宽信号，然后最小化每个 IMF 的估计带宽之和，该带限信号被解调到基带信号，最后得到 IMF 和相应的中心频率。

VMD 将 IMF 定义为一个与瞬时频率和瞬时幅度有关的调幅–调频信号：

$$I_k(t)=A_k(t)\cos(\varphi_k(t)) \tag{4-126}$$

其中，$A_k(t)$表示瞬时幅度，$\varphi_k(t)$表示瞬时相位。

为了构建变分问题，VMD 将原始信号 $s(t)$ 分解成 K 个 IMF：

$$\min_{\{I_k,f_k\}}\left\{\sum_k\left\|\partial_t\left[\left(\delta(t)+\frac{\mathrm{j}}{\pi t}\right)*I_k(t)\right]\mathrm{e}^{-\mathrm{j}2\pi f_k t}\right\|_2^2\right\} \quad \text{s.t.}\sum_k I_k=s(t) \tag{4-127}$$

其中，∂_t、$\delta(t)$、f_k 分别表示偏导运算、冲击函数、$I_k(t)$ 的中心频率。

式（4-127）的变分问题可以通过二次惩罚项和拉格朗日乘子求解：

$$L(\{I_k\},\{w_k\},\lambda)=\alpha\sum_k\left\|\partial_t\left[\left(\partial_t+\frac{\mathrm{j}}{\pi t}\right)*I_k(t)\right]\mathrm{e}^{-\mathrm{j}2\pi f_k t}\right\|_2^2+$$
$$\left\|s(t)-\sum_k I_k(t)\right\|_2^2+\left\langle\lambda(t),s(t)-\sum_k I_k(t)\right\rangle \tag{4-128}$$

其中，α 表示惩罚因子，λ 表示拉格朗日乘子。

不断更新 I_k^{n+1} 、 f_k^{n+1} 、 λ^{n+1} ：

$$\hat{I}_k^{n+1}(f)=\frac{\hat{s}(f)-\sum_{i\neq k}\hat{I}_i(f)+\dfrac{\hat{\lambda}(f)}{2}}{1+2\alpha(f-f)_k^{\ 2}} \tag{4-129}$$

$$f_k^{n+1}=\frac{\int_0^\infty 2\pi f\left|\hat{I}_k(f)\right|^2\mathrm{d}f}{\int_0^\infty\left|\hat{I}_k(f)\right|^2\mathrm{d}f} \tag{4-130}$$

$$\hat{\lambda}^{n+1}(f)=\hat{\lambda}^n(f)+\varepsilon(\hat{s}(f)-\sum_k\hat{I}_k^{n+1}(f)) \tag{4-131}$$

其中，ε 是更新系数。

直到满足如下条件：

$$\sum_k\left\|\hat{I}_k^{n+1}-\hat{I}_k^n\right\|_2^2/\left\|\hat{I}_k^n\right\|_2^2<a \tag{4-132}$$

停止迭代。其中，a 表示收敛精度。

② 加权排列熵

WPE 是基于 PE 的改进算法[32]，它充分考虑了具有相同顺序的相邻向量的幅值可能不同。给定嵌入维数 m 和时延 τ ，首先，计算所有相邻向量 $\boldsymbol{X}_i$ 的权重 w_i ：

$$w_j=\sum_{k=1}^m\left[x_{j+(k-1)\tau}-\bar{\boldsymbol{X}}_j^{m,\tau}\right]^2\tau\ ,\ \bar{\boldsymbol{X}}_j^{m,\tau}=\frac{1}{m}\sum_{k=1}^m x_{j+(k+1)\tau} \tag{4-133}$$

接下来计算加权相对频率：

$$p_w\left(\pi_i^{m,\tau}\right)=\frac{\sum j\leqslant N^{1_{u:\mathrm{type}(u)=\pi_i}\left(\bar{X}_j^{m,\tau}\right)w_j}}{\sum j\leqslant N^{1_{u:\mathrm{type}(u)\in\Pi}\left(\bar{X}_j^{m,\tau}\right)w_j}} \tag{4-134}$$

WPE 的表达式为：

$$H_w(m,\tau) = -\sum_{i:\pi_i^{m,\tau}\in\Pi} p_w(\pi_i^{m,\tau})\ln(p_w(\pi_i^{m,\tau})) \tag{4-135}$$

由船舶辐射噪声的产生机理可知，船舶辐射噪声会随着船舶工作模式的变化而变化，当船舶的工作模式发生改变时，理论上来讲，PE 较难检测到这种突变，而 WPE 对这种突变较敏感。因此为了验证猜想，本节模拟出一个长度为 5000、均值为 0、方差为 1 的高斯白噪声序列，同时，脉冲序列意味着较大的波动，本节将脉冲序列叠加到高斯白噪声序列上，用长度为 500、滑动步长为 50 的窗函数计算混合信号的 PE、WPE。高斯白噪声和混合信号的时域图如图 4-23 所示。

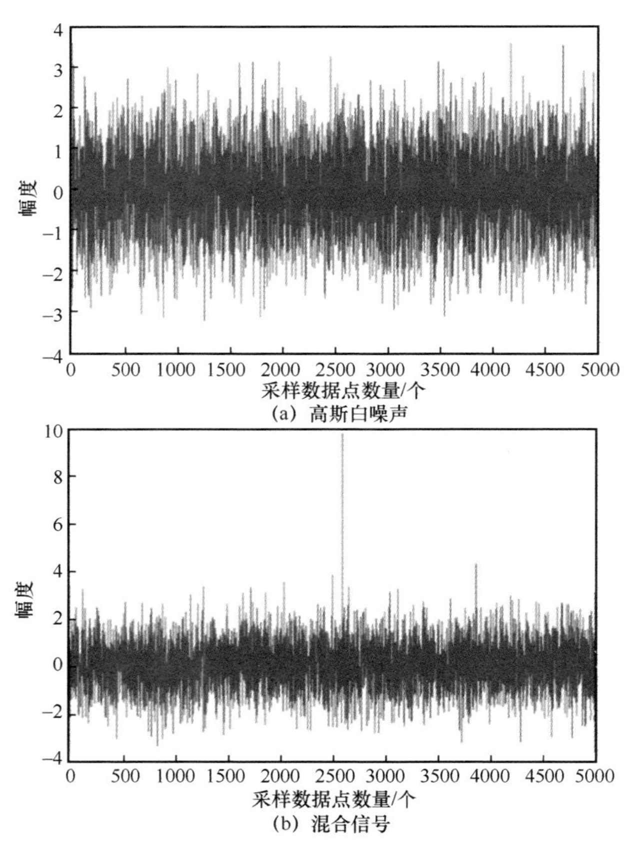

图 4-23　高斯白噪声和混合信号的时域图

两种信号熵的变化情况如图 4-24 所示，整体来看，两种信号的 WPE 值小于对应的 PE 值，表明高斯白噪声具有较高的复杂度，包含的信息更丰富。在脉冲区域 PE 没有观察到明显变化，说明如果将 PE 作为度量两种信号复杂度的特征参数，则无法实现对信号的区分，原因在于 PE 没能充分考虑到具有相同顺序的相邻向量的幅值可能不同，对信号和噪声一视同仁。幅值小的可能是噪声，在计算熵值时，不应该赋予和信号相同的权重。相比之下，WPE 值下降最明显，能有效区分原噪声和混合信号，说明加权因子的引入使得 WPE 能有效检测到信号中包含的幅度编码信息，抵抗噪声造成的失真，对于检测突发区域和停滞区域有一定的优势，性能要优于 PE。

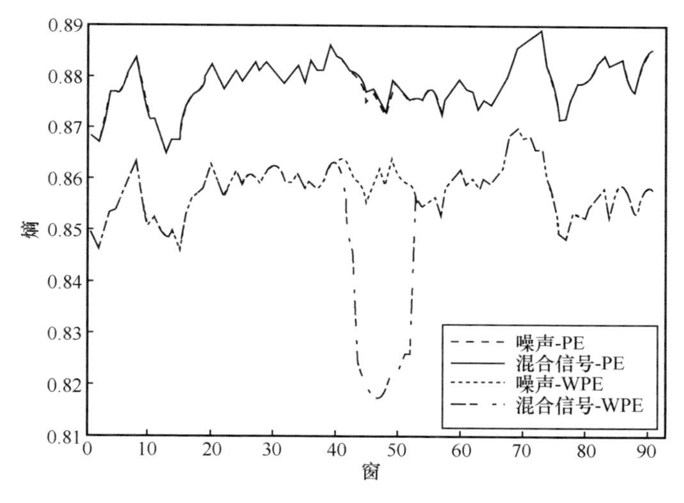

图 4-24　两种信号熵的变化情况

③ 局部切空间排序

传统的线性信号处理方法无法充分挖掘出能表征信号非线性特性的信息，流形学习从本征流形特征和数据空间分布出发，将嵌入高维欧氏空间中的低维流形恢复出来并求出嵌入映射，实现流形重构，从而实现降维。流形学习将机器学习和拓扑学相结合，维持数据在流形空间中的拓扑结构特征的基础上实现数据简约。流形学习算法种类很多，常见的有主成分分析（Principal Component Analysis，PCA）、多维尺度分析（Multi-Dimensional Scaling，MDS）、局部线性嵌入（Locally Linear Embedding，LLE）、局部切空间排列等。本节主要介绍 LTSA，并将其应用于船舶辐射噪声的特征提取。

局部切空间排列[33]是由张振跃等提出的一种非线性流形学习算法。它的基本思想是利用样本邻域构造局部切空间，通过局部放射变换矩阵将局部切空间坐标映射成全局低维坐标，从而实现数据降维。

给定数据 $X=\{x_1,x_2,\cdots,x_m\}\subset\mathbf{R}^{M\times N}$,利用LTSA算法对其进行降维的步骤如下。

步骤1 寻找样本点 x_i 的 k 个邻近点，构成集合 $\boldsymbol{X}_i$ ，并对 $\boldsymbol{X}_i$ 进行中心化处理：

$$\boldsymbol{X}_i=[x_{i1},x_{i2},\cdots,x_{ik}] \tag{4-136}$$

$$\hat{\boldsymbol{X}}_i=\boldsymbol{X}_i-\overline{x}_i\boldsymbol{l}_k^{\mathrm{T}} \tag{4-137}$$

其中， $\overline{x}_i=\dfrac{1}{k}\sum_{j=1}^{k}x_{ij}$ ，表示 $\boldsymbol{X}_i$ 的均值； $\boldsymbol{l}_k$ 表示维度为 k 的单位向量。

步骤2 通过奇异值分解计算矩阵 $\hat{\boldsymbol{X}}_i$ 的特征值和特征向量，前 d 个最大的奇异值对应的特征向量为切空间 $\boldsymbol{H}_i$ ：

$$\boldsymbol{\theta}_{ij}=\boldsymbol{H}_i^{\mathrm{T}}(x_{ij}-\overline{x}_i) \tag{4-138}$$

其中， $\theta_i=\left(\theta_{i1},\theta_{i2},\cdots,\theta_{ik}\right)$ 。

步骤3 构造转换矩阵 $\boldsymbol{L}_i=\boldsymbol{\theta}_i^{+}$ 。为了尽可能保留更多信息，需要满足如下条件。

$$\min\mu(Y)=\min\sum_{i=1}^{M}\left|Y_i\left(\boldsymbol{I}-\frac{1}{k}\boldsymbol{l}\boldsymbol{l}^{\mathrm{T}}\right)-\boldsymbol{L}_i\boldsymbol{\theta}_i\right| \tag{4-139}$$

其中， $\boldsymbol{\theta}_i^{+}$ 表示 $\boldsymbol{\theta}_i$ 的广义逆矩阵； Y_i 表示经过降维后的数据点 Y 的邻近点集合，即 $Y_i=\left(y_{i1},y_{i2},\cdots,y_{ik}\right)$ 。

步骤4 通过求解矩阵的特征值和特征向量求解式（4-139）的优化问题，进而求得嵌入矩阵 $\boldsymbol{Y}$。式（4-139）等价于：

$$\min\mu(\boldsymbol{Y})=\min(\boldsymbol{YHW})=\min\mathrm{tr}(\boldsymbol{YHW}^{\mathrm{T}}\boldsymbol{H}^{\mathrm{T}}\boldsymbol{Y}^{\mathrm{T}}) \tag{4-140}$$

其中， $\boldsymbol{H}=(\boldsymbol{H}_1,\boldsymbol{H}_2,\cdots,\boldsymbol{H}_M)$ ； $\boldsymbol{W}=\mathrm{diag}\left(\boldsymbol{W}_1,\boldsymbol{W}_2,\cdots,\boldsymbol{W}_m\right)$ ， $\boldsymbol{W}_i=\left(\boldsymbol{I}-\dfrac{1}{k}\boldsymbol{l}\boldsymbol{l}^{\mathrm{T}}\right)(\boldsymbol{I}-\boldsymbol{\theta}_i^{+}\boldsymbol{\theta}_i)$ ； $\boldsymbol{I}=\boldsymbol{YY}^{\mathrm{T}}$ 。

步骤5 求解排列矩阵 $\boldsymbol{B}=\boldsymbol{HWW}^{\mathrm{T}}\boldsymbol{H}^{\mathrm{T}}$ 的第2到第 $d+1$ 个最小特征值对应的特征向量便可求得低维嵌入矩阵 $\boldsymbol{Y}$。

④ 变分模态分解–加权排列熵

特征提取的关键是选择合适的信号分解方式。VMD具有很强的时频分析能力，通过对信号进行分解，可以对信号进行更加精细的分析，近年来被广泛应用于多个领域[34-36]。因此本书充分融合了 VMD 和 WPE 的优点，提出了一种基于 VMD-WPE 的船舶辐射噪声特征提取方法，基于 VMD-WPE-LTSA 的船舶辐射噪声特征提取流程如图 4-25 所示。详细步骤如下。

步骤 1　确定模态个数 K。使用 IMF 中心频率的方差计算 VMD 的分解层数。

步骤 2　VMD 分解。利用步骤 1 得到的 K 值，对船舶辐射噪声进行 VMD 分解。

步骤 3　计算 WPE。计算每个 IMF 的 WPE 值，组成联合特征向量。

步骤 4　降维。经过 VMD 分解后得到的模态中含有噪声分量，因此使用 LTSA 算法对步骤 3 得到的联合特征向量进行降维。

步骤 5　数据可视化。对降维后的特征向量进行数据可视化分析。

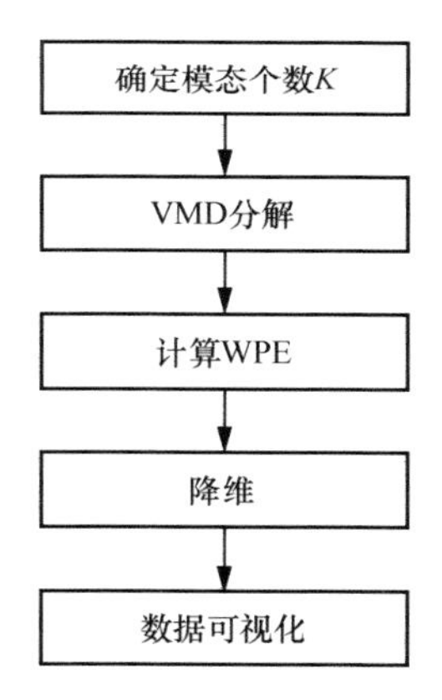

图 4-25　基于 VMD-WPE-LTSA 的船舶辐射噪声特征提取流程

（2）基于加权复合多尺度排列熵的特征提取分析

上文通过 VMD 对 3 类船舶辐射噪声进行分解，得到若干个 IMF，然后进行特征提取，实现了对时间序列进行更加精细的分析。同样，能表征时间序列的信息往往分布在多个尺度上，因此有必要对时间序列进行多尺度分析。

对时间序列进行多尺度分析可以利用 MPE 算法或者 WMPE 算法，但这两种算法都存在一些不足和局限，例如，MPE 算法在提取信号的顺序模式时，除了顺序结构外没有任何信息保留下来；WMPE 算法虽然充分考虑了相同序数的相邻向量有可能幅值不同，并且从多个尺度上对时间序列进行分析，弥补了 MPE 算法的不足，但其粗粒化过程仍然存在问题。例如，当尺度为 3 时，WMPE 算法仅考虑了粗粒化序列 $y_{1,k}^{3}=\{(x_{3k-2}+x_{3k-1}+x_{3k})/3,k=1,2,\cdots\}$ 的信息，而粗粒化序列 $y_{2,k}^{3}=\{(x_{3k-1}+x_{3k}+x_{3k+1})/3,k=1,2,\cdots\}$ 和 $y_{3,k}^{3}=\{(x_{3k}+x_{3k+1}+x_{3k+2})/3,k=1,2,\cdots\}$ 的信息被忽略了。此外，随着尺度的增加，粗粒化序列的长度逐渐缩短，计算的熵值会偏离实际值。因此本书提出 WCMPE 解决 WMPE 存在的问题。WCMPE 的计算步骤如下。

步骤 1　给定时间序列 $\{x(i),i=1,2,\cdots,N\}$，其广义粗粒化时间序列 $y_{k}^{(s)}=\left\{y_{k,j_1}^{s},y_{k,j_2}^{s},\cdots,y_{k,j_s}^{s}\right\}$ 定义为：

$$y_{k,j}^{(\tau)}=\frac{1}{\tau}\sum_{i=(j-1)s+k}^{js+k-1}X_i,1\leqslant j\leqslant\frac{N}{s},2\leqslant k\leqslant s \tag{4-141}$$

其中，s 表示尺度因子。

步骤 2　计算在尺度 s 下所有粗粒化序列 $y_{k}^{(s)}=\left\{y_{k,j_1}^{s},y_{k,j_2}^{s},\cdots,y_{k,j_s}^{s}\right\}$ 的 WPE 值，然后对尺度 s 下所有的 WPE 求均值：

$$\mathrm{WCMPE}(x,\tau,m,s)=\frac{1}{s}\sum_{k=1}^{s}\mathrm{WPE}(y_k^s,m,\tau) \tag{4-142}$$

步骤 3　令 $s=s+1$，重复步骤 2，直到 $s=s_{\max}$，$s_{\max}$ 表示最大尺度。求得所有尺度的 WPE 值，即 WCMPE。

为了比较 MPE、WMPE、WCMPE 的性能，本节随机构造 30 个长度为 5000，均值、方差分别为 0 和 1 的高斯白噪声样本，并计算样本 3 种熵值的均值和标准差，高斯白噪声计算结果如图 4-26 所示。

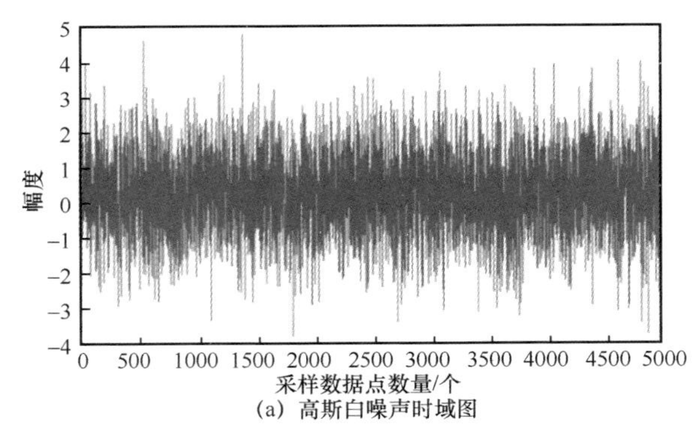

(a) 高斯白噪声时域图

图 4-26　高斯白噪声计算结果

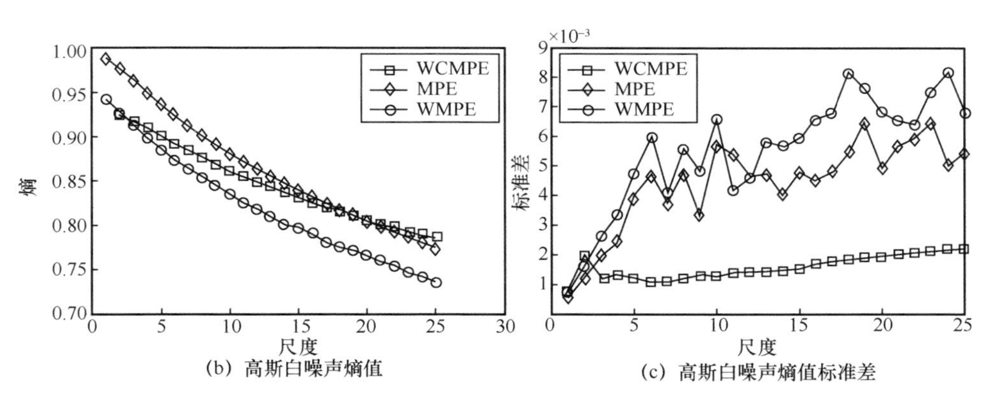

图 4-26　高斯白噪声计算结果（续）

为了比较，本节在原噪声序列上叠加脉冲序列，同样计算 3 种熵值的均值和标准差，混合信号计算结果如图 4-27 所示。

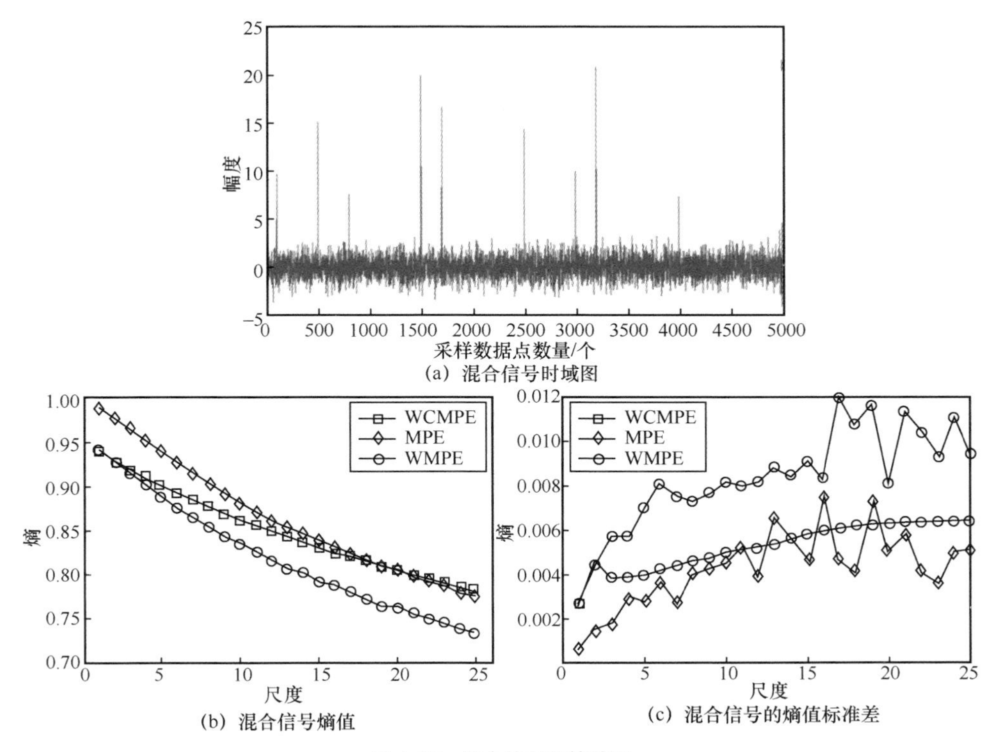

图 4-27　混合信号计算结果

结合图 4-26、图 4-27，两种信号的 MPE 值最大，WMPE 加权因子的引入，赋予噪声和信号不同的权重，使得对最后的熵值计算结果贡献不同。但 WMPE 没有充分考虑粗粒化计算过程导致的信息损失，因此曲线随尺度的增加波动较剧烈。根据图 4-26（c）、图 4-27（c）可知，当信号没有突变时，WCMPE 的标准差最小，而且曲线的波动较平缓，表现出 WCMPE 优良的稳定性；当信号发生突变时，WCMPE 的标准差大于 MPE，这是因为 MPE 几乎没有检测信号突变的能力，不能有效区分突变区域和停滞区域，对信号和噪声一视同仁。而 WMPE 的标准差仍然最大，表明 WMPE 可以有效检测信号的突变，但其熵值以及标准差随尺度的增加剧烈波动，稳定性稍差。因此，WCMPE 不但有检测信号突变的能力，而且具备良好的稳定性，性能最好。

4.3.4 谱特征提取

本节拟基于这些仿真信号进行低频分析记录（Low Frequency Analysis and Recording，LOFAR）谱和噪声包络信号识别（Detection of Envelope Modulation on Noise，DEMON）谱特征分析，来验证每一个独立的船舶辐射噪声信号均存在切实有用的“声纹”特征。对于多维的声纹特征，采用特定成分分析方法进行降维提取后，进行声纹分类与识别，实现船舶辐射源噪声声纹的提取与目标个体识别，结果表明,优化后的方法能够更好地对船舶辐射噪声进行声纹特征提取与目标个体识别。

目前，船舶辐射噪声声纹的主流侦察方法是对其辐射噪声信号的线谱结构和连续谱结构进行分析，并掌握其特性。LOFAR 谱和 DEMON 谱分析是目前广泛应用于提取船舶目标声信息的方法，本书将其作为船舶辐射噪声“声纹”进行深入研究。

LOFAR 分析根据水声目标辐射噪声的局部平稳特性，将信号短时傅里叶变换得到的时变功率谱投影到时频平面上，形成 LOFAR 谱图，它反映了信号的非平稳特性，可以提取信号的谱分布特征。

而 DEMON 分析是被动声呐信号处理和船舶目标识别的关键分析方法之一。谱特征因大量噪声覆盖而无法直接获取。在宽带船舶噪声谱中，高频段存在调制现象，所以需要 DEMON 分析对接收到的宽带高频信号进行解调，计算出低频解调谱，从而得到低频特征谱。DEMON 分析可以得到船舶的目标轴频、叶频等恒定的物理场特性。

通常情况下，LOFAR 与 DEMON 分析的噪声信号是通过单水听器或阵列处理获取的。本节在此基础上，研究 LOFAR 及 DEMON 分析在船舶辐射源噪声声纹识别上的应用。

（1）LOFAR 分析

考虑到船舶信号也具有局部平稳性，基于短时傅里叶变换对采样信号进行频谱分析和计算的方法称为 LOFAR 分析，处理结果的图形称为 LOFAR 图。其详细算法[37-39]步骤如下。

步骤 1　将原始信号的样本序列 $s(n)$划分成连续的 K 段，每一段由 L 个点组成，各段信号可选择部分重叠，重叠范围默认为 50%，具体重叠情况由分配重叠部分的信号长度决定。

步骤 2　第 j 段信号的采样信号段 $M_j(n)$ 需要进行归一化和中心化处理。归一化可使接收信号的幅度（或方差）在时域上均匀分布；中心化则使采样信号的均值归 0（去直流）。

归一化处理：

$$u_j(n)=\frac{M_j(n)}{\max[M_j(i)]},\quad 1\leqslant i\leqslant L \tag{4-143}$$

为了提升 FFT 算法效率，L 一般取 2 的整数次幂，如 N=256 或 512 等。

中心化处理：

$$x_j(n)=u_j(n)-\frac{1}{L}\sum_{i=1}^{L}u_j(i) \tag{4-144}$$

步骤 3　信号 $x_j(n)$ 做短时傅里叶变换得到第 j 段信号的 LOFAR 表示：

$$X_j(k)=\mathrm{FFT}[x_j(n)] \tag{4-145}$$

步骤 4　将上述计算得到的各段数据的谱绘制在频域坐标系中，可得到 LOFAR 图。

阵列信号的 LOFAR 分析一般结合波束成形进行，LOFAR 谱图还可以进一步进行目标识别及分类等应用，利用矢量信号还可以进行多目标分辨。

（2）DEMON 分析

目标噪声信号的高频段存在包络周期调制。调制频率为轴频、叶频等低频特征信号，载频为宽带噪声。螺旋桨噪声信号在整个频段内的任何频率分量都受到螺旋桨噪声信号的周期性调制。由信号调制的原理，船舶噪声以周期性局部平稳过程为模型可表示为：

$$s(t)=\left[1+f(t)\right]\cdot n(t) \tag{4-146}$$

其中，$n(t)$是宽带平稳白色高斯随机过程；$f(t)$是调制函数，它是慢变化的周期函数。在频域上，$f(t)$的频率要比$n(t)$低得多。利用平方解调方法即可获得调制信号$f(t)$。然后，通过 FFT 处理得到解调信号的 DEMON 谱。这可以称为基本的 DEMON 分析过程，基本的 DEMON 谱解调流程如图 4-28 所示。

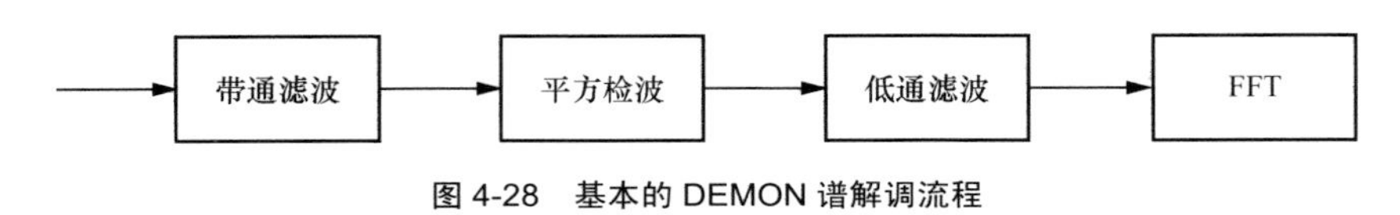

图 4-28　基本的 DEMON 谱解调流程

仅仅做一个基本的 DEMON 分析不足以得到理想的 DEMON 谱。船舶噪声调制信号在不同频段的调制程度不同。某些频段的调制较强，而另一些频段的调制相对较弱。另外，各个频带的 DEMON 谱线也不可能完全相同，不同频段存在不同的谱线缺失现象，同时还可能存在“虚假线谱”。将频带处理划分后，再合并各频带处理结果的方法可以弥补单个频带解调频谱处理的不足。

由于捕获到的 DEMON 谱中存在连续谱，谱成分不明显，谱线太近无法区分，使得 DEMON 谱看起来“模糊”。这就需要去除 DEMON 谱中的连续谱，并对线谱进行进一步的净化，使谱线更加清晰。

应用α双向滤波器获得 DEMON 谱的趋势项，以趋势项的倍数为阈值，去除原始 DEMON 谱中不超过阈值的谱线，可实现线谱与连续谱的分离，获得 DEMON 线谱。已知α双向滤波器是一阶递归滤波器，设某采样信号$s(n)$长度为N，当$n=1,2,\cdots,N-1$、$m=1,2,\cdots,N$时，由α双向滤波器获得的 DEMON 谱可表示为：

$$s_1(1)=s(1),\quad s_1(n+1)=s_1(n)+\left[s(n+1)-s_1(n)\right]/Q \tag{4-147}$$

$$s_2(n)=s_2(n+1)+\left[s(n)-s_2(n+1)\right]/Q,\quad s_2(N)=s(N) \tag{4-148}$$

$$s_m(k)=\frac{s_1(k)+s_2(k)}{2} \tag{4-149}$$

其中，$s_m(k)$ 代表经过 α 双向滤波器后的信号。Q 为递归系数，递归系数值越大，跟踪能力越优异，滤波效果越不理想；反之，递归系数的值越小，跟踪能力越差，滤波效果越理想。因此有必要对递归系数的取值进行折中处理。当递归系数取 2 的整数幂的形式时，用移位可以实现整个滤波，并且不用担心溢出问题[40]。

4.3.5　信号成分分析方法

（1）主成分分析模型

1）主成分分析的基本思想

主成分分析采取一种数学降维的方法，找出几个综合变量代替原来众多的变量，使这些综合变量能尽可能地代表原来变量的信息量，而且彼此互不相关。这种将把多个变量化为少数几个互不相关的综合变量的统计分析方法就叫主成分分析或主分量分析。

主成分分析所要做的就是设法将原来众多具有一定相关性的变量，重新组合为一组新的互不相关的综合变量来代替原来的变量。通常，数学上的处理方法就是将原来的变量做线性组合，作为新的综合变量，但是这种组合如果不加以限制，就会有很多，应该如何选择？如果将选取的第一个线性组合（即第一个综合变量）记为 F_1，自然希望它尽可能多地反映原来变量的信息，这里“信息”用方差来测量，即希望 $\mathrm{Var}(F_1)$ 越大，表示 F_1 包含的信息越多。因此在所有的线性组合中选取的 F_1 应该是方差最大的，故称 F_1 为第一主成分。如果第一主成分不足以代表原来 p 个变量的信息，再考虑选取 F_2，即第二个线性组合，为了有效地反映原来的信息，F_1 已有的信息就不需要再出现在 F_2 中，用数学语言表达就是要求 $\mathrm{conv}(F_1,F_2)=0$，称 F_2 为第二主成分，依此类推可以构造出第三、第四、…、第 p 个主成分。

2）主成分分析的数学模型

对于一个样本资料，观测 p 个变量 $\boldsymbol{x}_1,\boldsymbol{x}_2,\cdots,\boldsymbol{x}_p$，$n$ 个样本的数据资料构成的矩阵为：

$$\boldsymbol{X}=\begin{pmatrix} x_{11} & x_{12} & \cdots & x_{1p} \\ x_{21} & x_{22} & \cdots & x_{2p} \\ \vdots & \vdots & \vdots & \vdots \\ x_{n1} & x_{n2} & \cdots & x_{np} \end{pmatrix}=(\boldsymbol{x}_1,\boldsymbol{x}_2,\cdots,\boldsymbol{x}_p) \tag{4-150}$$

其中，

$$\boldsymbol{x}_j = \begin{pmatrix} x_{1j} \\ x_{2j} \\ \vdots \\ x_{nj} \end{pmatrix}, \qquad j = 1, 2, \cdots, p \tag{4-151}$$

主成分分析就是将 p 个观测变量综合成 p 个新的变量（综合变量），即：

$$\begin{cases} \boldsymbol{F}_1 = a_{11}\boldsymbol{x}_1 + a_{12}\boldsymbol{x}_2 + \cdots + a_{1p}\boldsymbol{x}_p \\ \boldsymbol{F}_2 = a_{21}\boldsymbol{x}_1 + a_{22}\boldsymbol{x}_2 + \cdots + a_{2p}\boldsymbol{x}_p \\ \qquad \vdots \\ \boldsymbol{F}_p = a_{p1}\boldsymbol{x}_1 + a_{p2}\boldsymbol{x}_2 + \cdots + a_{pp}\boldsymbol{x}_p \end{cases} \tag{4-152}$$

简写为：

$$\boldsymbol{F}_j = \alpha_{j1}\boldsymbol{x}_1 + \alpha_{j2}\boldsymbol{x}_2 + \cdots + \alpha_{jp}\boldsymbol{x}_p, j = 1, 2, \cdots, p \tag{4-153}$$

要求模型满足以下条件。

条件 1 $\boldsymbol{F}_i$、$\boldsymbol{F}_j$ 互不相关（$i \neq j$，$i, j = 1, 2, \cdots, p$）。

条件 2 $\boldsymbol{F}_1$ 的方差大于 $\boldsymbol{F}_2$ 的方差，$\boldsymbol{F}_2$ 的方差大于 $\boldsymbol{F}_3$ 的方差，依次类推。

条件 3 $a_{k1}{}^2 + a_{k2}{}^2 + \cdots + a_{kp}{}^2 = 1$，$k = 1, 2, \cdots, p$。

于是，称 $\boldsymbol{F}_1$ 为第一主成分，$\boldsymbol{F}_2$ 为第二主成分，依此类推，有第 p 个主成分。主成分又叫主分量。这里 a_{ij} 称为主成分系数。

上述模型可用矩阵表示为：$\boldsymbol{F}=\boldsymbol{AX}$，其中：

$$\boldsymbol{F} = \begin{pmatrix} \boldsymbol{F}_1 \\ \boldsymbol{F}_2 \\ \vdots \\ \boldsymbol{F}_p \end{pmatrix} \quad \boldsymbol{X} = \begin{pmatrix} \boldsymbol{x}_1 \\ \boldsymbol{x}_2 \\ \vdots \\ \boldsymbol{x}_p \end{pmatrix} \tag{4-154}$$

$$\boldsymbol{A} = \begin{pmatrix} a_{11} & a_{12} & \cdots & a_{1p} \\ a_{21} & a_{22} & \cdots & a_{2p} \\ \vdots & \vdots & \vdots & \vdots \\ a_{p1} & a_{p2} & \cdots & a_{pp} \end{pmatrix} = \begin{pmatrix} \boldsymbol{a}_1 \\ \boldsymbol{a}_2 \\ \vdots \\ \boldsymbol{a}_p \end{pmatrix} \tag{4-155}$$

其中，$\boldsymbol{A}$ 称为主成分系数矩阵。

3）主成分分析的几何解释

假设有 n 个样本，每个样本有两个变量，即在二维空间中讨论主成分的几何意义。设 n 个样本在二维空间中的分布大致为一个椭圆，主成分几何解释图如图 4-29 所示。

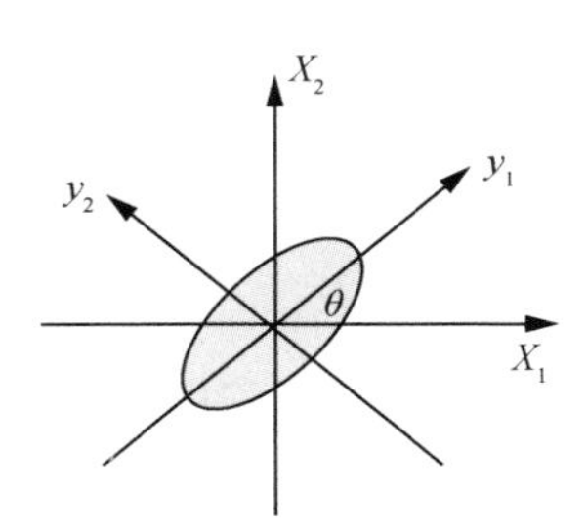

图 4-29　主成分几何解释图

将坐标系进行正交旋转一个角度 θ，使其椭圆长轴方向取坐标 y_1，在椭圆短轴方向取坐标 y_2，旋转公式为：

$$\begin{cases} y_{1j} = x_{1j}\cos\theta + x_{2j}\sin\theta \\ y_{2j} = x_{1j}(-\sin\theta) + x_{2j}\cos\theta \end{cases}, j = 1, 2, \cdots, n \tag{4-156}$$

写成矩阵形式为：

$$\begin{aligned} \boldsymbol{Y} &= \begin{bmatrix} y_{11} & y_{12} & \cdots & y_{1n} \\ y_{21} & y_{22} & \cdots & y_{2n} \end{bmatrix} = \\ & \begin{bmatrix} \cos\theta & \sin\theta \\ -\sin\theta & \cos\theta \end{bmatrix} \cdot \begin{bmatrix} x_{11} & x_{12} & \cdots & x_{1n} \\ x_{21} & x_{22} & \cdots & x_{2n} \end{bmatrix} = \boldsymbol{U} \cdot \boldsymbol{X} \end{aligned} \tag{4-157}$$

其中，$\boldsymbol{U}$ 为坐标旋转变换矩阵，它是正交矩阵，即有 $\boldsymbol{U}' = \boldsymbol{U}^{-1}$、$\boldsymbol{U}\boldsymbol{U}' = \boldsymbol{I}$，即满足 $\sin^2\theta + \cos^2\theta = 1$。

经过旋转变换后，得到如图 4-30 所示的主成分几何解释图的新坐标。

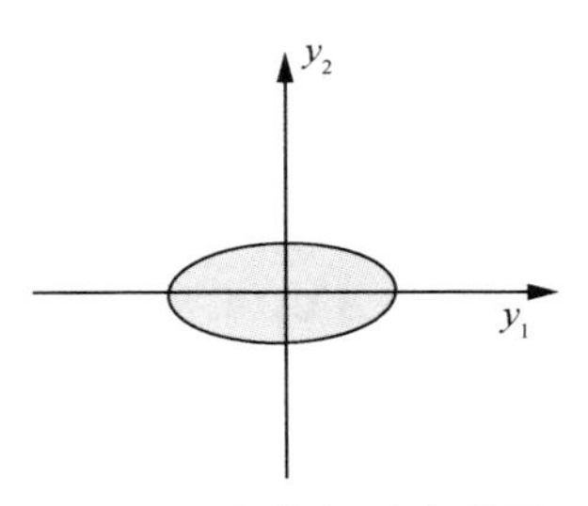

图 4-30　主成分几何解释图

新坐标 y_1-y_2 有如下性质。

- n 个点的坐标 y_1 和 y_2 的相关近似为 0。
- 二维平面上 n 个点的方差大部分在 y_1 轴上，而 y_2 轴上的方差较小。

y_1 和 y_2 称为原始变量 x_1 和 x_2 的综合变量。由于 n 个点在 y_1 轴上的方差最大，因而将二维空间的点用 y_1 轴上的一维综合变量代替所损失的信息量最小，由此称 y_1 轴为第一主成分，y_2 轴与 y_1 轴正交，有较小的方差，称它为第二主成分。

4）主成分的导出

根据主成分分析数学模型的定义，要进行主成分分析，就需要根据原始数据，以及模型的 3 个条件的要求，求出主成分系数，以便得到主成分模型。如何求出主成分系数就是导出主成分所要解决的问题。

步骤 1 主成分数学模型的条件 1 要求主成分之间互不相关，为此主成分之间的协方差矩阵应该是一个对角阵。即对于主成分：

$$\boldsymbol{F} = \boldsymbol{AX} \tag{4-158}$$

其协方差矩阵应为：

$$\mathbf{Var}(\boldsymbol{F}) = \mathbf{Var}(\boldsymbol{AX}) = (\boldsymbol{AX})\cdot(\boldsymbol{AX})' = \boldsymbol{AXX'A'}\boldsymbol{\Lambda} = \begin{pmatrix} \lambda_1 & & & \\ & \lambda_2 & & \\ & & \ddots & \\ & & & \lambda_p \end{pmatrix} \tag{4-159}$$

步骤 2 设原始数据的协方差矩阵为 $\boldsymbol{V}$，如果原始数据进行了标准化处理，则协方差矩阵等于相关矩阵，即有：

$$\boldsymbol{V} = \boldsymbol{R} = \boldsymbol{XX'} \tag{4-160}$$

步骤 3 由主成分数学模型条件 3 和正交矩阵的性质，若能够满足条件 3，最好要求 $\boldsymbol{A}$ 为正交矩阵，即满足：

$$\boldsymbol{AA'} = \boldsymbol{I} \tag{4-161}$$

于是，将原始数据的协方差代入主成分的协方差矩阵式得：

$$\mathbf{Var}(\boldsymbol{F}) = \boldsymbol{AXX'A'} = \boldsymbol{ARA'} = \boldsymbol{\Lambda} \tag{4-162}$$

$$\boldsymbol{ARA'} = \boldsymbol{\Lambda}, \quad \boldsymbol{RA'} = \boldsymbol{A'\Lambda} \tag{4-163}$$

展开式（4-163）得：

$$\begin{pmatrix} r_{11} & r_{12} & \cdots & r_{1p} \\ r_{21} & r_{22} & \cdots & r_{2p} \\ \vdots & \vdots & \vdots & \vdots \\ r_{p1} & r_{p2} & \cdots & r_{pp} \end{pmatrix} \cdot \begin{pmatrix} a_{11} & a_{21} & \cdots & a_{p1} \\ a_{12} & a_{22} & \cdots & a_{p2} \\ \vdots & \vdots & \vdots & \vdots \\ a_{1p} & a_{2p} & \cdots & a_{pp} \end{pmatrix} = \begin{pmatrix} a_{11} & a_{21} & \cdots & a_{p1} \\ a_{12} & a_{22} & \cdots & a_{p2} \\ \vdots & \vdots & \vdots & \vdots \\ a_{1p} & a_{2p} & \cdots & a_{pp} \end{pmatrix} \cdot \begin{pmatrix} \lambda_1 & & & \\ & \lambda_2 & & \\ & & \ddots & \\ & & & \lambda_p \end{pmatrix} \tag{4-164}$$

展开式（4-164）等式两边，根据矩阵相等的性质，这里只根据第一列得出的方程为：

$$\begin{cases} (r_{11}-\lambda_1)a_{11}+r_{12}a_{12}+\cdots+r_{1p}a_{1p}=0 \\ r_{21}a_{11}+(r_{22}-\lambda_1)a_{12}+\cdots+r_{2p}a_{1p}=0 \\ \vdots \\ r_{p1}a_{11}+r_{p2}a_{12}+\cdots+(r_{pp}-\lambda_1)a_{1p}=0 \end{cases} \tag{4-165}$$

为了得到该齐次方程的解，要求其系数矩阵行列式为 0，即：

$$\begin{vmatrix} r_{11}-\lambda_1 & r_{12} & \cdots & r_{1p} \\ r_{21} & r_{22}-\lambda_1 & \cdots & r_{2p} \\ \vdots & \vdots & \vdots & \vdots \\ r_{1p} & r_{p2} & \cdots & r_{pp}-\lambda_1 \end{vmatrix} = 0 \tag{4-166}$$

$$|\boldsymbol{R}-\lambda_1\boldsymbol{I}|=0 \tag{4-167}$$

显然，λ_1 是相关系数矩阵的特征值，$\boldsymbol{a}_1=(a_{11},a_{12},\cdots,a_{1p})$ 是相应的特征向量。

根据第二列、第三列等可以得到类似的方程，于是 λ_i 是以下方程的 p 个根。

$$|\boldsymbol{R}-\lambda\boldsymbol{I}|=0 \tag{4-168}$$

其中，λ_i 为特征方程的特征根，$\boldsymbol{a}_j$ 是其特征向量的分量。

步骤 4　证明主成分的方差是依次递减。

设相关系数矩阵 $\boldsymbol{R}$ 的 p 个特征根为 $\lambda_1 \geqslant \lambda_2 \geqslant \cdots \geqslant \lambda_p$，相应的特征向量为 $\boldsymbol{a}_j$，则：

$$\boldsymbol{A}=\begin{pmatrix} a_{11} & a_{12} & \cdots & a_{1p} \\ a_{21} & a_{22} & \cdots & a_{2p} \\ \vdots & \vdots & \vdots & \vdots \\ a_{p1} & a_{p2} & \cdots & a_{pp} \end{pmatrix} = \begin{pmatrix} \boldsymbol{a}_1 \\ \boldsymbol{a}_2 \\ \vdots \\ \boldsymbol{a}_p \end{pmatrix} \tag{4-169}$$

相对于 $\boldsymbol{F}_1$ 的方差为：

$$\mathbf{Var}(\boldsymbol{F}_1)=\boldsymbol{a}_1\boldsymbol{X}\boldsymbol{X}'\boldsymbol{a}_1'=\boldsymbol{a}_1\boldsymbol{R}\boldsymbol{a}_1'=\lambda_1 \tag{4-170}$$

同样有 $\mathbf{Var}(\boldsymbol{F}_i)=\lambda_i$，即主成分的方差依次递减。并且协方差为：

$$\begin{aligned}&\mathbf{Cov}(\boldsymbol{a}_i'\boldsymbol{X}',\boldsymbol{a}_j\boldsymbol{X})=\boldsymbol{a}_i'\boldsymbol{R}\boldsymbol{a}_j=\\&\boldsymbol{a}_i'\left(\sum_{\alpha=1}^{p}\lambda_\alpha\boldsymbol{a}_\alpha\boldsymbol{a}_\alpha'\right)\boldsymbol{a}_j=\\&\sum_{\alpha=1}^{p}\lambda_\alpha(\boldsymbol{a}_i'\boldsymbol{a}_\alpha)(\boldsymbol{a}_\alpha'\boldsymbol{a}_j)=0,\quad i\neq j\end{aligned} \tag{4-171}$$

综上所述，根据证明可知，主成分分析中的主成分协方差应该是对角矩阵，其对角线上的元素恰好是原始数据相关矩阵的特征值，而主成分系数矩阵 $\boldsymbol{A}$ 的元素则是原始数据相关矩阵特征值相应的特征向量。矩阵 $\boldsymbol{A}$ 是一个正交矩阵。

于是，变量 $(\boldsymbol{x}_1,\boldsymbol{x}_2,\cdots,\boldsymbol{x}_p)$ 经过变换后得到新的综合变量：

$$\begin{cases}\boldsymbol{F}_1=a_{11}\boldsymbol{x}_1+a_{12}\boldsymbol{x}_2+\cdots+a_{1p}\boldsymbol{x}_p\\\boldsymbol{F}_2=a_{21}\boldsymbol{x}_1+a_{22}\boldsymbol{x}_2+\cdots+a_{2p}\boldsymbol{x}_p\\\quad\vdots\\\boldsymbol{F}_p=a_{p1}\boldsymbol{x}_1+a_{p2}\boldsymbol{x}_2+\cdots+a_{pp}\boldsymbol{x}_p\end{cases} \tag{4-172}$$

新的随机变量彼此不相关，且方差依次递减。

5）主成分分析计算步骤

假设样本观测数据矩阵为：

$$\boldsymbol{X}=\begin{pmatrix}x_{11}&x_{12}&\cdots&x_{1p}\\x_{21}&x_{22}&\cdots&x_{2p}\\\vdots&\vdots&\vdots&\vdots\\x_{n1}&x_{n2}&\cdots&x_{np}\end{pmatrix} \tag{4-173}$$

步骤 1　对原始数据进行标准化处理。

$$x_{ij}^{*}=\frac{x_{ij}-\overline{x}_j}{\sqrt{\mathrm{var}(\boldsymbol{x}_j)}},\quad i=1,2,\cdots,n;\ j=1,2,\cdots,p \tag{4-174}$$

其中：

$$\overline{x}_j=\frac{1}{n}\sum_{i=1}^{n}x_{ij} \tag{4-175}$$

$$\mathrm{var}(\boldsymbol{x}_j)=\frac{1}{n-1}\sum_{i=1}^{n}(x_{ij}-\overline{x}_j)^2,\ j=1,2,\cdots,p \tag{4-176}$$

步骤 2　计算样本相关系数矩阵。

$$\boldsymbol{R}=\begin{bmatrix} r_{11} & r_{12} & \cdots & r_{1p} \\ r_{21} & r_{22} & \cdots & r_{2p} \\ \vdots & \vdots & \cdots & \vdots \\ r_{p1} & r_{p2} & \cdots & r_{pp} \end{bmatrix} \tag{4-177}$$

为方便起见，假定原始数据标准化后仍用 $\boldsymbol{X}$ 表示，则经标准化处理后的数据的相关系数为：

$$r_{ij}=\frac{1}{n-1}\sum_{t=1}^{n}x_{ti}x_{tj},\ i,j=1,2,\cdots,p \tag{4-178}$$

步骤 3　用雅克比方法求相关系数矩阵 $\boldsymbol{R}$ 的特征值（$\lambda_1,\lambda_2,\cdots,\lambda_p$）和相应的特征向量 $\boldsymbol{a}_i=(a_{i1},a_{i2},\cdots,a_{ip}),i=1,2,\cdots,p$。

步骤 4　选择重要的主成分，并写出主成分表达式。

主成分分析可以得到 p 个主成分，但是，由于各个主成分的方差是递减的，包含的信息量也是递减的，所以实际分析时，一般不是选取 p 个主成分，而是根据各个主成分累计贡献率的大小选取前 k 个主成分，这里贡献率指某个主成分的方差占全部方差的比重，实际也就是某个特征值占全部特征值总和的比重。即：

$$\text{贡献率}=\frac{\lambda_i}{\sum_{i=1}^{p}\lambda_i} \tag{4-179}$$

贡献率越大，说明该主成分所包含的原始变量的信息越强。主成分个数 k 的选取，主要根据主成分的累积贡献率决定，即一般要求累计贡献率达到 85%以上，这样才能保证综合变量能包括原始变量的绝大多数信息。

另外，在实际应用中，选择了重要的主成分后，还要注意主成分实际含义解释。主成分分析中一个很关键的问题是如何给主成分赋予新的意义，给出合理的解释。一般而言，这个解释是根据主成分表达式的系数结合定性分析来进行的。主成分是原来变量的线性组合，在这个线性组合中各个变量的系数有大有小，有正有负，有的大小相当，因而不能简单地认为这个主成分是某个原变量直接作用的结果，只能说该主成分主要受线性组合中绝对值较大的系数对应的变量影响，而有几个变量系数大小相当时，应认为这一主成分是这几个变量的总和，这几个变量综合在一起应赋予怎样的实际意义，这要结合具体实际问题，给出恰当的解释，才能达到深入分析的目的。

步骤 5 计算主成分得分。

根据标准化的原始数据，按照各个样本，分别代入主成分表达式，就可以得到各主成分下的各个样本的新数据，即主成分得分。具体形式如下。

$$\begin{pmatrix} F_{11} & F_{12} & \cdots & F_{1k} \\ F_{21} & F_{22} & \cdots & F_{2k} \\ \vdots & \vdots & \vdots & \vdots \\ F_{n1} & F_{n2} & \cdots & F_{nk} \end{pmatrix} \tag{4-180}$$

步骤 6 依据主成分得分的数据，可以进行进一步的统计分析。其中，常见的应用有主成分回归、变量子集合的选择、综合评价等。

（2）独立成分分析算法

独立成分分析（Independent Component Analysis，ICA）算法通过对解混矩阵的求取，在独立源和混合矩阵都未知的情况下，分解出缺陷样本中的基影像，并使其各分量互相独立。提取独立成分中的特征参数主要利用 ICA 算法，有利于后续开展分类识别工作。相对来说，在实际应用情况下，ICA 能够提供 PCA 缺失的那一部分数据。

1）独立成分分析的基本理论

独立成分分析最开始应用于“鸡尾酒会”问题，从 1990 年开始，独立成分分析在信号领域逐渐地发展了起来。PCA 主要是为了去除图像成分之间的相关性，将图像最主要的成分提取出来以便减少后续分类识别的计算量。而独立成分分析主要是针对高阶分量进行提取，其在信号处理、神经计算、数据统计等学科有着非常广泛的应用。

ICA 的发展主要是跟盲信号分离（Blind Signal Separation，BSS）有紧密的关联。盲信号分离主要从大量的混合信号中提取出无法直接观察的原始信号。假设有 N 个未知的独立信号 $s_i(t),\cdots,s_N(t)$ 、M 个观测信号 $x_i(t),\cdots,x_m(t)$ ，其中 $t=0,1,2,\cdots$ 为离散时间序列。假定这 N 个源信号线性叠加构成观测信号，则对于任一时刻 t ，第 i 个观测信号可表示为：

$$x_i(t)=\sum_{j=1}^{N}a_{ij}s_j(t)+n_i(t),\quad i=1,2,\cdots,M \tag{4-181}$$

其中，a_{ij} 为混合系数，$n_i(t)$ 为第 i 个观测噪声：

$$\boldsymbol{x}(t)=\boldsymbol{A}\boldsymbol{s}(t)+\boldsymbol{n}(t) \tag{4-182}$$

其中，$\boldsymbol{x}(t)=[x_1(t),\cdots,x_m(t)]^{\mathrm{T}}$ 为观测向量，$\boldsymbol{s}(t)=[s_1(t),\cdots,s_N(t)]^{\mathrm{T}}$ 为源信号，它们是独立信号。$\boldsymbol{A}_{M\times N}$ 为混合未知矩阵，$\boldsymbol{n}(t)=[n_1(t),\cdots,n_m(t)]^{\mathrm{T}}$ 为噪声，在噪声不存在的情况下，ICA 模型为：

$$\boldsymbol{x}(t)=\boldsymbol{A}\boldsymbol{s}(t) \tag{4-183}$$

ICA 的分解过程可以视为：

$$\boldsymbol{y}=\hat{\boldsymbol{S}}=\boldsymbol{W}\boldsymbol{X} \tag{4-184}$$

其中，$\boldsymbol{W}$ 是解混矩阵，假设信号 $\boldsymbol{s}$ 中的行向量（即各分量）之间是相互统计独立的，则它们的联合概率密度函数（Probability Density Function，PDF）是其边际概率密度函数的乘积，即各分量的联合熵是各分量熵的总和：

$$p(\boldsymbol{s})=\prod_{i=1}^{n}p(s_i) \tag{4-185}$$

其中，p 是信号源 $\boldsymbol{s}$ 的联合概率密度函数。由于 $\boldsymbol{A}$ 和信号源 $\boldsymbol{s}$ 都是未知的，只要设法使解混矩阵 $\boldsymbol{W}$ 分离的各个输出成分之间相互统计独立，就相当于分离出了源信号。这样看来，ICA 其实是基于某种判据的寻优迭代算法。为了保证模型可解，必须满足以下 3 个假设条件[41-42]。

条件 1　各个成分之间是相互统计独立的。这是独立成分分析的一个最基本的原则[43-44]。

条件 2　独立成分是服从非高斯分布的。真正有意义的信息是服从非高斯分布的信息，高斯随机变量的高阶累积量为 0，而对于独立成分分析而言，高阶信息是实现独立成分分析的本质因素，一般地，标准 ICA 中最多只允许有一个成分服从高斯分布[44-45]。

条件 3　假设混合矩阵是方阵。这样，混合矩阵 $\boldsymbol{A}$ 便可逆，可以大大简化估计。

2）独立成分分析的求解过程

ICA 的求解过程实际上是一个优化过程，主要步骤为数据的预处理、构造目标函数、建立优化算法。其中，预处理的步骤包括中心化和白化，构造目标函数是找到一个以分离矩阵为变量的目标函数，从而构造合适的最优方案。

步骤 1 数据的预处理

预处理通常包括以下两个方面：中心化、白化。

• 中心化

在独立成分分析中，对混合矩阵中心化，即每一维度减去该维度的均值，使每一维度上的均值为 0。简化算法复杂性，经过中心化后的矩阵为：

$$\boldsymbol{X}=\boldsymbol{X}-\boldsymbol{E}\{\boldsymbol{X}\} \tag{4-186}$$

• 白化

对矩阵 $\boldsymbol{X}$ 进行白化。即将数据经过线性变换去相关，使各变量的方差变为 1，并且可以得到二阶独立的数据。白化主要是利用混合矩阵 $\boldsymbol{X}$ 的协方差矩阵的特征值进行分解来实现的。经过白化后的矩阵 $\tilde{\boldsymbol{X}}$ 为：

$$\tilde{\boldsymbol{X}}=\boldsymbol{U}\boldsymbol{D}^{-1/2}\boldsymbol{U}^{\mathrm{T}}\boldsymbol{X} \tag{4-187}$$

其中，$\boldsymbol{D}$ 是特征值对角矩阵，$\boldsymbol{U}$ 是特征向量矩阵。白化预处理主要是把混合矩阵 $\boldsymbol{X}$ 的取值范围限定在正交矩阵中，进而降低 ICA 的运算量。

步骤 2 独立成分分析的寻优算法

优化一个目标函数可实现 ICA 算法，目标函数是解决独立成分分析问题的第一步，选取不一样的目标函数对于独立成分分析而言也会得到不同的 ICA 算法。以下为常见的几种目标函数。

① 非高斯性极大化

常用的度量高斯性的方法有两种：负熵和峭度。

表示负熵的计算式为：

$$J(x)=H(x_{\text{guass}})-H(x) \tag{4-188}$$

其中，x_{guass} 和 x 有一样的协方差矩阵，x_{guass} 的微分熵可表示为：

$$H(x_{\text{guass}})=\frac{1}{2}\lg|\det\Sigma|+\frac{n}{2}[1+\lg(2\pi)] \tag{4-189}$$

其中，n 为 x 的维数。

由于负熵很难运算，一般在运用时会先对其进行运算简化，故提出：

$$J(x) \approx k_1(E\{G^1(x)\})^2 + k_2(E\{G^2(x)\}) - E\{G^2(v)\}^2 \tag{4-190}$$

其中，$k_1, k_2 > 0$，v 是标准化后的高斯变量，x 是标准化后的变量，若变量 x 对称分布，则 $k_1(E\{G^1(x)\})^2 = 0$，负熵可近似变换为：

$$J(x) \propto [E\{G(x)\} - E\{G(v)\}]^2 \tag{4-191}$$

负熵的近似估计相对于峭度和负熵来说是一个较好的中间值，不仅具有很好的稳定性，而且概念单一、运算量小。

峭度是用来定义任一变量的四阶向量，当变量的均值为 0 时，可定义为：

$$\text{kurt}(x) = E\{x^4\} - 3[E\{x^2\}]^2 \tag{4-192}$$

尤其对于已经白化的数据，由于 $E\{x^2\} = 1$，则峭度可变换为：

$$\text{kurt}(x) = E\{x^4\} - 3 \tag{4-193}$$

根据峭度的取值来分类数据集：

$$\text{kurt}(x)\begin{cases} >0, & \text{超高斯分布} \\ =0, & \text{高斯分布} \\ <0, & \text{次高斯分布} \end{cases}$$

若数据集是次高斯或超高斯分布的，则可以用 $\text{kurt}(x)$ 判断非高斯分布，$|\text{kurt}(x)|$ 越大，则数据的非高斯性越高。

② 互信息极小化

互信息准则是衡量随机变量各个变量彼此独立的程度的指标。随机向量 $\boldsymbol{x} = (x_1, \cdots, x_n)^{\mathrm{T}}$ 的分量 x_i（$i = 1, 2, \cdots, n$）之间的互信息 I 可以表示为：

$$I(\boldsymbol{x}) = \int p(\boldsymbol{x}) \lg\left(p(\boldsymbol{x}) / \prod_{i=1}^{n} p_i(x_i) \right) \mathrm{d}\boldsymbol{x} \tag{4-194}$$

可知，$I(\boldsymbol{x}) = 0, \sum_{i=1}^{n} H(x_i) = H(\boldsymbol{x}), p(\boldsymbol{x}) = \prod_{i=1}^{n} p_i(x_i), \boldsymbol{x}$ 具有独立的分量，因此，互信息被当作一类的目标函数，通过极小化可表示出独立性最大的分量。

比较 $\boldsymbol{y} = \boldsymbol{W}\boldsymbol{x}$，根据微分熵的变换公式，有：

$$I(\boldsymbol{y}_1, \boldsymbol{y}_2, \cdots, \boldsymbol{y}_n) = \sum_{i=1}^{n} H(\boldsymbol{y}_i) - H(\boldsymbol{x}) - \lg|\det \boldsymbol{W}| \tag{4-195}$$

假如变量 $\boldsymbol{y}_i$ 符合 $E\left\{\boldsymbol{y}\boldsymbol{y}^{\mathrm{T}}\right\} = \boldsymbol{W}E\left\{\boldsymbol{x}\boldsymbol{x}^{\mathrm{T}}\right\}\boldsymbol{W}^{\mathrm{T}} = I$ 的条件，则可以显而易见地得出

$\det \boldsymbol{W}$ 为常量。因为熵和负熵的关联，式（4-195）可以变换为：

$$I(\boldsymbol{y}_1,\boldsymbol{y}_2,\cdots,\boldsymbol{y}_n)=C-\sum_{i=1}^{n}J(\boldsymbol{y}_i) \tag{4-196}$$

其中，C 为常值。

③ 最大似然估计

最大似然估计（Maximum Likelihood，ML）是 ICA 中比较经典且实用的方法，它的基本思想是：通过对群体样本中若干个随机观测样本概率密度函数的计算，估计群体样本模型的未知参数，将参数代入模型可得出群体样本的近似表达式。如果这个表达式对观测样本的解释“最正确”，则称该参数为参数估计的最大似然估计。在求解独立成分问题中，ICA 模型中观测数据 x 的概率分布可表示为[46]：

$$p_x(\boldsymbol{x})=|\det(\boldsymbol{W})|\,p_s(s)=|\det(\boldsymbol{W})|\prod_i p_i\left(\boldsymbol{w}_i^{\mathrm{T}}x(t)\right) \tag{4-197}$$

假设有 T 个观测样本点，且样本点是相互独立的，则可以得到样本似然函数[47-48]：

$$L(\boldsymbol{W})=\sum_{t=1}^{T}p(x(t))=\sum_{i=1}^{T}\left\{\left|\det(\boldsymbol{W})\sum_i p_i\left(\boldsymbol{w}_i^{\mathrm{T}}x(t)\right)\right|\right\} \tag{4-198}$$

最大化样本的似然函数等价于最大化它的对数似然函数：

$$\lg L(\boldsymbol{W})=T\lg|\det(\boldsymbol{W})|+\sum_{t=1}^{T}\sum_{i=1}^{N}\lg\left\{p_i\left(\boldsymbol{w}_i^{\mathrm{T}}x(t)\right)\right\} \tag{4-199}$$

对式（4-199）求解关于解混矩阵 $\boldsymbol{W}$ 的梯度就得到了最大似然梯度学习算法[48]：

$$\Delta\boldsymbol{W}\propto[\boldsymbol{W}^{\mathrm{T}}]^{-1}+E\{\varphi(\boldsymbol{Wx})\boldsymbol{x}^{\mathrm{T}}\} \tag{4-200}$$

其中，$\varphi(\cdot)$ 表示某个非线性函数，如 tanh 函数等。这在算法形式上等价于信息最大化算法。将式（4-200）右侧乘以 $\boldsymbol{W}^{\mathrm{T}}\boldsymbol{W}$ 就得到了著名的自然梯度算法[49-51]。该部分内容将在下面的信息极大化判据中做出详细介绍。

信息最大化为 Infomax（Information Maximization）或 ME（Maximization of Entropy）[52]，对观测向量 $\boldsymbol{x}=\left[x_1,x_2,\cdots,x_M\right]^{\mathrm{T}}$ 先通过线性变换求一个中间量 $\boldsymbol{y}=\boldsymbol{Wx}$。然后在输出 $\boldsymbol{y}=\left[\boldsymbol{y}_1,\boldsymbol{y}_2,\cdots,\boldsymbol{y}_M\right]^{\mathrm{T}}$ 之后逐分量地引入非线性变换 $r_i=g_i(\boldsymbol{y}_i)$，求得网络输出 $\boldsymbol{r}=\left[r_1,r_2,\cdots,r_M\right]^{\mathrm{T}}$，可以使用对网络输出 $\boldsymbol{r}$ 的估计代替对高阶统计量的估计，在给定合适的 $g_i(\cdot)$ 后，针对 $\boldsymbol{r}$ 建立一个基于熵的目标函数。调节分离矩阵 $\boldsymbol{W}$ 使网络输出 $\boldsymbol{r}$ 的总熵量 $H(\boldsymbol{r},\boldsymbol{W})$ 最大，此时输出的 $\boldsymbol{y}=\boldsymbol{Wx}$ 就是 ICA 的解。则其目标函

数为 $\varepsilon = H(\boldsymbol{r},\boldsymbol{W})$。

由熵（信号中所含有的平均信息量）的定义得：

$$H(\boldsymbol{r},\boldsymbol{W}) = -\int p(\boldsymbol{y})\lg p(\boldsymbol{r})\mathrm{d}r \tag{4-201}$$

其中，$r_i = g_i(\boldsymbol{y}_i)$，

$$p(\boldsymbol{r}) = \frac{p(\boldsymbol{y})}{\mathrm{Diag}\left[\dfrac{\partial r_1}{\partial y_M},\cdots,\dfrac{\partial r_M}{\partial y_M}\right]} = \frac{p(\boldsymbol{y})}{\prod\limits_{i=1}^{M}\dfrac{\partial g_i}{\partial \boldsymbol{y}_i}} = \frac{p(\boldsymbol{y})}{\prod\limits_{i=1}^{M} g_i'(\boldsymbol{y}_i)} \tag{4-202}$$

将式（4-202）代入式（4-201），得：

$$H(\boldsymbol{r},\boldsymbol{W}) = -\int p(\boldsymbol{y})\lg\left[\frac{p(\boldsymbol{y})}{\prod\limits_{i=1}^{M} g_i(\boldsymbol{y}_i)}\right]\mathrm{d}\boldsymbol{y} = H(\boldsymbol{x}) + \lg|\boldsymbol{W}| + \sum_{i=1}^{M}\lg g_i'(\boldsymbol{y}_i) \tag{4-203}$$

其中，$g(\cdot)$ 是非线性函数，用来替代对高阶统计量的估计。$g'(\cdot)$ 是其一阶导数。

Infomax 算法可以选择的非线性函数 $g(\cdot)$ 主要有 sigmoid 函数、tanh 函数等。

$$\begin{gathered} g(\boldsymbol{y}) = (1+\mathrm{e}^{-y})^{-1} \\ \boldsymbol{r} = g(\boldsymbol{y}) \\ \boldsymbol{y} = \boldsymbol{W}\boldsymbol{x} + \boldsymbol{W}_0 \end{gathered} \tag{4-204}$$

以梯度法（即梯度 $\overline{\partial \boldsymbol{W}}$ 作为指导）调节 $\boldsymbol{W}$，从而使 ε 达到最大。调节计算式为：

$$\Delta\boldsymbol{W} = \mu\frac{\partial \boldsymbol{H}(\boldsymbol{r},\boldsymbol{W})}{\partial \boldsymbol{W}} \tag{4-205}$$

将 $X_j(k) = \mathrm{FFT}[x_j(n)]$ 代入 $x_j(n) = u_j(n) - \frac{1}{L}\sum\limits_{i=1}^{L}u_j(i)$，并对两边求导：

$$\frac{\partial \boldsymbol{H}(\boldsymbol{r},\boldsymbol{W})}{\partial \boldsymbol{W}} = \boldsymbol{W}^{-\mathrm{T}} + (1-2\boldsymbol{r})\boldsymbol{x}^{\mathrm{T}} \tag{4-206}$$

为避免矩阵求逆问题，用自然梯度替代常规梯度，则式（4-206）变为：

$$\frac{\partial \boldsymbol{H}(\boldsymbol{r},\boldsymbol{W})}{\partial \boldsymbol{W}} = \left[\boldsymbol{I} + (1-2\boldsymbol{r})\boldsymbol{y}^{\mathrm{T}}\right]\boldsymbol{W} \tag{4-207}$$

将 $s_1(1) = s(1)$ 和 $s_1(n+1) = s_1(n) + \left[s(n+1) - s_1(n)\right]/Q$ 代入 $s(t) = [1+f(t)]\cdot n(t)$ 得：

$$\begin{aligned} &\Delta\boldsymbol{W} = \mu\frac{\partial H(\boldsymbol{W})}{\partial \boldsymbol{W}} = \mu\left[\boldsymbol{I} + (1-2g(\boldsymbol{y}))\boldsymbol{y}^{\mathrm{T}}\right]\boldsymbol{W} \\ &\boldsymbol{W}^{+} = \boldsymbol{W} + \Delta\boldsymbol{W} \end{aligned} \tag{4-208}$$

其中，μ 为步长，$\boldsymbol{I}$ 为元素均为 1 的向量。$\boldsymbol{W}^{+}$ 是迭代后的解混矩阵，$\Delta\boldsymbol{W}$ 越接近 0，$H(\boldsymbol{W})$ 越逼近最大值，当误差小于 10^{-6} 时终止迭代。

Infomax 算法的主要步骤如下。

步骤 1 随机生成初始解混矩阵 $\boldsymbol{W}$，取第 i 个样本矢量 $\boldsymbol{x}_i (i=1,2,\cdots,m)$。

步骤 2 计算解向量 $\boldsymbol{y}_i = \boldsymbol{W}\boldsymbol{x}_i$ 和网络输出 $r_i = \dfrac{1}{1+\exp(-\boldsymbol{y}_i)}$。

步骤 3 计算权值增量，$\Delta\boldsymbol{W} = \mu[\boldsymbol{I} + (1-2r)\boldsymbol{y}^{\mathrm{T}}]\boldsymbol{W}$。

步骤 4 更新权值 $\boldsymbol{W}^{+} = \boldsymbol{W} + \Delta\boldsymbol{W}$。

判断是否达到收敛条件，是，结束；否则回到步骤 3。

但是由于 ICA 算法计算较为复杂，一般常用 One-unit Fast ICA 算法。

ICA 算法在实际应用中是一个优化问题，是在一个最优的独立性判据下，找到最近似的解。接下来主要介绍在船舶噪声声纹提取中的主要方法，即 one-unit Fast ICA 算法，该算法对步长的选择没有要求，收敛速度较基于负熵的梯度算法更快。

由于式（4-191）中 $E\{G(x)\}$ 的最大化或最小化含有约束条件。考虑采用 Lagrange 乘子法。首先构建 Lagrange 方程：$L(\boldsymbol{w},\lambda) = E\{G(\boldsymbol{w}^{\mathrm{T}}\boldsymbol{x})\} + \lambda(\|\boldsymbol{w}\|^2 - 1)$。

对 $L(\boldsymbol{w},\lambda)$ 求导，并且令导数为 0，如式（4-209）所示。

$$F(\boldsymbol{w}) = E\{\boldsymbol{x}g(\boldsymbol{w}^{\mathrm{T}}\boldsymbol{x})\} + \beta\boldsymbol{w} = 0 \tag{4-209}$$

其中，$\beta=2\lambda$。首先根据 $F(\boldsymbol{w})$ 的 Jacobian 矩阵，即 $L(\boldsymbol{w},\lambda)$ 的二阶导数：

$$\frac{\partial F}{\partial \boldsymbol{w}} = E\left\{\boldsymbol{x}\boldsymbol{x}^{\mathrm{T}} g'(\boldsymbol{w}^{\mathrm{T}}\boldsymbol{x})\right\} + \beta\boldsymbol{I} \tag{4-210}$$

其次求解 Jacobian 矩阵的逆矩阵。为了简化此处的逆求解，将式（4-210）的第一项近似为：

$$E\{\boldsymbol{x}\boldsymbol{x}^{\mathrm{T}} g'(\boldsymbol{w}^{\mathrm{T}}\boldsymbol{x})\} \approx E\{\boldsymbol{x}\boldsymbol{x}^{\mathrm{T}}\}E\{g'(\boldsymbol{w}^{\mathrm{T}}\boldsymbol{x})\} = E\{g'(\boldsymbol{w}^{\mathrm{T}}\boldsymbol{x})\}\boldsymbol{I} \tag{4-211}$$

近似后式（4-210）的右侧变为对角矩阵，可以轻松求逆。用牛顿法求解式（4-209）：

$$\boldsymbol{w} \leftarrow \boldsymbol{w} - [E\{\boldsymbol{x}g(\boldsymbol{w}^{\mathrm{T}}\boldsymbol{x})\} + \beta\boldsymbol{w}] / [E\{g'(\boldsymbol{w}^{\mathrm{T}}\boldsymbol{x})\} + \beta] \tag{4-212}$$

在式（4-212）两侧同时乘以 $E\{g'(\boldsymbol{w}^{\mathrm{T}}\boldsymbol{x})\} + \beta$，化简得到经典的 one-unit Fast ICA 算法，如式（4-213）所示。

$$\begin{cases} \boldsymbol{w} \leftarrow E\{\boldsymbol{x}g(\boldsymbol{w}^{\mathrm{T}}\boldsymbol{x})\} - E\{g'(\boldsymbol{w}^{\mathrm{T}}\boldsymbol{x})\}\boldsymbol{w} \\ \boldsymbol{w} \leftarrow \dfrac{\boldsymbol{w}}{\|\boldsymbol{w}\|} \end{cases} \tag{4-213}$$

当达到收敛条件——迭代前后分离向量点积（几乎）等于 1 时，源信号可以通过 $\boldsymbol{y}_i = \boldsymbol{w}_i{}^{\mathrm{T}}\boldsymbol{x}$（$i = 1,2,\cdots,n$）被分离。Fast ICA 采用的类牛顿法和原始牛顿法相比有两点优势：一是 Jacobian 矩阵求逆被简化；二是不论 w_0 的初始值如何选择，Fast ICA 的分离性能都很好。

以上是 Hyvärinen 和 Oja 完成的完整的 Fast ICA 算法推导过程[53]。整个推导过程采取了两次逼近：一方面，λ 被设置为与 w 无关的常数；另一方面，如式（4-211）所示，$E\{\boldsymbol{x}\boldsymbol{x}^{\mathrm{T}}g'(\boldsymbol{w}^{\mathrm{T}}\boldsymbol{x})\} \approx E\{\boldsymbol{x}\boldsymbol{x}^{\mathrm{T}}\}E\{g'(\boldsymbol{w}^{\mathrm{T}}\boldsymbol{x})\}$，但是并没有统计学原理支持这种近似，除非 $\boldsymbol{x}\boldsymbol{x}^{\mathrm{T}}$ 与 $g'(\boldsymbol{w}^{\mathrm{T}}\boldsymbol{x})$ 是独立统计的，否则该近似不一定成立。2017 年，Basiri 等[54]重新推导了 Fast ICA 算法，并没有使用上述两次逼近。他们使用 Sherman-Morrison 矩阵求逆引理求解逆。结果表明，重新推导的 Fast ICA 算法与传统 Fast ICA 算法一致。算法的详细过程如下。

步骤 1　对 $\boldsymbol{x}$ 中心化、白化。

步骤 2　设置步长 $p = 0$。

步骤 3　选择一个 1 范数向量作为 $\boldsymbol{w}$ 的初始值。

步骤 4　运用 $\boldsymbol{w} \leftarrow \boldsymbol{x}g(\boldsymbol{w}^{\mathrm{T}}\boldsymbol{x}) - E\{g'(\boldsymbol{w}^{\mathrm{T}}\boldsymbol{x})\}\boldsymbol{w}$ 更新 $\boldsymbol{w}$。

步骤 5　正交化：$\boldsymbol{w} \leftarrow \boldsymbol{w} - \sum_{i=1}^{p} \boldsymbol{w}_i \boldsymbol{w}_i{}^{\mathrm{T}}\boldsymbol{w}$。

步骤 6　通过标准化 $\boldsymbol{w} \leftarrow \boldsymbol{w}/\|\boldsymbol{w}\|$，将 $\boldsymbol{w}$ 投影到单位球。

步骤 7　如果 $p < n-1$，若 $p = p+1$ 未收敛，则返回步骤 3；否则，算法结束。

$g(\cdot)$ 可以选取：

$$g_1(y) = \tanh(a_1, y) \tag{4-214}$$

$$g_2(y) = y \cdot \exp(-y^2/2) \tag{4-215}$$

$$g_3(y) = y^3 \tag{4-216}$$

其中，a_1 是常数，通常在[1,2]中选择，一般情况下，$a_1 = 1$。

4.4 水声信号的识别分类方法

4.4.1 基于支持向量机的分类方法

支持向量机（Support Vector Machine，SVM）由 Vapnic 于 20 世纪 90 年代提出，它是一种基于统计机器学习理论的分类器。近年来其理论和算法不断被丰富和完善，它可以有效地解决维度灾难、过拟合以及局部最优等问题，而其特有的优势在于解决非线性、小样本以及高维目标识别等问题。SVM 使用训练集的一个子集表示决策边界，该子集称为支持向量。SVM 的主要思想是在高维空间中确定一个分类超平面，以保证最大的分类正确率。SVM 的一个突出优点是可以解决线性不可分问题，它通过自动寻找支持向量，可以构造出最大化类间间隔的分类器，因而被广泛使用。

SVM 的关键在于核函数，合适的核函数通过非线性变换将向量从低维空间映射到高维空间，然后在高维空间中找出最优分类超平面，从而解决线性不可分的问题。不同的核函数、目标函数和约束条件的组合将生成不同的 SVM 算法[55-57]。

（1）最优分类超平面

对于二分类问题，训练样本数为 N，线性可分分类超平面示意图如图 4-31 所示，三角和圆圈分别表示两类不同样本。该分类问题为二元线性可分问题，即存在一条分类线，使得三角和圆圈分居该分类线的两侧。实际上，可能存在多条这样的分类线，图 4-31 中的 B_1 和 B_2 均可对训练样本准确无误地分类，但只存在一条最佳分类线适用于训练集以外的数据，如图 4-31 中的分类线 B_1。原因在于该分类线两边有更多的间隔，使得两类样本有充足的空间自由移动，从而发生误分类的概率更小。因此对于训练集以外的未知数据，该分类线有较强的泛化能力。

图 4-31 中每条分类线 B_i 均对应一对虚线 b_{i1} 和 b_{i2}，分别表示经过每类中离 B_i 最近的样本点且平行于 B_i 的直线，二者之间的距离称为分类间隔（Margin），图 4-31 中 B_1 的分类间隔明显大于 B_2 的分类间隔。所谓最优分类线不但能将两类样本正确分

类，而且能使分类间隔最大。在高维空间中，最优分类线推广到了最优分类超平面，简称最优超平面[58]。

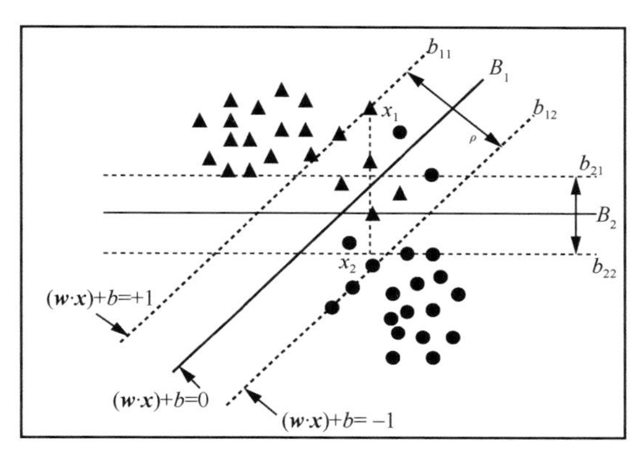

图 4-31　线性可分分类超平面示意图

对于训练样本$(\boldsymbol{x}_i, y_i)(i=1,2,\cdots,N)$，其中$\boldsymbol{x}_i=(x_{i1},x_{i2},\cdots,x_{id})^{\mathrm{T}}$表示第$i$个样本的$d$维属性向量，$y_i\in\{-1,1\}$表示类别标号。则线性分类器的决策超平面可以表示为：

$$(\boldsymbol{w}\cdot\boldsymbol{x})+b=0 \tag{4-217}$$

其中，$\boldsymbol{w}$表示超平面的法向量，b为超平面的截距。该超平面可由$(\boldsymbol{w},b)$唯一决定，且对$\boldsymbol{w}$、b乘以任意相同非 0 常数，该超平面不变。

对于任意位于决策超平面B_1上方的三角$\boldsymbol{x}_i$，有：

$$(\boldsymbol{w}\cdot\boldsymbol{x}_i)+b=k,k>0 \tag{4-218}$$

同理，对于任意位于决策超平面B_1下方的三角$\boldsymbol{x}_j$：

$$(\boldsymbol{w}\cdot\boldsymbol{x}_j)+b=k',k'<0 \tag{4-219}$$

设三角的类标号为$+1$，圆圈的类标号为-1，则任意测试样本$\boldsymbol{z}$的类标号y为：

$$y=\begin{cases}+1, & (\boldsymbol{w}\cdot\boldsymbol{z})+b>0\\-1, & (\boldsymbol{w}\cdot\boldsymbol{z})+b<0\end{cases} \tag{4-220}$$

调整参数$\boldsymbol{w}$、b，则两平行线b_{i1}和b_{i2}所对应的超平面分别表示为：

$$b_{i1}:\ (\boldsymbol{w}\cdot\boldsymbol{x})+b=+1 \tag{4-221}$$

$$b_{i2}:\ (\boldsymbol{w}\cdot\boldsymbol{x})+b=-1 \tag{4-222}$$

图 4-31 中，$\boldsymbol{x}_1$ 为 b_{11} 上的点，$\boldsymbol{x}_2$ 为 b_{12} 上的点，将 $\boldsymbol{x}_1$ 、$\boldsymbol{x}_2$ 分别代入式（4-221）、式（4-222）中，则超平面 B_1 对应的分类间隔 ρ 可以表示为：

$$\begin{aligned}&\boldsymbol{w}\cdot(\boldsymbol{x}_1-\boldsymbol{x}_2)=2\\&\|\boldsymbol{w}\|\cdot\rho=2\\&\rho=\frac{2}{\|\boldsymbol{w}\|}\end{aligned}\tag{4-223}$$

（2）线性支持向量机

① 线性可分情况

SVM 算法中用于估计决策超平面的参数 $\boldsymbol{w}$ 、b 必须满足以下条件：

$$y_i[(\boldsymbol{w}\cdot\boldsymbol{x}_i)+b]-1\geqslant 0,\ i=1,2,\cdots,N\tag{4-224}$$

SVM 要求分类间隔 $\rho=2/\|\boldsymbol{w}\|$ 必须最大。其等价于式（4-225）所示目标函数的最小化：

$$f(\boldsymbol{w})=\frac{\|\boldsymbol{w}\|^2}{2}+C\left(\sum_{i=1}^{N}\xi_i\right)\tag{4-225}$$

所以，式（4-225）的优化问题可表示为：

$$\begin{cases}\min\limits_{\boldsymbol{w}} f(\boldsymbol{w})=\dfrac{\|\boldsymbol{w}\|^2}{2}\\ y_i\left[(\boldsymbol{w}\cdot\boldsymbol{x}_i)+b\right]-1\geqslant 0,i=1,2,\cdots,N\end{cases}\tag{4-226}$$

运用拉格朗日乘子解决式的凸优化问题，即最小化式（4-227）所示的拉格朗日函数：

$$L=\frac{\|\boldsymbol{w}\|^2}{2}-\sum_{i=1}^{N}\lambda_i\left[y_i[(\boldsymbol{w}\cdot\boldsymbol{x}_i)+b]-1\right]\tag{4-227}$$

其中，λ_i 表示拉格朗日乘子。对式（4-227）的 $\boldsymbol{w}$ 、b 求偏导并等于 0：

$$\boldsymbol{w}=\sum_{i=1}^{N}\lambda_i y_i\boldsymbol{x}_i\tag{4-228}$$

$$\sum_{i=1}^{N}\lambda_i y_i=0\tag{4-229}$$

根据 KKT（Karush-Kuhn-Tucker）定理，最优解还应满足如下条件。

$$\begin{cases} \lambda_i \geqslant 0 \\ y_i\left[(\boldsymbol{w}\cdot\boldsymbol{x}_i)+b\right]-1=0 \end{cases} \tag{4-230}$$

将式（4-228）和式（4-230）代入式（4-227），根据拉格朗日对偶性，原优化问题可以转换为求解如下对偶拉格朗日函数的最大值。

$$L_{\mathrm{D}}=\sum_{i=1}^{N}\lambda_i-\frac{1}{2}\sum_{i,j}\lambda_i\lambda_j y_i y_j \boldsymbol{x}_i\cdot\boldsymbol{x}_j \tag{4-231}$$

求解上述问题得到的最优分类函数为：

$$f(\boldsymbol{x})=\mathrm{sgn}\left(\sum_{i=1}^{N}\lambda_i^* y_i K(\boldsymbol{x}_i\cdot\boldsymbol{x}_j)+b^*\right) \tag{4-232}$$

其中，b^* 表示分类阈值。

② 线性不可分情况

对于类别不可分情况，不能类似于线性可分情况，线性不可分分类超平面示意图如图 4-32 所示。

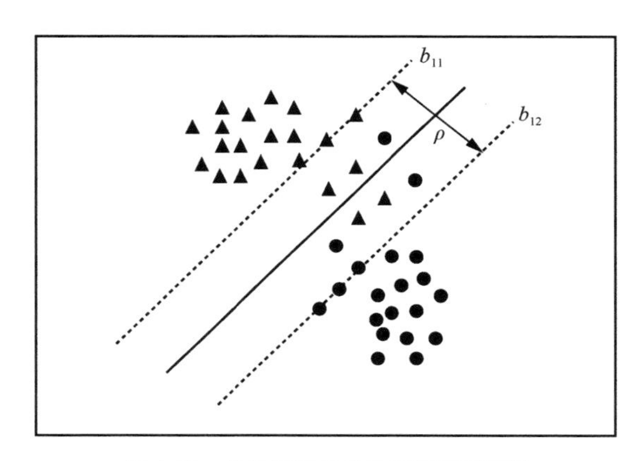

图 4-32　线性不可分分类超平面示意图

确定一个分类超平面完成分类任务。通过添加松弛项将式（4-225）修改为:

$$f(\boldsymbol{w})=\frac{\|\boldsymbol{w}\|^2}{2}+C\left(\sum_{i=1}^{N}\xi_i\right) \tag{4-233}$$

其中，$\xi_i\geqslant 0$ 表示松弛项，C 表示惩罚因子。

因此，拉格朗日函数的表达形式为：

$$L=\frac{\|\boldsymbol{w}\|^2}{2}+C\left(\sum_{i=1}^{N}\xi_i\right)-\sum_{i=1}^{N}\lambda_i\left[y_i\left[(\boldsymbol{w}\cdot\boldsymbol{x}_i)+b\right]-1+\xi_i\right]-\sum_{i=1}^{N}\mu_i\xi_i \tag{4-234}$$

根据 KKT 定理，将不等式约束变换为等式约束：

$$\begin{cases}\xi_i\geqslant 0,\lambda_i\geqslant 0,\mu_i\geqslant 0\\ \lambda_i\left[y_i\left[(\boldsymbol{w}\cdot\boldsymbol{x}_i)+b\right]-1+\xi_i\right]=0\\ \mu_i\xi_i=0\end{cases} \tag{4-235}$$

当训练数据在超平面$(\boldsymbol{w}\cdot\boldsymbol{x}_i)+b=\pm1$上或$\xi>0$时，$\lambda_i\neq0$。另外，对于误分类实例，$\mu_i=0$。

对L求关于$\boldsymbol{w}$、b、ξ_i的偏导数，并令导数等于 0。

$$\begin{cases}\boldsymbol{w}_j=\sum_{i=1}^{N}\lambda_i y_i\boldsymbol{x}_{ij}\\ \sum_{i=1}^{N}\lambda_i y_i=0\\ \lambda_i+\mu_i=C\end{cases} \tag{4-236}$$

将式（4-236）代入式（4-234），可得到如下对偶拉格朗日函数：

$$L_{\mathrm{D}}=\sum_{i=1}^{N}\lambda_i-\frac{1}{2}\sum_{i,j}\lambda_i\lambda_j y_i y_j K(\boldsymbol{x}_i\cdot\boldsymbol{x}_j) \tag{4-237}$$

线性可分情况下的拉格朗日乘子$\lambda_i\geqslant0$，而非线性可分问题的拉格朗日乘子被限制为$0\leqslant\lambda_i\leqslant C$。

最后将式（4-237）求得的λ_i代入式（4-236），可求出决策超平面的参数。

（3）非线性支持向量机

非线性支持向量机的主要思想是通过非线性变换将变量从低维空间变换到高维空间，然后在高维空间中寻找最优分类超平面。由于这种变换较为复杂，一般情况下难以实现。但可以通过原空间求出内积运算，不必知道变换的形式，从而避免了高维空间的计算。根据泛函理论，如果存在核函数$K(\boldsymbol{x}_i\cdot\boldsymbol{x}_j)=\left\langle\boldsymbol{\Phi}(\boldsymbol{x}_i)\cdot\boldsymbol{\Phi}(\boldsymbol{x}_j)\right\rangle$满足

Mercer 条件，则该核函数对应某一变换空间中的内积[58]。非线性决策超平面示意图如图 4-33 所示。

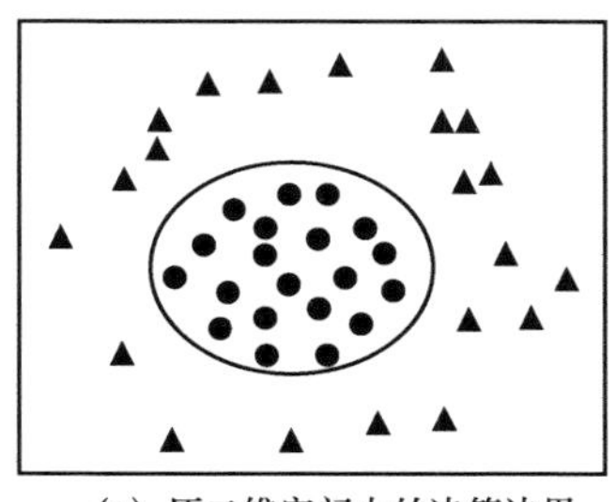
(a) 原二维空间中的决策边界

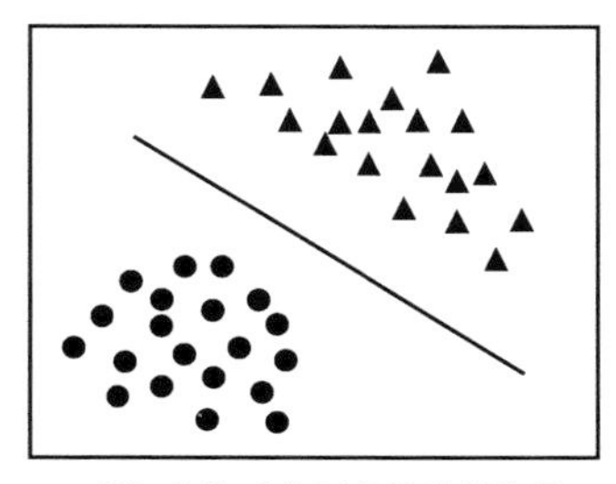
(b) 变换后空间中的决策边界

图 4-33　非线性决策超平面示意图

非线性支持向量机的对偶拉格朗日函数表达形式为：

$$L_{\mathrm{D}}=\sum_{i=1}^{N}\lambda_i-\frac{1}{2}\sum_{i,j}\lambda_i\lambda_j y_i y_j K(\boldsymbol{x}_i\cdot\boldsymbol{x}_j) \tag{4-238}$$

对应的最优分类函数为：

$$f(x)=\mathrm{sgn}\left(\sum_{i=1}^{N}\lambda_i^* y_i K(\boldsymbol{x}_i\cdot\boldsymbol{x}_j)+b^*\right) \tag{4-239}$$

其中，b^* 表示分类阈值，函数 $K(\cdot)$ 称为核函数。

不同的核函数对应不同的支持向量机，目前，SVM 常用的核函数有 3 种。

① 多项式核函数

$$K(x,y)=[(x\cdot y)+1]^d \tag{4-240}$$

其中，d 为多项式的阶数。

② 高斯核函数

$$K(x,y)=\exp\{-|x-y|^2/\sigma^2\} \tag{4-241}$$

③ Sigmoid 核函数

$$K(x,y)=\tanh[k(x\cdot y)+c] \tag{4-242}$$

4.4.2 基于深度学习的信号辨识方法

海域存在诸多水下目标产生的水声信号，其信号辨识包括信号的特征提取和信号分类两个模块。在深度学习信号辨识模型中，常用梅尔频率倒谱系数（Mel-Frequency Cepstral Coefficient，MFCC）[59]、匹配滤波[60]、经典能量谱分析[61]等信号特征提取方法，然而水声信号具有低信噪比、快时变、频点紧邻甚至重叠等特性，导致时域或频域特征提取的信息不足以区分水声信号及多目标声元素，尤其是海洋生物信号，其不同个体生物的信号声元素特征极其相似。第 4.2 节提出的非线性调频分量时频变换方法可解决水声信号中的快时变调频分量和频点紧邻甚至重叠分量时频表征问题，目的在于提取更能区分不同水声信号差异的时频特征，进而提高水声信号辨识的准确率。为了识别水声信号及其多目标声元素，解决时频特征在深层网络特征映射中时频分量消失问题，本节提出单一时频特征的深度学习辨识方法，利用时频变换方法提取信号的时频特征，输入深度学习辨识模型中，逐层学习信号时频分量的深度特征，训练出适合多目标类别的水声信号及其多声元素的分类器。

早期，水声信号分类方法多是“浅”机器学习架构，如支持向量机和梯度提升决策树[62]。此类分类方法的缺陷是它们的容量低，因此添加更多的训练数据不一定能提高分类模型的识别准确率，而深度学习能解决这个困境[62-63]。有代表性的深度卷积神经网络（Convolutional Neural Network，CNN）已广泛应用在图像多目标检测和计算机视觉追踪中，后来 CNN 成功地被引入声信号处理领域[64-67]。当前，存在两种方式设计 CNN 下的信号辨识模型：（1）直接将信号音频输入 CNN 进行特征提取和分类，训练适合信号的辨识模型[67]；（2）传统信号特征提取方法提取特定的信号特征，用迁移学习思想在已训练好的 CNN 分类模型上训练适合信号的分类器[64-66]。两种方式设计的 CNN 辨识模型类似于图像分类网络，输入一个信号段，判别出信号段的类别。一旦输入的信号段包含两个以上的类别时，分类器只输出判别分数值最大的类别；并且存在的两个类别相互干扰，导致信号段的识别率下降。因此，当前水声信号分类网络，不适用于检测多声元素的水声信号，例如，每个水声通信信号记录包含同步头和承载的信息两个目标声元素；实际鲸声信号中，不同声元素代表不同的声行为事件，一条记录中有可能存在两种以上的声元素。多目标类别的水声信号识别，需要先检测和定位声元素的位置，然后用分类器进行逐声元素识别。该多目标声元素检测任务类似于图像中的多目标检测，将目标对象限定在一定的区域内，实现区域分类，如全卷积网络（Fully Convolutional Network，FCN）[68]、区域全卷积网络（Region-based FCN，R-FCN）[62]、快区域卷积神经网络（Fast R-CNN）[69-70]和超快区域卷积神经网络（Faster R-CNN）[71]，这些深层卷积神经网络对目标对象产生一系列感兴趣的区域，即区域提案，通过提高区域提案的质量来保证多目标识别的准确率，通过减少区域提案的数量提高目标检测效率。为了降低区域对目标检测模型的约束和提高多目标识别的准确率，单次多盒检测器（Single Shot Multi-box Detector，SSD）[72]由骨干网（如视觉几何群（Visual Geometry Group，VGG）网络）和若干多尺度特征块的金字塔自上而下串联而成，骨干网负责从原数据中学习深层特征，然后多尺度特征块分支将骨干网输出的特征图自上而下缩小，以此得到不同大小尺度的输入特征图的感受野，每个多尺度分支用像素级的空间信息，生成不同数量和不同大小的锚框来检测不同大小的目标，与区域卷积神经网络相比，显著提高了识别器的识别精度。然而，时频谱图由细小的时频分量组成，骨干网映射输出的特征图由于缺少完整时频分量信息，在很大程度上会影响 SSD 网络训练的分类器识别精度。例如，两个水声信号时频谱图在 VGG-16 中不同网络层的特征图如图 4-34 所示，给出两个水声信号用具有 VGG-16 骨干网的 SSD 深度网络获得不同网络层的特征图，浅网络层（如 $C_{1,2}$ 和 $C_{2,2}$）学习如边、角等细粒度细节的特征图，而深网络层（如 $C_{4,3}$ 和 $C_{1,2}$）学习更抽象语义相似的特征图。$C_{5,3}$ 代表的模块层特征图中时频分量被抽象化，大部分时频分量已消失。当更深层网络训练时频图时，这个问题在此类特征金字塔网络中更明显。尽管深层抽象的特征图抽取与光照、噪声等无关的特征量，从抽象的语义上度量特征图的空间信息，但它消除了时频图中的细小线结构分量信息。在深层网络特征映射过程中，为了避免时频特征空间信息丢失，提出了一种时频特征网络（Time-Frequency Feature Network，TFFNet），结合时频变换和高效特征金字塔，设计适合水声信号辨识的网络模型。时频特征网络结构如图 4-35 所示，首先利用短时能量（Short Term Energy，STE）、过零率（Zero Crossing Rate，ECR）和快速置换熵（Fast Permutation Entropy，FPE）对原始信号进行预处理，将预处理后的数据集先输入网络时频变换模块，将稀疏各向异性 Chirplet 变换提取的时频矩阵输入已截断的骨干网，学习时频分量的深度特征，将输出的特征图嵌入并行分支的高效金字塔网络，利用膨胀卷积在不损失分辨率下得到多尺度特征映射，级联不同尺度的特征图，增强深层网络输出的时频特征空间信息，将输出的特征图作为子网预测器的输入，实现多目标声元素的分类，以此训练多目标的深度辨识器。

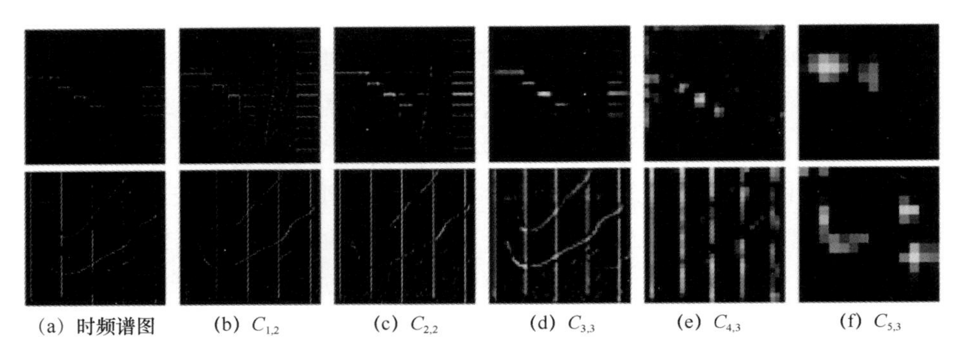

图 4-34　两个水声信号时频谱图在 VGG-16 中不同网络层的特征图

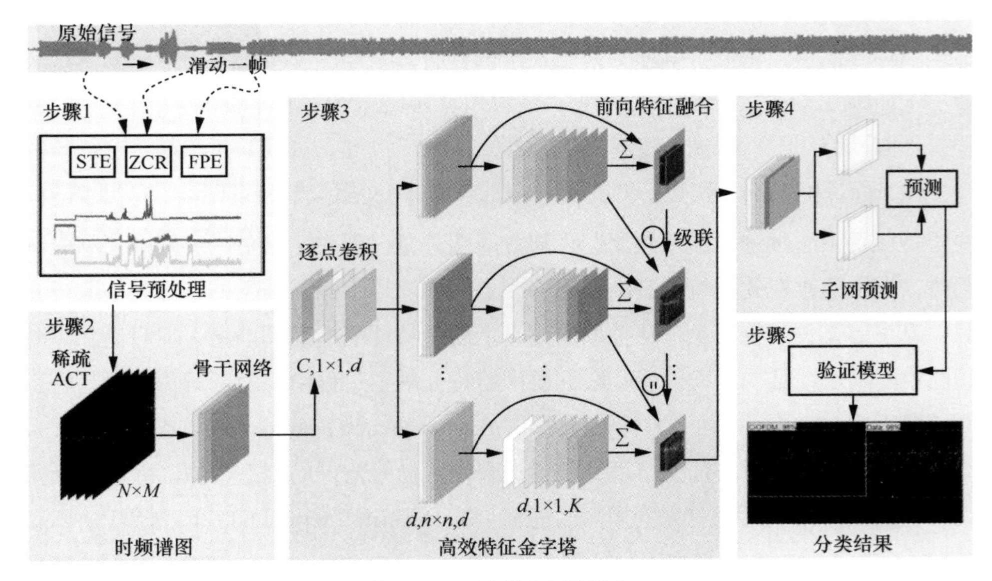

图 4-35　时频特征网络结构

海洋中存在一系列信号，其时频谱中没有清晰的时频分量，如船舶信号的时频谱只有间隔的时频能量带。用单一时频特征的深度学习辨识方法训练船舶信号辨识器，其识别的精度并不理想，并且会干扰其他类别的水声信号，降低多目标类别的水声信号辨识器识别准确率。不管时域、频域，还是时频域特征，难以用信号单一特征区分所有海洋水声信号之间的差异。考虑到单时频域特征对多目标类别的水声信号识别存在局限性，可以开展多特征融合的深度学习辨识方法，用多特征融合的空间融合方式，结合时域、频域和时频域特征，提高多目标水声信号自识别的准确率。

当前存在 3 种提高多目标类别的水声信号识别准确率的方案，不同融合方式的网络结构如图 4-36 所示。（1）根据不同种类信号的特征，选择最佳的深度学习网络模型。在实际语音识别、自然语言应用中，较为主流的深层特征学习网络有：深度置信网络（Deep Belief Network，DBN）[73-74]、长短期记忆（Long Short-Term Memory，LSTM）网络[75]和卷积神经网络（CNN）[64-66]。对于序列特征，能用 LSTM 模型；对于二维时频特征，可用 DBN 和 CNN 模型，当处理多目标分类任务时，分别用不同的网络模型训练不同类别数据的辨识器，然后依据采集的数据类别选择合适的辨识器识别，这一类融合方式为后期融合[76-78]，如图 4-36（a）所示。这种解决方案本质上仍是单特征识别，只是利用多个深层学习网络识别模型辨识数据，经过排序判断，输出准确率最高的结果，其缺陷是随着信号种类的增加，训练的辨识器数量增加，拓展性差。当采集的数据类别未知时，不得不遍历所有的辨识器，将最佳的识别结果输出。（2）用不同特征提取方法提取信号的不同特征，用自编码器对所有特征序列编码，按照一个规定的序列，将所有提取的特征拼接成一个特征向量，将特征向量嵌入深度学习网络模型中，学习其深度特征，训练得到多特征融合后的识别器，这类融合方式为前期融合[79-80]，如图 4-36（b）所示。这种融合模式很简单，但其缺陷是训练数据集时占用空间内存大，很难设计出并行训练程序，导致深度学习网络训练效率低。在实际应用中，必须提取数据的所有对应特征，将其整合成一个特征向量作为输入，特征添加或删除灵活度低，如若添加或删除冗余的特征，必须重新训练新的辨识器。（3）用不同特征提取方法提取信号的不同特征，不同模态的特征选择合适的深度学习网络模型，学习对应的深层特征，将所有模态下学习的特征图映射到相同尺度空间上，结合多特征图，输入多类别分类器中预测，这类融合方式为多特征空间融合[78]，如图 4-36（c）所示。此模式融合既能避免前期融合的占用空间内存大，又能解决后期融合的灵活度低问题。因此可以以多特征空间融合模式设计多目标类别水声信号的深度学习网络模型，提高多类别水声信号识别的精度。对所有信号数据分别采用不同特征提取方法提取时域、频域和时频域 3 种空间特征，时域、频域特征选择适合序列数据的 LSTM 网络，时频域特征选择用 TFFNet，并行学习对应网络的深层特征，然后将深层网络输出的特征图在全连接层映射为相同尺度空间的特征，并用多特征融合层级联所有特征图，接着输入一个多目标的分类器。

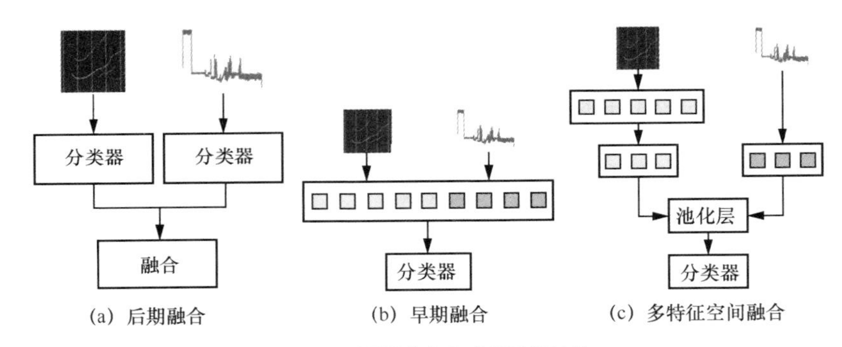

图 4-36 不同融合方式的网络结构

定义 $\boldsymbol{x} \in \boldsymbol{X}$ 包含时域、频域或时频域的特征，假定时域、频域和时频域的特征彼此是语义相关的，即时域对应于频域特征或者时频特征。每个信号 s 具有一个时域特征向量 $\boldsymbol{F}_{\mathrm{t}}$、一个频域特征向量 $\boldsymbol{F}_{\mathrm{f}}$ 和一个联合的时频域特征向量 $\boldsymbol{F}_{\mathrm{s}}$。考虑一个数据集 $\boldsymbol{x} \in \boldsymbol{X}$ 和一系列信号类别 Y，定义一个网络模型预测所有类别概率分布为 $y \in Y$，那么概率最高的类别为预测的类别：

$$\hat{y} = \arg\max_{y} \{P(Y = y | \boldsymbol{x})\} \tag{4-243}$$

其中，$\boldsymbol{x} = \boldsymbol{F}_{\mathrm{t}}$ 或 $\boldsymbol{x} = \boldsymbol{F}_{\mathrm{f}}$ 或 $\boldsymbol{x} = \boldsymbol{F}_{\mathrm{s}}$，每一种都能分为训练集和测试集，训练出针对单一特征的深度学习辨识器。为了融合时域、频域和时频域特征（如 $\boldsymbol{x} = \{\boldsymbol{F}_{\mathrm{t}}, \boldsymbol{F}_{\mathrm{f}}, \boldsymbol{F}_{\mathrm{s}}\}$），常用的两种融合方法为后期融合和早期融合（如图 4-36 所示）。图 4-36（a）为后期融合简化过程，融合设置在创建分类器之后；图 4-36（b）是早期融合图例，融合设置早于创建分类器。后期融合需要构建 3 个独立的分类器：一个时域特征分类器、一个频域特

征分类器和一个时频特征分类器，而 3 个分类器类别中概率乘积最高的为预测类别：

$$\hat{y}=\arg\max_{y}\{P(Y=y|\ \boldsymbol{F}_{\mathrm{t}})P(Y=y|\ \boldsymbol{F}_{\mathrm{f}})P(Y=y|\ \boldsymbol{F}_{\mathrm{s}})\} \tag{4-244}$$

早期融合不需要构建两个分离的分类器，直接在特征空间实现特征融合。确切来说，早期融合对数据特征 $\boldsymbol{x}$ 建模，构建一个特征向量：

$$\boldsymbol{x}=\left[f(\boldsymbol{F}_{\mathrm{t}});f(\boldsymbol{F}_{\mathrm{f}});f(\boldsymbol{F}_{\mathrm{s}})\right] \tag{4-245}$$

其中，$\boldsymbol{x}$ 是信号 s 融合后的级联特征向量。学习特征向量中的深度特征，将输出的特征图作为预测 $\boldsymbol{x}$ 类别的分类器的输入。

然而，后期融合构造多个单特征的分类器组合在一起，达不到多特征融合的目的；早期融合构造一个特征向量，级联多个域的特征，一旦融合的特征向量占用空间过大，将对内存空间具有严格的要求。因此，使用一种多特征空间融合方式的网络结构（如图 4-36（c）所示），比后期融合灵活性高，又具有早期融合的简单性，并且删除或添加某一个特征时，网络结构无须进行复杂的修改。

4.5　本章小结

作为水下目标声信号探测的重点，本章首先介绍了基于频谱感知的水声信号检测方法，其次针对所检测到目标产生的水声信号，提取出其特有的时频特征，同时单独针对水下常见的船舶辐射噪声提出了多种特征提取方法，最后根据不同信号提取出的特征，阐述了几种基于信号特征的识别分类方法，实现水下声目标的被动探测与识别。

参考文献

[1] 胡誉. 认知水声通信中的频谱感知技术研究[D]. 广州: 华南理工大学, 2012.

[2] 左加阔, 陶文凤, 包永强, 等. 多跳认知水声通信中的分布式稀疏频谱检测算法[J]. 电子与信息学报, 2013, 35(10): 2359-2364.

[3] 杨力. 认知水声通信中的频谱检测技术研究[D]. 镇江: 江苏科技大学, 2015.

[4] 侯靖, 任新敏. 基于小波包变换的水声通信频谱感知技术研究[C]//鲁浙苏黑四省声学技术学术交流会. 青岛: 中国声学学会, 2018: 23-26.

[5] MANN S, HAYKIN S. 'Chirplets' and 'warblets': novel time–frequency methods[J]. Electronics Letters, 1992, 28(2): 114.

[6] JING F L, ZHANG C J, SI W J, et al. Polynomial phase estimation based on adaptive short-time Fourier transform[J]. Sensors (Basel, Switzerland), 2018, 18(2): 568.

[7] MULGREW B. The stationary phase approximation, time-frequency decomposition and auditory processing[J]. IEEE Transactions on Signal Processing, 2014, 62(1): 56-68.

[8] CZERWINSKI R N, JONES D L. Adaptive short-time Fourier analysis[J]. IEEE Signal Processing Letters, 1997, 4(2): 42-45.

[9] JONES D L, BARANIUK R G. A simple scheme for adapting time-frequency representations[C]//Proceedings of IEEE Transactions on Signal Processing. Piscataway: IEEE Press, 1994 : 3530-3535.

[10] KWOK H K, JONES D L. Improved instantaneous frequency estimation using an adaptive short-time Fourier transform[J]. IEEE Transactions on Signal Processing, 2000, 48(10): 2964-2972.

[11] ZHONG J G, HUANG Y. Time-frequency representation based on an adaptive short-time Fourier transform[J]. IEEE Transactions on Signal Processing, 2010, 58(10): 5118-5128.

[12] MIRALLES R, LARA G, ESTEBAN J A, et al. The pulsed to tonal strength parameter and its importance in characterizing and classifying Beluga whale sounds[J]. The Journal of the Acoustical Society of America, 2012, 131(3): 2173-2179.

[13] 吕婧一. 高阶统计量分析及其应用研究[D]. 北京: 北京邮电大学, 2014.

[14] 孙政, 胡修林, 涂平洲. 高阶统计量方法及应用研究[J]. 计算机与数子工程, 2003, 31(6): 59-61, 48.

[15] 曾黎. 复杂噪声背景下的信号检测与提取技术研究[D]. 西安: 西北工业大学, 2007.

[16] 姜永东, 鲜学福, 尹光志, 等. 岩石应力应变全过程的声发射及分形与混沌特征[J]. 岩土力学, 2010, 31(8): 2413-2418.

[17] 刘永熙, 李鹤, 赵希男, 等. 一个经济时间序列的混沌特性研究[J]. 东北大学学报(自然科学版), 2010, 31(12): 1757-1760.

[18] LING Q, JIN X L, WANG Y, et al. Lyapunov function construction for nonlinear stochastic dynamical systems[J]. Nonlinear Dynamics, 2013, 72(4): 853-864.

[19] CHESHOMI S, SAEED R Q, AKBARZADEH-T M R. HMM training by a hybrid of chaos optimization and Baum-Welch algorithms for discrete speech recognition[C]//Proceedings of the 6th International Conference on Digital Content, Multimedia Technology and its Applications. Piscataway: IEEE Press, 2010: 337-341.

[20] CHESHOMI S, RAHATI-Q S, AKBARZADEH-T M R. Hybrid of Chaos optimization and Baum-Welch algorithms for HMM training in continuous speech recognition[C]//Proceedings of 2010 International Conference on Intelligent Control and Information Processing. Piscataway: IEEE Press, 2010: 83-87.

[21] LI Y J, WANG W G, SUN J P. Research of small target detection within sea clutter based on chaos[C]//Proceedings of 2009 International Conference on Environmental Science and Information Application Technology. Piscataway: IEEE Press, 2009: 469-472.

[22] 王福友，卢志忠，袁赣南，等. 基于时空混沌的海杂波背景下小目标检测[J]. 仪器仪表学报, 2009, 30(6): 1180-1185.

[23] 蔡志明，郑兆宁，杨士莪. 水中混响的混沌属性分析[J]. 声学学报, 2002, 27(6): 497-501.

[24] FRANCHI M, RICCI L. Appropriateness of dynamical systems for the comparison of different embedding methods via calculation of the maximum Lyapunov exponent[J]. Journal of Physics: Conference Series, 2014, 490: 012094.

[25] FRANCHI M, RICCI L. Statistical properties of the maximum Lyapunov exponent calculated via the divergence rate method[J]. Physical Review E, Statistical, Nonlinear, and Soft Matter Physics, 2014, 90(6): 062920.

[26] CHEN F X, ZHAI S, YU L J, et al. Uncertain Lorenz system chaos synchronization using single variable feedback[J]. 2012 IEEE International Conference on Mechatronics and Automation, 2012: 332-336.

[27] NIE C Y, WANG Z W. Application of chaos in weak signal detection[C]//Proceedings of 2011 Third International Conference on Measuring Technology and Mechatronics Automation. Piscataway: IEEE Press, 2011: 528-531.

[28] WANG F, HUI X, DUAN S, et al. Study on chaos-based weak signal detection method with duffing oscillator[C]//Proceedings of Conference Science and Information Engineering. Zhengzhou: Springer, 2012: 21-26.

[29] HU W, LIU Z, LI Z. The design of improved duffing chaotic circuit used for high-frequency weak signal detection[C]//Proceedings of Electronics and Signal Processing - Selected Papers from the 2011 International Conference on Electric and Electronics. Nanchang: Springer, 2011: 801-808.

[30] 胡文静，刘志珍，厉志辉. 用于微弱信号检测的改进 Duffing 混沌电路性能分析[J]. 电机与控制学报, 2011, 15(9): 80-85.

[31] DRAGOMIRETSKIY K, ZOSSO D. Variational mode decomposition[J]. IEEE Transactions on Signal Processing, 2014, 62(3): 531-544.

[32] FADLALLAH B, CHEN B D, KEIL A, et al. Weighted-permutation entropy: a complexity measure for time series incorporating amplitude information[J]. Physical Review E, Statistical, Nonlinear, and Soft Matter Physics, 2013, 87(2): 022911.

[33] ZHANG Z Y, ZHA H Y. Principal manifolds and nonlinear dimensionality reduction via tangent space alignment[J]. Journal of Shanghai University (English Edition), 2004, 8(4): 406-424.

[34] GONG T K, YUAN X H, WANG X, et al. Fault diagnosis for rolling element bearing using variational mode decomposition and l1 trend filtering[J]. Proceedings of the Institution of

Mechanical Engineers, Part O: Journal of Risk and Reliability, 2020, 234(1): 116-128.
[35] ZHAO Q, HAN T, JIANG D X, et al. Application of variational mode decomposition to feature isolation and diagnosis in a wind turbine[J]. Journal of Vibration Engineering & Technologies, 2019, 7(6): 639-646.
[36] AGHNAIYA A, ALI A M, KARA A. Variational mode decomposition-based radio frequency fingerprinting of bluetooth devices[J]. IEEE Access, 2019, 7: 144054-144058.
[37] 赵涵, 平自红, 楚龙宝, 等. 近场测量方法研究[J]. 声学与电子工程, 1996(2): 39-43.
[38] BODEN L, BOWLIN J B, SPIESBERGER J L. Time domain analysis of normal mode, parabolic, and ray solutions of the wave equation[J]. The Journal of the Acoustical Society of America, 1991, 90(2): 954-958.
[39] DEL GROSSO V A. New equation for the speed of sound in natural waters (with comparisons to other equations)[J]. The Journal of the Acoustical Society of America, 1974, 56(4): 1084-1091.
[40] ZHANG Z Y, TINDLE C T. Complex effective depth of the ocean bottom[J]. The Journal of the Acoustical Society of America, 1993, 93(1): 205-213.
[41] BUCKINGHAM M J, GIDDENS E M. On the acoustic field in a Pekeris waveguide with attenuation in the bottom half-space[J]. The Journal of the Acoustical Society of America, 2006, 119(1): 123-142.
[42] LIU J Y, HUANG C F, SHYUE S W. Effects of seabed properties on acoustic wave fields in a seismo-acoustic ocean waveguide[J]. Ocean Engineering, 2001, 28(11): 1437-1459.
[43] STICKLER D C. Normal-mode program with both the discrete and branch line contributions[J]. The Journal of the Acoustical Society of America, 1975, 57(4): 856-861.
[44] 邓磊磊. 舰船辐射噪声的特征线谱提取[D]. 哈尔滨: 哈尔滨工程大学, 2011.
[45] TREVORROW M V, VASILIEV B, VAGLE S. Directionality and maneuvering effects on a surface ship underwater acoustic signature[J]. The Journal of the Acoustical Society of America, 2008, 124(2): 767-778.
[46] 吴国清, 李靖, 陈耀明, 等. 舰船噪声识别(I): 总体框架、线谱分析和提取[J]. 声学学报, 1998, 23(5): 394-400.
[47] 吴国清, 李靖, 陈耀明, 等. 舰船噪声识别(II): 线谱稳定性和唯一性[J]. 声学学报, 1999, 24(1): 7-11.
[48] 熊紫英, 朱锡清. 基于 LOFAR 谱和 DEMON 谱特征的舰船辐射噪声研究[J]. 船舶力学, 2007, 11(2): 300-306.
[49] COMON P, JUTTEN C. Handbook of blind source separation[M]. USA: Academic Press, 2010.
[50] 陈敬军, 陆佶人, 刘淼. 基于人工智能的线谱检测技术[J]. 船舶工程, 2004, 26(3): 68-71.
[51] 路晓磊, 兰丽茜, 尹聪. 自适应线谱增强器在舰船噪声提取中的应用[J]. 电声技术, 2015,

39(9): 58-61.

[52] 石敏，徐袭，岳剑平. 基于两级自适应线谱增强器的舰船辐射噪声线谱检测[J]. 舰船科学技术, 2012, 34(8): 79-82.

[53] HEENEHAN H, STANISTREET J E, CORKERON P J, et al. Caribbean sea soundscapes: monitoring humpback whales, biological sounds, geological events, and anthropogenic impacts of vessel noise[J]. Frontiers in Marine Science, 2019, 6: 347.

[54] ETTER P C. Underwater acoustic modeling and simulation[M]. Abingdon: Taylor & Francis, 2003.

[55] BURGES C. A tutorial on support vector machines for pattern recognition[J]. Data Mining and Knowledge Discovery, 1998, 2: 121-167.

[56] FAN R E, CHANG K W, HSIEH C J, et al. Liblinear: a library for large linear classification[J]. Journal of Machine Learning Research, 2008, 9(9): 1871-1874.

[57] GUNN S R. Support vector machines for classification and regression[R]. 1998.

[58] 杨志民，刘广利. 不确定性支持向量机原理及应用[M]. 北京：科学出版社, 2007.

[59] VERGIN R, O’SHAUGHNESSY D, FARHAT A. Generalized mel frequency cepstral coefficients for large-vocabulary speaker-independent continuous-speech recognition[J]. IEEE Transactions on Speech and Audio Processing, 1999, 7(5): 525-532.

[60] LI W, ZHOU S L, WILLETT P, et al. Preamble detection for underwater acoustic communications based on sparse channel identification[J]. IEEE Journal of Oceanic Engineering, 2019, 44(1): 256-268.

[61] MITRA V, WANG C J, BANERJEE S. Lidar detection of underwater objects using a neuro-SVM-based architecture[J]. IEEE Transactions on Neural Networks, 2006, 17(3): 717-731.

[62] GIRSHICK R, DONAHUE J, DARRELL T, et al. Rich feature hierarchies for accurate object detection and semantic segmentation[C]//Proceedings of 2014 IEEE Conference on Computer Vision and Pattern Recognition. Piscataway: IEEE Press, 2014: 580-587.

[63] SIMONYAN K, ZISSERMAN A. Very deep convolutional networks for large-scale image recognition[C]//Proceedings of International Conference on Learning Representations. San Diego: ICLR, 2015: 1-14.

[64] ZHANG L L, WANG D Z, BAO C C, et al. Large-scale whale-call classification by transfer learning on multi-scale waveforms and time-frequency features[J]. Applied Sciences, 2019, 9(5): 1020.

[65] ZHONG M, CASTELLOTE M, DODHIA R, et al. Beluga whale acoustic signal classification using deep learning neural network models[J]. The Journal of the Acoustical Society of America, 2020, 147(3): 1834.

[66] KIRSEBOM O S, FRAZAO F, SIMARD Y, et al. Performance of a deep neural network at detecting North Atlantic right whale upcalls[J]. The Journal of the Acoustical Society of America, 2020, 147(4): 2636.

[67] SHIU Y, PALMER K J, ROCH M A, et al. Deep neural networks for automated detection of marine mammal species[J]. Scientific Reports, 2020, 10: 607.

[68] LONG J, SHELHAMER E, DARRELL T. Fully convolutional networks for semantic segmentation[C]//Proceedings of 2015 IEEE Conference on Computer Vision and Pattern Recognition. Piscataway: IEEE Press, 2015: 3431-3440.

[69] GIRSHICK R. Fast R-CNN[C]//Proceedings of 2015 IEEE International Conference on Computer Vision. Piscataway: IEEE Press, 2015: 1440-1448.

[70] LI J N, LIANG X D, SHEN S M, et al. Scale-aware Fast R-CNN for pedestrian detection[J]. IEEE Transactions on Multimedia, 2018, 20(4): 985-996.

[71] REN S Q, HE K M, GIRSHICK R, et al. Faster R-CNN: towards real-time object detection with region proposal networks[J]. IEEE Transactions on Pattern Analysis and Machine Intelligence, 2017, 39(6): 1137-1149.

[72] LIU W, ANGUELOV D, ERHAN D, et al. SSD: single shot multibox detector[C]//Proceedings of European Conference on Computer Vision. England: Springer, 2016: 21-37.

[73] MOHAMED A R, DAHL G E, HINTON G. Acoustic modeling using deep belief networks[J]. IEEE Transactions on Audio, Speech, and Language Processing, 2012, 20(1): 14-22.

[74] SARIKAYA R, HINTON G E, DEORAS A. Application of deep belief networks for natural language understanding[J]. IEEE/ACM Transactions on Audio, Speech, and Language Processing, 2014, 22(4): 778-784.

[75] SHUANG K, LI R, GU M Y, et al. Major-minor long short-term memory for word-level language model[J]. IEEE Transactions on Neural Networks and Learning Systems, 2020, 31(10): 3932-3946.

[76] BAHREINI K, NADOLSKI R, WESTERA W. Data fusion for real-time multimodal emotion recognition through webcams and microphones in E-learning[J]. International Journal of Human-Computer Interaction, 2016, 32(5): 415-430.

[77] MA G, YANG X, ZHANG B, et al. Multi-feature fusion deep networks[J]. Neurocomputing, 2016, 218: 164-171.

[78] XIE J, ZHU M Y. Handcrafted features and late fusion with deep learning for bird sound classification[J]. Ecological Informatics, 2019, 52: 74-81.

[79] ABDI A, SHAMSUDDIN S M, HASAN S, et al. Deep learning-based sentiment classification of evaluative text based on Multi-feature fusion[J]. Information Processing & Management, 2019, 56(4): 1245-1259.

[80] KILGOUR K, WAIBEL A. Multifeature modular deep neural network acoustic models[C]//Proceedings of the 12th International Workshop on Spoken Language Translation (IWSLT). Vietnam: IWSLT, 2015: 1-8.

第5章 水声目标定位技术

5.1 水声目标定位基础理论

水声目标定位技术在水声探测技术中扮演着极其重要的角色，这是目标定位的作用所决定的，因为在观察目标时首先必须弄清目标的存在及位置等情况，所以对水声目标定位技术的研究具有重要意义，它是水声技术中的一个重要而且基本的问题。然而，海洋环境的复杂性导致水下定位相对于地面无线定位面临更加巨大的困难和挑战。水下定位与地面无线定位的主要区别在于探测信号的类型，一般来说在水下使用的传输信号是声信号，因为电磁波只能以非常低的频率（30～300Hz）在海水中远距离传播，而这种低频率的无线电信号需要更长的天线和更高的传输功率。相反，在水下声信号的传输中，声信号衰减较小，可以支持较长的传输距离，但海水中的声信号也会因为低速（约 1500m/s）产生较大的传播时延。同时，水声信道的带宽有限，且由于水面、水底等原因造成的信号反射、折射会导致多径、信道衰落、噪声干扰、多普勒频移等，这些因素无疑会导致信道高的误码率。且一般来说，定位系统通过传感器阵列实现目标定位，但是在水下，水声传感器节点不可避免地会受到洋流、温度、盐度和不可控运动等环境因素的影响，从而导致传感器节点运动，这对定位的精度造成了很大的影响。针对该情况，比较经典的方法有基于测距的定位方法：基于 TOA、DOA、AOA、TDOA、往返传播时间（Roundtrip-Time-of-Flight，RTOF）、RSS 这 6 种定位方法。

5.1.1 TOA 技术

在目标定位研究领域，TOA 技术通过测量信号在节点间的传输时间估计锚节点与待定位节点之间的距离。基于 TOA 算法的节点定位示意图如图 5-1 所示。

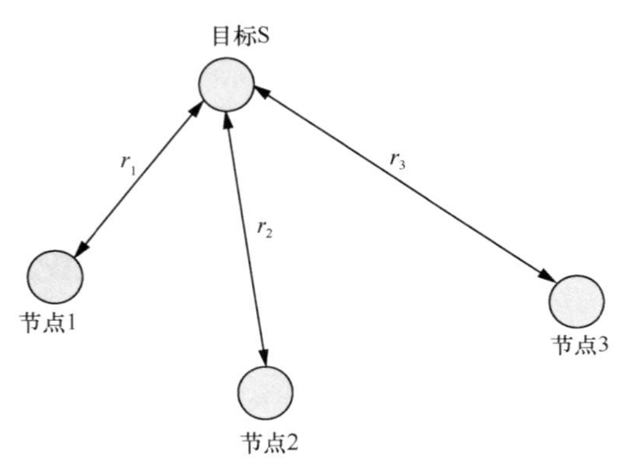

图 5-1　基于 TOA 算法的节点定位示意图

图 5-1 中，每个节点为主动节点，具有发射和接收信号的能力，S 为目标位置，$r_i(i=1,\cdots,N)$ 为目标到节点 i 的距离。TOA 算法由节点发射信号，经目标反射后由节点接收信号，根据发射信号和接收信号之间的传播时间，计算出信号的传播距离，即目标到节点的距离，利用这些距离信息可以进行定位。假设 N 个节点的位置为 $(x_i,y_i)(i=1,\cdots,N)$，目标位置为 (x,y)，则观测节点到目标的距离为：

$$r_i=\sqrt{(x-x_i)^2+(y-y_i)^2}\ ,\ i=1,\cdots,N \tag{5-1}$$

其中，r_i 为目标到第 i 个节点的距离。节点与目标之间的距离可以通过式（5-2）计算得到。

$$r_i=\frac{\tau_i}{2}c\ ,\ i=1,\cdots,N \tag{5-2}$$

其中，c 为水中声速，τ_i 为第 i 个节点接收信号与发射信号之间的时延。将式（5-1）整理得到：

$$x(x_1-x_i)+y(y_1-y_i)=\frac{1}{2}(r_i^{\,2}-r_1^{\,2}+x_1^{\,2}-x_i^{\,2}+y_1^{\,2}-y_i^{\,2}),\ i=2,\cdots,N \tag{5-3}$$

令：

$$\boldsymbol{A}=\begin{pmatrix} x_1-x_2 & y_1-y_2 \\ \vdots & \vdots \\ x_1-x_N & y_1-y_N \end{pmatrix} \tag{5-4}$$

$$\boldsymbol{X}=[x,y]^{\mathrm{T}} \tag{5-5}$$

$$\boldsymbol{F}=\frac{1}{2}\begin{bmatrix} r_2^2-r_1^2+x_1^2-x_2^2+y_1^2-y_2^2 \\ r_3^2-r_1^2+x_1^2-x_3^3+y_1^2-y_3^2 \\ \vdots \\ r_N^2-r_1^2+x_1^2-x_N^2+y_1^2-y_N^2 \end{bmatrix} \tag{5-6}$$

则式（5-3）可以写作以下矩阵形式：

$$\boldsymbol{AX}=\boldsymbol{F} \tag{5-7}$$

式（5-7）的最小二乘解即目标位置的估计值：

$$\hat{\boldsymbol{X}}=(\boldsymbol{A}^{\mathrm{T}}\boldsymbol{A})^{-1}\boldsymbol{A}^{\mathrm{T}}\boldsymbol{F} \tag{5-8}$$

则目标位置的真实值 $\boldsymbol{X}$ 和估计值 $\hat{\boldsymbol{X}}$ 之间的差值可以认为是 TOA 算法的定位误差。声波在水中的传输速度比陆地上无线电波的传输速度低 5 个数量级，所以困扰陆地上 TOA 技术的时钟同步问题在水下环境中不是很突出。尽管如此，TOA 中技术在水中应用时仍然要求节点间的时钟同步。与其他测距技术相比，TOA 中技术实现简单，而且影响其精度的因素较少，所以是目前最常用的测距技术。

5.1.2　DOA 技术

DOA 技术用方向性天线或者天线阵列来估计锚节点与待定位节点之间的相对角度。虽然 DOA 技术不直接提供锚节点与待定位节点之间的距离信息，但是通过换算和处理也可以测距定位，所以 DOA 技术是一种间接测距技术，通过测量信号的到达角度计算目标的位置。测量信号到达角度需要架设硬件设备，结合相应的角度估计算法测量 DOA。常用的传感器阵列类型有多种，其中均匀线性阵列、平面阵列、L 型阵列等使用较多，各种阵列效果不同，使用场景也不同。在搭建好硬件平台的基础上，需要角度估计算法作为支撑，其中较为常用的 DOA 算法有 Capon、多重信号分类（Multiple Signal Classification，MUSIC）算法、基于旋转不变技术估计信号参数（Estimating Signal Parameter via Rotational Invariance Techniques，ESPRIT）算法等。

Capon 算法是目前在实际应用中使用最早的角度估计算法之一，对 DOA 算法的发展起到了积极的推动作用，但是对不同的噪声和接收信号的处理的局限性使得其在实际应用过程中受到了很多制约。MUSIC 算法和 ESPRIT 算法是目前应用最广泛的角度估计算法，因其求解的结果较其他方法更为准确，受到相关科技人员的广泛关注，并以此为基础提出了许多相关的改进算法，并取得了很好的效果。

使用 DOA 算法完成定位至少需要获得不同参考节点测得的两组数据，目标所在位置即参考节点测得的方向的交点。根据实际情况在选用传感器阵列和相应的角度估计算法估计出信号从目标节点到达参考节点的角度之后，可以得到如下计算式。

$$\begin{cases} \tan\theta_1 = \dfrac{y-y_1}{x-x_1} \\ \tan\theta_2 = \dfrac{y-y_2}{x-x_2} \end{cases} \tag{5-9}$$

其中，θ_1 和 θ_2 分别表示两个不同参考节点的到达角度，(x_1, y_1) 和 (x_2, y_2) 分别为两个参考节点的坐标，(x, y) 为目标节点的坐标。根据二元方程的解法对式（5-9）求解，可以得到目标位置的表达式为：

$$\begin{cases} x = \dfrac{x_2\tan\theta_1 - x_1\tan\theta_1}{\tan\theta_2 - \tan\theta_1} \\ y = \dfrac{y_2\tan\theta_2 - y_1\tan\theta_2 + (x_2 - x_1)\tan\theta_2\tan\theta_1}{\tan\theta_2 - \tan\theta_1} \end{cases} \tag{5-10}$$

DOA 测量的定位示意图如图 5-2 所示。

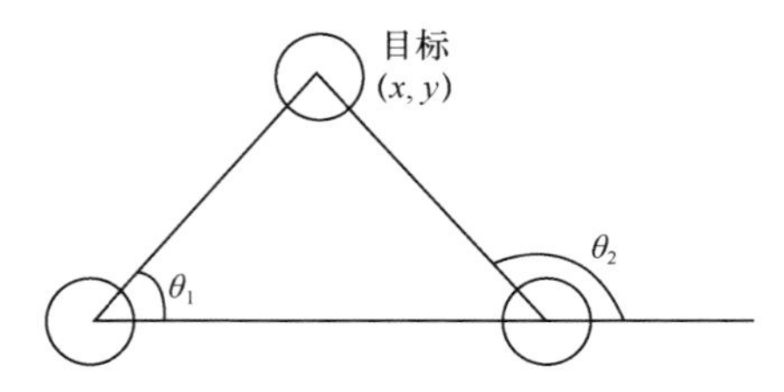

图 5-2 DOA 测量的定位示意图

5.1.3　AOA 技术

AOA 是以信号到达角度为定位参量的定位方法，也称交绘定位法、三角定位法，采用三角学的方法、利用多个测向站点的示向度计算信号发射源。AOA 通常通过一组无线信号天线阵列获得。假设一组天线阵列中几个相互独立的天线接收到来自同一个目标节点的目标信号，分析信号到达不同天线的相位差可以估算出信号的到达角度。为了得到高精度的 AOA 测量信息，需要在每个传感器节点上配置天线阵列。传感器节点最耗能的部分就是通信模块，装有天线阵列的节点的耗能、尺寸以及价格都超过普通的传感器节点，与无线传感器网络（Wireless Sensor Network，WSN）低成本和低能耗的特性相违背，所以实用性较差。在真实环境中，由于各种干扰的不确定性，研究者一般假设接收信号到达角度噪声服从正态分布。在这种假设下，应用简单的几何模型，空间中的 AOA 测量模型（包括水平角 ϕ_2 和俯仰角 α_i ）可以刻画为以下形式：

$$\phi_i = \arctan\left(\frac{x_2 - s_{i2}}{x_1 - s_{i1}}\right) + m_i, i = 1, \cdots, N \tag{5-11}$$

$$\alpha_i = \arctan\left(\frac{x_3 - s_{i3}}{\left\| x - s_i \right\|}\right) + v_i, i = 1, \cdots, N \tag{5-12}$$

其中，m_i 和 v_i 分别表示水平角测量误差和俯仰角测量误差且都服从 0 均值高斯分布，$m_i \sim N(0,\sigma_m^2)$ 且 $v_i \sim N(0,\sigma_{v_i}^2)$，3D WSN 中目标节点和第 i 个锚节点的链接示意图如图 5-3 所示，给出了无线传感器网络的三维空间中目标节点和第 i 个锚节点之间的简单几何关系。

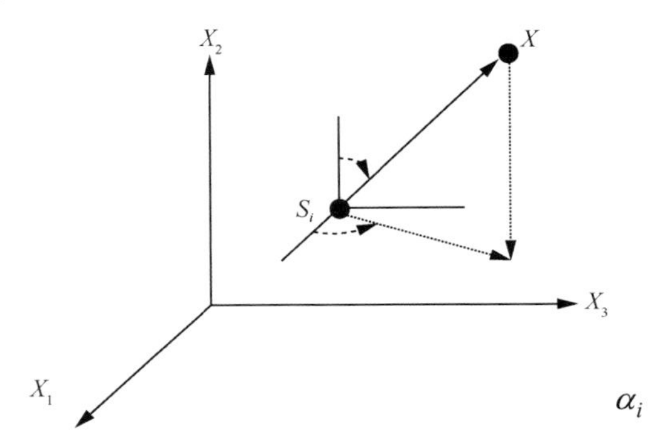

图 5-3　3D WSN 中目标节点和第 i 个锚节点的链接示意图

5.1.4 TDOA 技术

在陆地无线传感器网络中，TDOA 技术根据两种不同信号的到达时间差估计节点间的距离。具体做法是：在节点上装载两种不同的无线收/发装置，同时发送两种不同的信号（如电磁波信号和声波信号），利用这两种传输速度不同的信号的到达时间差估计节点间的距离。但除了声波，其他传输媒介不适用于水下环境，因此不能把陆上的 TDOA 技术直接用于水下环境中。鉴于上述原因，研究人员提出了一种适用于水下环境的 TDOA 技术，即通过测量不同锚节点的定位信标到达待定位节点的时间差，再乘以声波在水中的传输速度得到待定位节点与不同锚节点之间的距离差。TDOA 测量信号时间差的原理和 TOA 类似，但是 TDOA 很好地避免了 TOA 中节点时间不同步的问题[1]。一般情况下 TDOA 通过两种办法实现，第一种是获取两种不同信号到达同一目标的时间差，第二种是获取同一种信号到达两个不同参考节点的时间差。

对于第一种方法，信号发射端在不同的时刻发出两种传播速度不同的信号，如电磁波和超声波，在接收端同样也会在不同时刻接收到两种信号。所以这种方法需要更复杂的硬件设施、更多的能量供给来检测不同的传输信号。电磁波传播速度快，故在接收端率先到达。超声波在信道中传输需要更长时间，所以两信号在不同的时间到达接收端，由此发射端和接收端的距离可以计算为：

$$\text{Dist} = ((T_3 - T_1) - (T_2 - T_0)) \times \left(\frac{V_{\text{rf}} - V_{\text{us}}}{V_{\text{rf}} \times V_{\text{us}}} \right) \tag{5-13}$$

其中，Dist 为发射端和接收端之间的距离，T_0 和 T_1 分别为电磁波发射与接收时的时间，T_2 和 T_3 分别为超声波发射与接收时的时间，V_{rf} 和 V_{us} 分别为电磁波和超声波的传播速度。基于 TDOA 的定位示意图如图 5-4 所示。

第二种方法不需要传输不同种类的信号，只需要测得同一个信号到达两个不同的参考节点的时间差即可估计目标所在的位置，这在一定程度上降低了硬件成本。其基本原理为：首先估计发射端到不同接收端的时间差，根据不同的时间差得到不同的距离数据；分别取两个基站所在位置为焦点位置，利用距离信息画出对应的双曲线图形，双曲线的某一分支的交点即待定位节点的位置。TDOA 测量方法的几何示意图如图 5-5 所示。

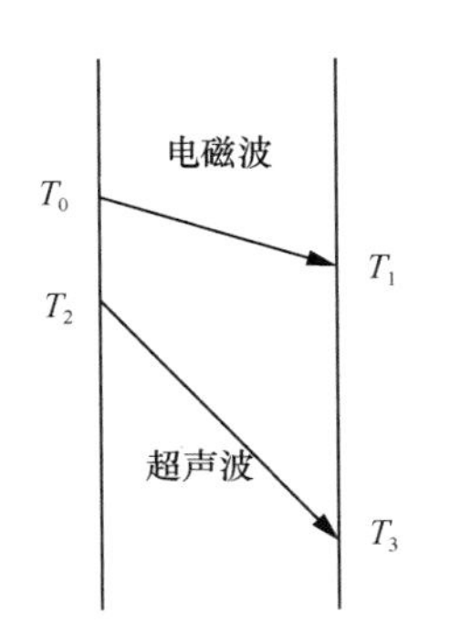

图 5-4　基于 TDOA 的定位示意图

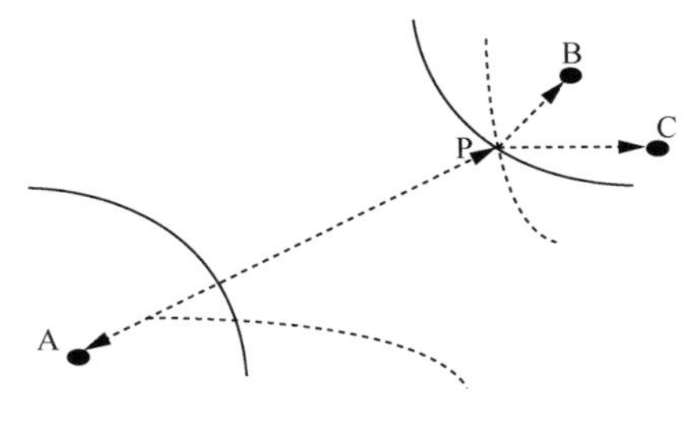

图 5-5　TDOA 测量方法的几何示意图

用 (x, y) 表示目标节点的位置，(x_i, y_i) 和 (x_j, y_j) 分别表示两个参考节点的位置，则双曲线的数学表达式为：

$$r_{ij} = \sqrt{(x_i - x)^2 + (y_i - y)^2} - \sqrt{(x_j - x)^2 + (y_j - y)^2} \tag{5-14}$$

其中，r_{ij} 为目标节点和参考节点之间的距离差。在求解过程中，平方项的存在导致出现非线性的问题，故式（5-14）处理方式和 TOA 相同，进行泰勒展开转化成线性方程组再求解。TDOA 和 TOA 以精度和消耗能量相互转换来满足不同的定位要求。

TDOA 技术测量的是信号的到达时间差，并不是绝对的传播时间，因此不要求锚节点和待定位节点之间保持严格的时间同步。但是值得注意的是，使用 TDOA 技术时必须满足两个关键假设，即在测量传输时间差的过程中待定位节点保持静止、锚节点与待定位节点之间的时钟偏差固定不变[2]。然而，在实际情况中，这两个假设通常无法得到满足，所以如何解决上述问题，是 TDOA 技术的难点。

5.1.5　RTOF 技术

RTOF 技术是根据信号的往返时间、节点的处理时间估计锚节点与待定位节点之间的距离，基于 RTOF 的定位示意图如图 5-6 所示。假设待定位节点发射信号的时刻为 T_1，信号到达锚节点的时刻为 T_2，锚节点回复信号的时刻为 T_3，回复信号到达待定位节点的时刻为 T_4，则可以根据式（5-15）估算出待定位节点和锚节点间的距离。

$$d=\frac{\left[(T_4-T_1)-(T_3-T_2)\right]\cdot c}{2} \tag{5-15}$$

其中，c 是声波在水中的传播速度，通常取 1500m/s。

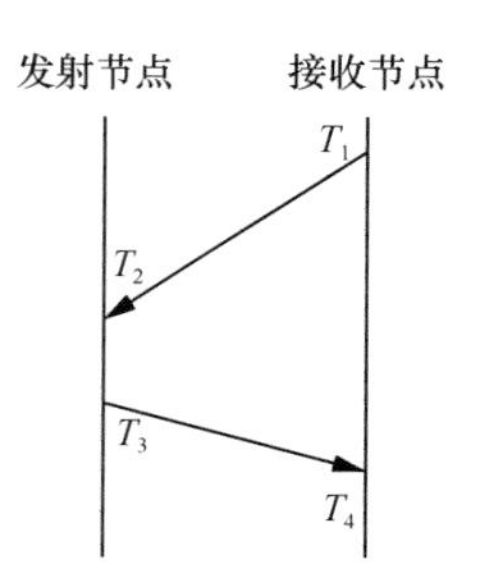

图 5-6　基于 RTOF 的定位示意图

5.1.6　RSS 技术

RSS 通过测量信号的强度测量信号传播距离，信号在传播过程中会根据距离的增加而不断衰减，所以信号的强弱间接地反映了距离的远近，具体表现为：接收到的信号强度越弱，信号传输距离越长；接收到的信号越强，则信号传输距离越短。对于能量的测量，大部分的无线模块已经提供了能量测量功能，不需要额外的硬件设备对此进行硬件支持,所以这种算法消耗能量较低。能量的衰减模型可以利用 Friis 公式表示：

$$\mathrm{PL}(d)=\mathrm{PL}(d_0)-10n\lg\left(\frac{d}{d_0}\right)+\eta \tag{5-16}$$

其中，$\mathrm{PL}(d)$ 是距信号发射端 d 距离处的接收功率；$\mathrm{PL}(d_0)$ 为距信号发射端距离 d_0 的接收功率；n 为路径损失指数，其随距离的增大而不断增大；η 为遮蔽因子，会随着环境的变化而变化。当 n 和 η 都已知时，计算接收功率即可转化为距离的参数，达到估计目标位置的目的。

在实际应用过程中，信号的强度不仅与信号传播距离有关系，还受环境中的噪声、多径等各方面因素的影响，所以基于能量强度的测量方法在实际中精度较低，上述能量衰减模型并不能直接使用，而且在距离较近时，Frris 公式是失效的，故不能使用该能量衰减模型进行测量。RSS 测量的定位原理示意图如图 5-7 所示。

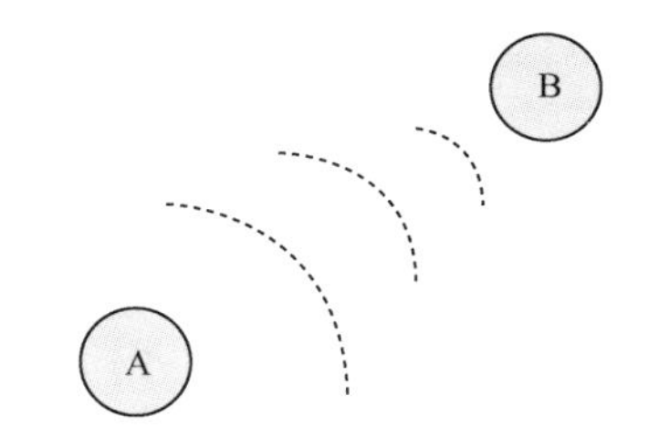

图 5-7　RSS 测量的定位原理示意图

5.2　水下移动传感器节点定位方法

对于水下无线传感器网络（Underwater Wireless Sensor Network，UWSN）而言，节点的位置信息是至关重要的，是实现战场侦察、环境监测、水下导航、目标识别等应用的前提，因此研究 UWSN 节点定位问题具有十分重要的意义。

UWSN 是一种由部署到指定海域中的各类水下传感器节点组成的自组织网络。对于自组织网络而言，体系结构对网络的性能有着决定性的作用。在设计 UWSN 前，应根据应用需求和实际海域环境，慎重选择 UWSN 的体系结构类型。根据体系结构的不同，可以把 UWSN 分成 3 类，分别是二维静态 UWSN、三维静态 UWSN 和三维动态 UWSN[3-4]。

5.2.1　二维静态水下无线传感器网络

二维静态 UWSN 由海面浮标和水下传感器节点共同组成。在二维静态 UWSN 中，水下传感器节点被部署于海底并以聚簇的形式分布。一个聚簇包含一个锚节点和若干个普通节点。通常来说，锚节点具有较强的计算能力和较长的通信距离，可以直接与海面浮标进行垂直长距离通信，以及与周围的水下传感器节点进行单跳或多跳通信。与锚节点相比，普通节点的计算能力则较弱，而且只能与邻近的水下传感器节点进行单跳或多跳通信。海面浮标是二维静态 UWSN 的重要组成部分，是连接水下传感器节点和陆地基站的桥梁。海面浮标同时装备了无线电信号收发器和水声信号收发器，可以将水下传感器节点采集到的数据转发给陆地基站。二维静态UWSN示意图如图5-8所示。

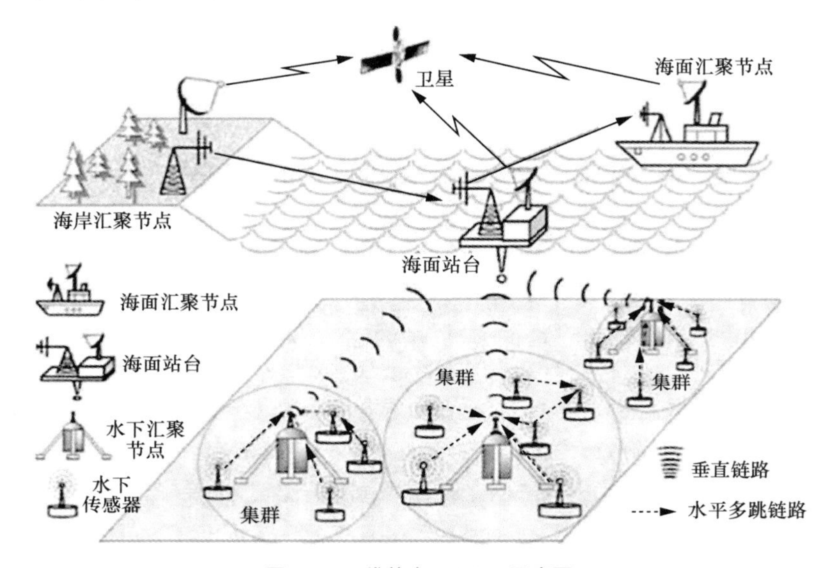

图5-8　二维静态UWSN 示意图

二维静态UWSN的部署环境较为稳定,所以不需要经常更新水下传感器节点的相关配置，而且对传感器节点定位时也不需要考虑节点的移动性。但也正因为节点是固定的，二维静态UWSN可以监测的范围十分有限，无法对大规模水下区域进行监测。而且声波在水中传输时，传播损耗会随着传播距离的增大而增大，因此二维静态UWSN需要消耗很高的能量发送数据。

5.2.2　三维静态水下无线传感器网络

对于海洋立体环境监测（如海洋生物观测、洋流观测等），通常需要采用三维静态UWSN。在三维静态UWSN中，带气囊的水下传感器节点通过与锚定在海底的锚链连接而悬浮在一定的海域内。水下传感器节点的深度由锚链长度控制，所以可以控制锚链长度，使水下传感器节点悬浮于被监测区域不同深度的位置，从而实现二维静态 UWSN 无法实现的水下三维立体监测。在三维静态 UWSN 中，节点可以分簇，也可以不分簇；节点间的通信可以是多跳也可以是单跳；节点间的通信链路可以是垂直的也可以是水平的。三维静态 UWSN 示意图如图 5-9 所示。

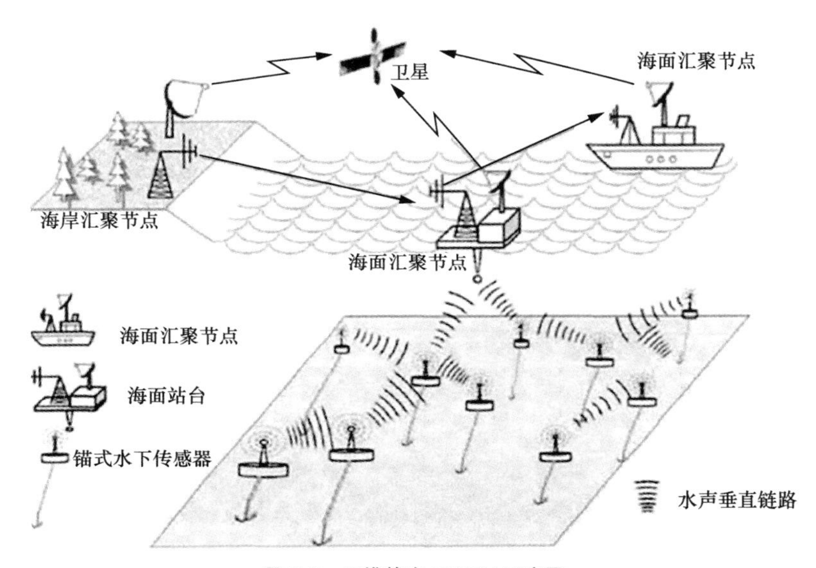

图 5-9　三维静态 UWSN 示意图

三维静态 UWSN 的优点在于节点所处深度可自由调节，当网络部署于浅水区域时，可以周期性地把节点升到水面以补充节点能量；缺点是网络的部署环境不稳定，需要经常更新节点的相关配置，而且对 UWSN 节点定位时需要考虑节点的移动性。

5.2.3　三维动态水下无线传感器网络

将上述二维和三维静态 UWSN 结合，并引入自治式潜水器（Autonomous Underwater Vehicle，AUV）作为数据中继站，即可形成三维动态 UWSN，三维动态 UWSN 示意图如图 5-10 所示。在三维动态 UWSN 中，固定在海底或悬浮在海中的水下传感器节点将采集到的数据发送给邻近的 AUV，AUV 再将收到的数据转发给海面浮标。AUV 能量充足、电池更换较为简便，所以三维动态 UWSN 相比于其他两种 UWSN 具有更强的安全性和鲁棒性。此外，AUV 可以长时间在水下巡航，活动范围较为广阔，因而三维动态 UWSN 的监测区域也较大。但是与此同时，AUV 的使用也为 UWSN 的研究带来了很多挑战，如对水下传感器节点定位时，需要考虑节点移动所带来的影响；节点的配置信息需要经常更新，导致能耗较大等。

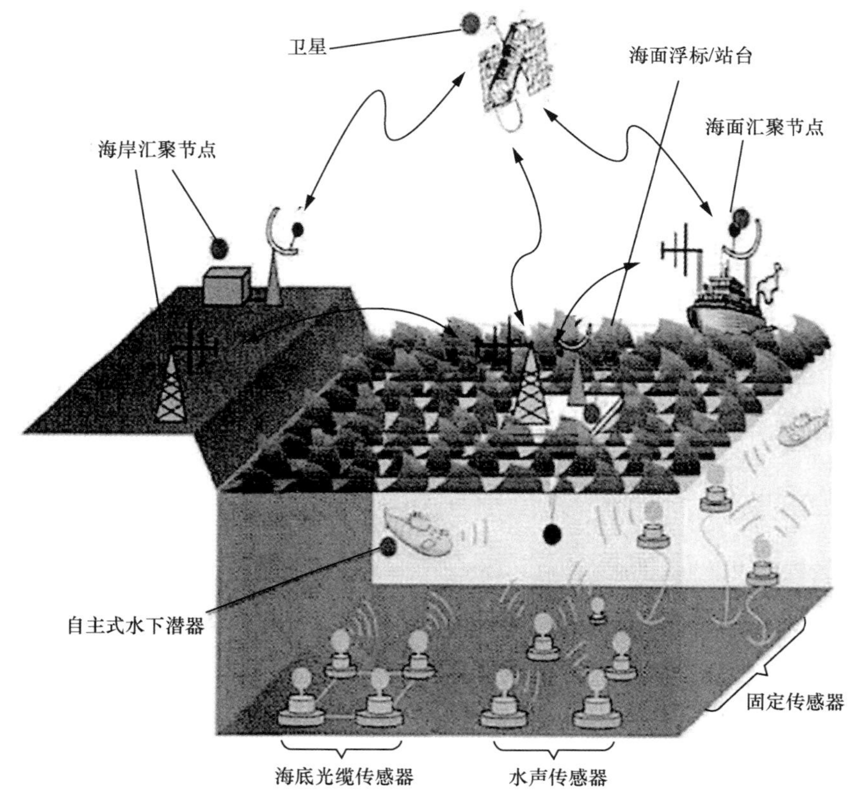

图 5-10　三维动态 UWSN 示意图

总的来说，三维动态 UWSN 相比于其他两种 UWSN 具有更高的可扩展性和适用性，是目前最常用的 UWSN，也是后续研究所采用的 UWSN。

5.2.4　水下无线传感器网络节点定位相关技术

根据定位过程中是否用到测距技术可以把 UWSN 节点定位方法分为基于测距

的定位方法和基于非测距的定位方法。基于非测距的定位方法是根据网络的连通性、节点间的跳数、接收信号的能量等级等对待定位节点进行定位。这类定位方法的性能高度依赖于网络中节点的密度、锚节点使用的比例和网络的拓扑结构，只能提供“粗精度”的定位。在基于测距的定位方法中，待定位节点首先利用测距技术估计出它和锚节点之间的距离或角度，然后通过合适的节点位置估计法处理这些距离或角度估计值，从而实现自身的定位。基于测距的定位方法要使用额外的设备估计节点间的距离或角度，所以它的计算量、通信开销、能耗相比于基于非测距的定位方法要大很多，但是它能够提供很高的定位精度，是目前最常用的 UWSN 节点定位方法。下面对基于测距的定位方法进行介绍。

当待定位节点获得距离或角度估计值后，就可以利用合适的节点位置估计法估算出自身的位置。常用的节点位置估计法有多边定位法、多角定位法、双曲线定位法等。

（1）多边定位法

假设参与定位的锚节点的位置为 (x,y,z)，N（$N\geqslant 4$）个参与定位的锚节点的位置分别为 $(x_1,y_1,z_1),(x_2,y_2,z_2),\cdots,(x_N,y_N,z_N)$，它们与待定位节点之间的距离分别为 $d_1,d_2,\cdots,d_N$，则可以得到如下表达式。

$$\begin{cases}(x_1-x)^2+(y_1-y)^2+(z_1-z)^2=d_1^2\\(x_2-x)^2+(y_2-y)^2+(z_2-z)^2=d_2^2\\\qquad\vdots\\(x_N-x)^2+(y_N-y)^2+(z_N-z)^2=d_N^2\end{cases}\tag{5-17}$$

目前有很多算法可以用于求解式（5-17），如最大似然法、最小二乘法、加权最小二乘法等。下面以最小二乘法为例，求解式（5-17）。

将式（5-17）中的前 $N-1$ 个方程分别减去第 N 个方程，并写成矩阵形式，则有：

$$\boldsymbol{A}_1\boldsymbol{X}_1=\boldsymbol{b}_1\tag{5-18}$$

其中：

$$\boldsymbol{A}_1=\begin{bmatrix}2(x_1-x_N) & 2(y_1-y_N) & 2(z_1-z_N)\\2(x_2-x_N) & 2(y_2-y_N) & 2(z_2-z_N)\\\vdots & \vdots & \vdots\\2(x_{N-1}-x_N) & 2(y_{N-1}-y_N) & 2(z_{N-1}-z_N)\end{bmatrix}\tag{5-19}$$

$$\boldsymbol{b}_1=\begin{bmatrix} x_1^2-x_N^2+y_1^2-y_N^2+z_1^2-z_N^2-d_1^2+d_N^2 \\ x_2^2-x_N^2+y_2^2-y_N^2+z_2^2-z_N^2-d_2^2+d_N^2 \\ \vdots \\ x_{N-1}^2-x_N^2+y_{N-1}^2-y_N^2+z_{N-1}^2-z_N^2-d_{N-1}^2+d_N^2 \end{bmatrix} \tag{5-20}$$

$$\boldsymbol{X}_1=\begin{bmatrix} x \\ y \\ z \end{bmatrix} \tag{5-21}$$

然后使用最小二乘法求解式（5-18），可得待定位节点的位置：

$$\boldsymbol{X}_1=(\boldsymbol{A}_1^{\mathrm{T}}\boldsymbol{A}_1)^{-1}\boldsymbol{A}_1^{\mathrm{T}}\boldsymbol{b}_1 \tag{5-22}$$

（2）多角定位法

假设待定位节点的位置为 (x,y,z)，在待定位节点的通信范围内存在 N（$N\geqslant2$）个锚节点，它们的位置为 $(x_n,y_n,z_n)(n=1,2,\cdots,N)$。待定位节点可以通过 DOA 技术获得 N 组到达角，即方位角和俯仰角 $(\beta_n,\alpha_n)(n=1,2,\cdots,N)$。由三角公式可得：

$$\begin{cases} \tan\beta_n=\dfrac{y_n-y}{x_n-y} \\ \tan\alpha_n=\dfrac{(z_n-z)\sin\beta_n}{y_n-y} \end{cases},n=1,2,\cdots,N \tag{5-23}$$

同样，求解式（5-23）的算法很多，如最大似然法、最小二乘法、加权最小二乘法等。下面以最小二乘法为例，求解式（5-23）。

对式（5-23）做数学推导可以得到式（5-24）。

$$\begin{cases} y\cos\beta_n-x\sin\beta_n-x_n\sin\beta_n \\ z\cos\alpha_n\sin\beta_n-y\sin\alpha_n=z_n\cos\alpha_n\sin\beta_n \end{cases},n=1,2,\cdots,N \tag{5-24}$$

式（5-24）可以写成矩阵的形式：

$$\boldsymbol{A}_2\boldsymbol{X}_2=\boldsymbol{b}_2 \tag{5-25}$$

其中：

$$A_2 = \begin{bmatrix} -\sin\beta_1 & \cos\beta_1 & 0 \\ \vdots & \vdots & \vdots \\ -\sin\beta_n & \cos\beta_n & 0 \\ 0 & \sin\alpha_1 & \cos\alpha_1\sin\beta_1 \\ \vdots & \vdots & \vdots \\ 0 & \sin\alpha_N & \cos\alpha_N\sin\beta_N \end{bmatrix} \tag{5-26}$$

$$b_2 = \begin{bmatrix} y_1\cos\beta_1 - x_1\sin\beta_1 \\ \vdots \\ y_N\cos\beta_N - x_N\sin\beta_N \\ z_1\cos\alpha_1\sin\beta_1 - y_1\sin\alpha_1 \\ \vdots \\ z_N\cos\alpha_N\sin\beta_N - y_N\sin\alpha_N \end{bmatrix} \tag{5-27}$$

$$X_2 = \begin{bmatrix} x \\ y \\ z \end{bmatrix} \tag{5-28}$$

然后使用最小二乘法求解式（5-24），可得待定位节点的位置：

$$X_2 = (A_2^{\mathrm{T}} A_2)^{-1} A_2^{\mathrm{T}} b_2 \tag{5-29}$$

（3）双曲线定位法

假设待定位节点的位置为 (x,y,z)，N（$N\geqslant4$）个参与定位的锚节点的位置分别为$(x_1,y_1,z_1),(x_2,y_2,z_2),\cdots,(x_N,y_N,z_N)$，第 1 个参考锚节点到待定位节点的距离与其他参考锚节点到待定位节点的距离之差分别为 $d_{1,2},d_{1,3},\cdots,d_{1,N}$，则有如下表达式。

$$\begin{cases} \sqrt{(x_1-x)^2+(y_1-y)^2+(z_1-z)^2} - \sqrt{(x_2-x)^2+(y_2-y)^2+(z_2-z)^2} = d_{1,2} \\ \sqrt{(x_1-x)^2+(y_1-y)^2+(z_1-z)^2} - \sqrt{(x_3-x)^2+(y_3-y)^2+(z_3-z)^2} = d_{1,3} \\ \vdots \\ \sqrt{(x_1-x)^2+(y_1-y)^2+(z_1-z)^2} - \sqrt{(x_N-x)^2+(y_N-y)^2+(z_N-z)^2} = d_{1,N} \end{cases} \tag{5-30}$$

下面以最小二乘法为例，求解式（5-30）。令：

$$d_1 = \sqrt{(x_1-x)^2+(y_1-y)^2+(z_1-z)^2} \tag{5-31}$$

并进行数学推导，可得：

$$\begin{cases} 2(x_2-x_1)x+2(y_2-y_1)y+2(z_2-z_1)z-2d_{1,2}d_1=x_2^2+y_2^2+z_2^2-x_1^2-y_1^2-z_1^2-d_{1,2}^2 \\ 2(x_3-x_1)x+2(y_3-y_1)y+2(z_3-z_1)z-2d_{1,3}d_1=x_3^2+y_3^2+z_3^2-x_1^2-y_1^2-z_1^2-d_{1,2}^2 \\ \vdots \\ 2(x_N-x_1)x+2(y_N-y_1)y+2(z_N-z_1)z-2d_{1,N}d_1=x_N^2+y_N^2+z_N^2-x_1^2-y_1^2-z_1^2-d_{1,2}^2 \end{cases} \tag{5-32}$$

写成矩阵的形式，则有：

$$\boldsymbol{A}_3\boldsymbol{X}_3=\boldsymbol{b}_3 \tag{5-33}$$

其中：

$$\boldsymbol{A}_3=\begin{bmatrix} 2(x_2-x_1) & 2(y_2-y_1) & 2(z_2-z_1) & 2d_{1,2} \\ 2(x_3-x_1) & 2(y_3-y_1) & 2(z_3-z_1) & 2d_{1,3} \\ \vdots & \vdots & \vdots & \vdots \\ 2(x_N-x_1) & 2(y_N-y_1) & 2(z_N-z_1) & 2d_{1,N} \end{bmatrix} \tag{5-34}$$

$$\boldsymbol{b}_3=\begin{bmatrix} x_2^2+y_2^2+z_2^2-x_1^2-y_1^2-z_1^2-d_{1,2}^2 \\ x_3^2+y_3^2+z_3^2-x_1^2-y_1^2-z_1^2-d_{1,2}^2 \\ \vdots \\ x_N^2+y_N^2+z_N^2-x_1^2-y_1^2-z_1^2-d_{1,2}^2 \end{bmatrix} \tag{5-35}$$

$$\boldsymbol{X}_3=\begin{bmatrix} x \\ y \\ z \\ d_1 \end{bmatrix} \tag{5-36}$$

然后使用最小二乘法求解式（5-33），可得 $\boldsymbol{X}_3$ 的估计值：

$$\boldsymbol{X}_4=\left(\boldsymbol{A}_4^{\mathrm{T}}\boldsymbol{A}_4\right)^{-1}\boldsymbol{A}_4^{\mathrm{T}}\boldsymbol{b}_4 \tag{5-37}$$

由于 $d_1=\sqrt{(x_1-x)^2+(y_1-y)^2+(z_1-z)^2}$，可以结合式（5-37）再次构成矩阵表达式：

$$\boldsymbol{A}_4\boldsymbol{X}_4=\boldsymbol{b}_4 \tag{5-38}$$

其中：

$$\boldsymbol{A}_4=\begin{bmatrix} 1 & 0 & 0 \\ 0 & 1 & 0 \\ 0 & 0 & 1 \\ 1 & 1 & 1 \end{bmatrix} \tag{5-39}$$

$$\boldsymbol{b}_4 = \begin{bmatrix} (x_1 - X_3(1))^2 \\ (y_1 - X_3(2))^2 \\ (z_1 - X_3(3))^2 \\ X_3(4)^2 \end{bmatrix} \tag{5-40}$$

$$\boldsymbol{X}_4 = \begin{bmatrix} (x_1 - x)^2 \\ (y_1 - y)^2 \\ (z_1 - z)^2 \end{bmatrix} \tag{5-41}$$

使用最小二乘法求解式（5-38），可得 $\boldsymbol{X}_4$ 的估计值：

$$\boldsymbol{X}_4 = \left(\boldsymbol{A}_4^{\mathrm{T}} \boldsymbol{A}_4\right)^{-1} \boldsymbol{A}_4^{\mathrm{T}} \boldsymbol{b}_4 \tag{5-42}$$

因此，最终的估计结果 $\boldsymbol{X}_5 = [x, y, z]^{\mathrm{T}}$ 为：

$$\boldsymbol{X}_5 = \sqrt{\boldsymbol{X}_4} + \begin{bmatrix} x_1 \\ y_1 \\ z_1 \end{bmatrix} \tag{5-43}$$

或：

$$\boldsymbol{X}_5 = -\sqrt{\boldsymbol{X}_4} + \begin{bmatrix} x_1 \\ y_1 \\ z_1 \end{bmatrix} \tag{5-44}$$

目前的 UWSN 节点定位方法大多是针对静态环境设计的，即假设水下传感器节点在定位过程中是静止的。然而，在实际复杂多变的海洋环境中，水下传感器节点常常出现移动现象。针对静态环境设计的定位方法通常难以适应水下移动节点间的精确定位，导致水下传感器节点在应用过程中失效。因此，如何设计合适的水下定位方法是 UWSN 领域亟待解决的难点之一。Chen 等[5]提出了一种基于 TDOA 技术的 UPS 静默定位方法。在该方法中，待定位节点通过监听锚节点发送的定位信标估计自身的位置。当该方法用于移动节点定位时，为了达到精确的定位效果，需要待定位节点与锚节点频繁通信[6]，这对于 UWSN 的能耗是一个极大的挑战。Corke 等[7]利用航位推算法估计待定位节点的运动轨迹。该方法虽然能有效降低待定位节点与锚节点之间的通信频率，但是存在位置估计误差随时间不断积累的问题。Erol 等[8]通过使待定位节点周期性地浮出水面并借助 GPS 校正自己的位置消除误差累积。然而，待定位节点通常工作于水下且不具备 GPS 通信能力。其余的 UWSN 移动节点定位方法大多采用固定运动模型描述待定位节点的运动，难以反映节点的真实运动情况，存在一定的局限性。针对 UWSN 移动节点定位问题，目前提出了两种定位方法。第一种方法是在待定位节点与锚节点之间的水平角、俯仰角、距离、多普勒频移测量已知的基础上，结合待定位节点的速度将定位周期内不同时刻的测量值转换为定位周期初始时刻的测量值，然后运用最大似然算法估计出待定位节点在定位周期初始时刻的位置，最后计算出待定位节点在任一时刻的位置。第二种方法是对第一种方法的改进。首先运用向量空间微分变换原理对现有的最大似然函数进行改进，然后再运用该似然函数处理测量值，最终估计出待定位节点的运动轨迹。通常将第一种方法称为间接最大似然定位方法，第二种方法称为直接最大似然定位方法。与传统 UWSN 节点定位方法相比，这两种定位方法无须假设待定位节点静止，因此能够适用于水下移动节点间的精确定位。

5.3 水下移动目标自定位方法

主动发送定位请求的基线定位技术主要依据测量信号的传播时延及到达波达角实现水下移动目标的自定位。然而，此类方法对于水下移动目标而言功耗较大，且隐蔽性不高。相比之下，基于对接收到的水声信号强度的定位技术可实现低功耗、高隐蔽性的需求，且定位响应快。

由此，本节将以水声信号强度衰减的测距模型，实现对水下移动目标位置的实时估计。本节主要推导基于改进粒子滤波算法与水声信号强度衰减（Improved Particle Filter - Received Signal Strength，IPF-RSS）的目标定位算法，并在 IPF-RSS 的基础上结合捷联惯性导航系统（Strapdown Inertial Navigation System，SINS）推算算法推导出结合加权最小二乘法与改进粒子滤波（Weighted Least Squares-Improved Particle Filtering，WLS-IPF）算法的目标定位算法。

5.3.1 水下移动目标定位模型及粒子滤波原理

处理水下移动目标定位问题时，移动目标的状态转移方程或定位系统的量测方程均为非线性方程，因此，在求解移动目标位置时较少通过直接测量与目标间的距离，进行几何位置解算。特别地，对于基于水声接收信号强度（Received Signal Strength，RSS）等测距精度较低的定位系统，直接进行几何解算通常无法获得较为理想的计算结果，而较多的是结合贝叶斯概率理论进行概率计算进而得到位置估计结果。接下来先对水下移动目标的定位问题进行简单的描述，紧接着对粒子滤波的基本原理进行相应的推导介绍。

（1）水下移动目标定位模型

为保证发射功率较为稳定，不影响估计效果。在基于水声信号强度损失的水声移动目标定位系统中，将水听器放置于无人水下航行器（水下移动目标）上，而在信标点处放置换能器发射水声目标定位信号。这样一来换能器的供电较为稳定，并且水听器只是做接收，其功耗也将大大减小。在所设计的定位系统中，接收器只做接收，发送器只发送定位信号，即接收端无须应答，因此提高了其隐蔽性。

水下移动目标定位示意图如图 5-11 所示，在当前水域环境下建立直角坐标系，移动目标即水下移动目标与用于发射水声目标定位信号的换能器的距离由水声信号强度损失测距算法解算估计得到。在图 5-11 中，用于发射水声目标定位信号的换能器的位置固定且已知，且该换能器将周期性发射定位信号。而 S_k、S_{k-1}、S_{k-2} 分别代表时刻 k、$k-1$、$k-2$ 移动目标的位置。

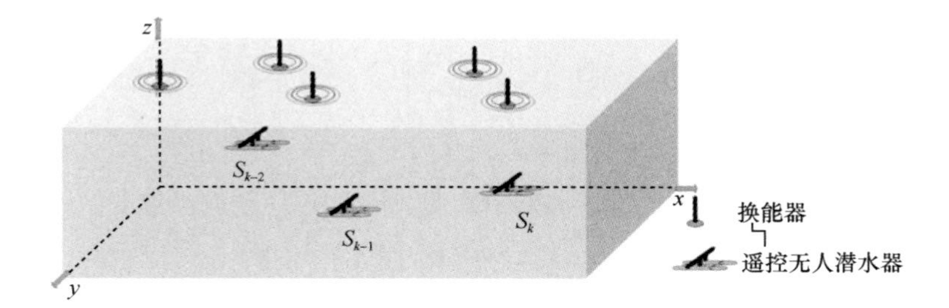

图 5-11　水下移动目标定位示意图

假设图 5-11 所讨论的待定位的水下移动目标点的位置为 (x,y,z)；同时，有 N（$N \geqslant 4$）个参与定位的信标。这些信标的位置已知，不妨分别设为 $(x_1,y_1,z_1),(x_2,y_2,z_2),\cdots,(x_N,y_N,z_N)$，则参与定位的信标点与待定位的移动目标之间的距离分别为$d_1,d_2,\cdots,d_N$，可以得到如下表达式。

$$\begin{cases}(x_1-x)^2+(y_1-y)^2+(z_1-z)^2=d_1^2\\(x_2-x)^2+(y_2-y)^2+(z_2-z)^2=d_2^2\\\qquad\vdots\\(x_N-x)^2+(y_N-y)^2+(z_N-z)^2=d_N^2\end{cases}\tag{5-45}$$

针对式（5-45）的解算方法较多，有几何解算方式也有概率求解的算法。下面以最小二乘法为例，求解式（5-45）。将式（5-45）中的前$N-1$个方程分别与第N个方程做差，并用矩阵形式表达，则有：

$$\boldsymbol{AX}=\boldsymbol{b}\tag{5-46}$$

其中：

$$\boldsymbol{A}=\begin{bmatrix}2(x_1-x_N)&2(y_1-y_N)&2(z_1-z_N)\\2(x_2-x_N)&2(y_2-y_N)&2(z_2-z_N)\\\vdots&\vdots&\vdots\\2(x_{N-1}-x_N)&2(y_{N-1}-y_N)&2(z_{N-1}-z_N)\end{bmatrix}\tag{5-47}$$

$$\boldsymbol{b}=\begin{bmatrix}x_1^2-x_N^2+y_1^2-y_N^2+z_1^2-z_N^2-d_1^2+d_N^2\\x_2^2-x_N^2+y_2^2-y_N^2+z_2^2-z_N^2-d_2^2+d_N^2\\\vdots\\x_{N-1}^2-x_N^2+y_{N-1}^2-y_N^2+z_{N-1}^2-z_N^2-d_{N-1}^2+d_N^2\end{bmatrix}\tag{5-48}$$

$$\boldsymbol{X}=\begin{bmatrix}x\\y\\z\end{bmatrix}\tag{5-49}$$

结合最小二乘思想求解式（5-46），可得待定位的移动目标点的位置：

$$\boldsymbol{X}=(\boldsymbol{A}^{\mathrm{T}}\boldsymbol{A})^{-1}\boldsymbol{A}^{\mathrm{T}}\boldsymbol{b}\tag{5-50}$$

事实上，直接通过解析方程进行位置解算的方法，由于实际中的测量误差等因素干扰，解算的值不能不唯一或无解且式（5-50）将出现奇异矩阵等情况。而利用已有的位置信息S_{k-2}、S_{k-1}对下一时刻的位置S_k进行概率分布预测估计的解算方法无须解算解析方程，在实际定位系统中使用较多。为此，本节对目标的定位跟踪解算模型，采用粒子滤波理论对自定位目标的位置进行概率解算估计。粒子滤波算法以贝叶斯滤波算法为原型，结合蒙特卡洛的近似思想对所产生的随机粒子出现的概率密度函数进行近似估计。粒子滤波算法主要依据贝叶斯估计理论，因此不需要线性的转移方程或状态方程；此外，若定位环境中环境噪声为非高斯噪声，则只需要得到其概率分布即可估计求解。正因如此，在水下非线性的移动目标跟踪领域，粒子滤波算法涉及的应用较广[9]。第 5.3.2 节将对粒子滤波的基本原理做相应的推导与论述，为所设计的定位算法做理论依据。

（2）基于粒子滤波的移动目标定位理论

跟踪水下目标的运动轨迹需要连续获取目标的位置信息，一般由量测的相关数据根据已知的初始状态信息 $\boldsymbol{X}_{k-1}$ 推算出目标下一时刻的状态信息 $\boldsymbol{X}_k$ 。假定目标的状态转移方程为：

$$\boldsymbol{X}_k = f_k(\boldsymbol{X}_{k-1}, \boldsymbol{v}_{k-1}) \tag{5-51}$$

其中，$\boldsymbol{X}$ 为目标状态矩阵即 $[x, y, z, \dot{x}, \dot{y}, \dot{z}]^{\mathrm{T}}$ ，其中 $\dot{x}$ 表示目标在 x 轴上的速度；f 为状态转移函数；$\boldsymbol{v}$ 表示过程噪声。令 k 时刻由系统传感器测量得到的测量值表示为 $\boldsymbol{Y}_k$,同时认为 $\boldsymbol{Y}_k$ 只与当前时刻水下移动目标的定位系统的状态 $\boldsymbol{X}_k$ 有关,则基于 RSS 的水下移动目标定位系统的状态量测方程可表示为：

$$\boldsymbol{Y}_k = h_k(\boldsymbol{X}_k, \boldsymbol{n}_k) \tag{5-52}$$

如式（5-52）所示，将量测方程中的函数用 h 表示，将在系统传感器测量过程中得到的噪声用 $\boldsymbol{n}$ 表示；且不失一般性，可认为水声传感器在定位系统测量过程中得到的噪声均为独立同分布。贝叶斯滤波理论的思想，即将目标跟踪或信号滤波等状态估计问题，转化为如何由测量到的数据集 $\boldsymbol{Y}_{1:k}$ 来递推计算当前水下移动目标的位置及速度状态 $\boldsymbol{X}_k$ 存在的可能性概率。依据非线性贝叶斯滤波理论可得[10]：

$$p(\boldsymbol{X}_k \mid \boldsymbol{Y}_{1:k}) = \frac{p(\boldsymbol{Y}_k \mid \boldsymbol{X}_k) p(\boldsymbol{X}_k \mid \boldsymbol{Y}_{1:k-1})}{p(\boldsymbol{Y}_k \mid \boldsymbol{Y}_{1:k-1})} \tag{5-53}$$

$$p(\boldsymbol{Y}_k \mid \boldsymbol{Y}_{k-1}) = \int p(\boldsymbol{Y}_k \mid \boldsymbol{X}_k) p(\boldsymbol{X}_k \mid \boldsymbol{Y}_{1:k-1}) \mathrm{d}\boldsymbol{X}_k \tag{5-54}$$

$$p(\boldsymbol{X}_{k+1} \mid \boldsymbol{Y}_{1:k}) = \int p(\boldsymbol{X}_{k+1} \mid \boldsymbol{X}_k) p(\boldsymbol{X}_k \mid \boldsymbol{X}_{1:k}) \mathrm{d}\boldsymbol{X}_k \tag{5-55}$$

式（5-53）为对量测值为 $\boldsymbol{Y}_k$ 时刻的状态 $\boldsymbol{X}_{k+1}$ 存在的可能性概率 $p(\boldsymbol{X}_{k+1} \mid \boldsymbol{Y}_{1:k})$ 的预测。而 $p(\boldsymbol{Y}_k \mid \boldsymbol{X}_k)$ 称为概率似然函数，由系统传感器量测得到的噪声 $\boldsymbol{n}$ 决定。而式

（5-54）中 $p(\boldsymbol{Y}_k \mid \boldsymbol{Y}_{k-1})$ 称为归一化常数。式（5-55）即更新过程，在得到信息 $\boldsymbol{Y}_k$ 后对预测 $p(\boldsymbol{X}_k \mid \boldsymbol{Y}_{1:k})$ 进行更新，式（5-55）中 $p(\boldsymbol{X}_{k+1} \mid \boldsymbol{X}_k)$ 由系统状态方程式（5-51）决定，即概率分布与系统的过程噪声 $\boldsymbol{v}_k$ 一致。

正如前文推导所示，计算后验概率 $p(\boldsymbol{X}_k \mid \boldsymbol{Y}_{1:k})$ 的过程涉及积分运算，而水声目标定位系统为非线性系统，很难得到解析解，因而可以通过蒙特卡洛采样的近似思想进行估计求解。现假设从后验概率中采样到 N 个样本（粒子），那么依据蒙特卡洛采样的思想，后验概率的计算可表示为[11]：

$$\hat{p}(\boldsymbol{X}_n \mid \boldsymbol{Y}_{1:k}) = \frac{1}{N}\sum_{i=1}^{N}\delta(\boldsymbol{X}_n - \boldsymbol{X}_n^{(i)}) \approx p(\boldsymbol{X}_n \mid \boldsymbol{Y}_{1:k}) \tag{5-56}$$

这里定义 $f(\boldsymbol{X}) = \delta(\boldsymbol{X}_n - \boldsymbol{X}_n^{(i)})$ 为对目标进行跟踪，即需要知道当前目标状态的期望值：

$$\begin{aligned}
&E[f(\boldsymbol{X}_n)] \approx \int f(\boldsymbol{X}_n)\hat{p}(\boldsymbol{X}_n \mid \boldsymbol{Y}_{1:k})\mathrm{d}\boldsymbol{X}_n = \\
&\frac{1}{N}\sum_{i=1}^{N}\int f(\boldsymbol{X}_n)\delta(\boldsymbol{X}_n - \boldsymbol{X}_n^{(i)})\mathrm{d}\boldsymbol{X}_n = \\
&\frac{1}{N}\sum_{i=1}^{N}\int f(\boldsymbol{X}_n^{(i)})\mathrm{d}\boldsymbol{X}_n
\end{aligned} \tag{5-57}$$

其中，$f(\boldsymbol{X}_n^{(i)})$ 为预测的粒子目标的位置状态函数。然而，后验概率的分布一般无从得知。为此，按照重要性采样原理，假定存在分布 $q(\boldsymbol{X} \mid \boldsymbol{Y})$，其概率分布已知。那么，式（5-57）求期望问题可表示为：

$$\begin{aligned}
&E[f(\boldsymbol{X}_k)] = \int f(\boldsymbol{X}_k)\frac{p(\boldsymbol{X}_k \mid \boldsymbol{Y}_{1:k})}{q(\boldsymbol{X}_k \mid \boldsymbol{Y}_{1:k})}q(\boldsymbol{X}_k \mid \boldsymbol{Y}_{1:k})\mathrm{d}\boldsymbol{X}_k = \\
&\int f(\boldsymbol{X}_k)\frac{p(\boldsymbol{Y}_{1:k} \mid \boldsymbol{X}_k)p(\boldsymbol{X}_k)}{p(\boldsymbol{Y}_{1:k})q(\boldsymbol{X}_k \mid \boldsymbol{Y}_{1:k})}q(\boldsymbol{X}_k \mid \boldsymbol{Y}_{1:k})\mathrm{d}\boldsymbol{X}_k = \\
&\int f(\boldsymbol{X}_k)\frac{W_k(\boldsymbol{X}_k)}{p(\boldsymbol{Y}_{1:k})}q(\boldsymbol{X}_k \mid \boldsymbol{Y}_{1:k})\mathrm{d}\boldsymbol{X}_k
\end{aligned} \tag{5-58}$$

其中，$W_k(\boldsymbol{X}_k) = \dfrac{p(\boldsymbol{Y}_{1:k} \mid \boldsymbol{X}_k)p(\boldsymbol{X}_k)}{q(\boldsymbol{X}_k \mid \boldsymbol{Y}_{1:k})} \propto \dfrac{p(\boldsymbol{X}_k \mid \boldsymbol{Y}_{1:k})}{q(\boldsymbol{X}_k \mid \boldsymbol{Y}_{1:k})}$。

由于：

$$p(\boldsymbol{Y}_{1:k}) = \int p(\boldsymbol{Y}_{1:k} \mid \boldsymbol{X}_k)p(\boldsymbol{X}_k)\mathrm{d}\boldsymbol{X}_k \tag{5-59}$$

则式（5-58）可以进一步写为：

$$
\begin{aligned}
&E[f(\boldsymbol{X}_k)]=\frac{1}{p(\boldsymbol{Y}_{1:k})}\int f(\boldsymbol{X}_k)W_k(\boldsymbol{X}_k)q(\boldsymbol{X}_k\mid\boldsymbol{Y}_{1:k})\mathrm{d}\boldsymbol{X}_k=\\
&\frac{\int f(\boldsymbol{X}_k)W_k(\boldsymbol{X}_k)q(\boldsymbol{X}_k\mid\boldsymbol{Y}_{1:k})\mathrm{d}\boldsymbol{X}_k}{\int p(\boldsymbol{Y}_{1:k}\mid\boldsymbol{X}_k)p(\boldsymbol{X}_k)\mathrm{d}\boldsymbol{X}_k}=\\
&\frac{\int f(\boldsymbol{X}_k)W_k(\boldsymbol{X}_k)q(\boldsymbol{X}_k\mid\boldsymbol{Y}_{1:k})\mathrm{d}\boldsymbol{X}_k}{\int W_k(\boldsymbol{X}_k)q(\boldsymbol{X}_k\mid\boldsymbol{Y}_{1:k})\mathrm{d}\boldsymbol{X}_k}=\\
&\frac{E_{q(\boldsymbol{X}_k\mid\boldsymbol{Y}_{1:k})}[W_k(\boldsymbol{X}_k)f(\boldsymbol{X}_k)]}{E_{q(\boldsymbol{X}_k\mid\boldsymbol{Y}_{1:k})}[W_k(\boldsymbol{X}_k)]}
\end{aligned}
\tag{5-60}
$$

式（5-60）可由蒙特卡洛方法解决，即采样 N 个样本 $\{\boldsymbol{X}_k^{(i)}\}\sim q(\boldsymbol{X}_k\mid\boldsymbol{Y}_{1:k})$，用样本的平均求式（5-60）中的期望值，那么式（5-60）可近似表示为：

$$
\begin{aligned}
&E[f(\boldsymbol{X}_k)]\approx\frac{\frac{1}{N}\sum_{i=1}^{N}W_k(\boldsymbol{X}_k^{(i)})f(\boldsymbol{X}_k^{(i)})}{\frac{1}{N}\sum_{i=1}^{N}W_k(\boldsymbol{X}_k^{(i)})}=\\
&\sum_{i=1}^{N}\tilde{W}_k(\boldsymbol{X}_k^{(i)})f(\boldsymbol{X}_k^{(i)})
\end{aligned}
\tag{5-61}
$$

其中：

$$
\tilde{W}_k\left(\boldsymbol{X}_k^{(i)}\right)=\frac{W_k\left(\boldsymbol{X}_k^{(i)}\right)}{\sum_{i=1}^{N}W_k\left(\boldsymbol{X}_k^{(i)}\right)}
\tag{5-62}
$$

若按上述的方式计算权值效率较低，每增加一个采样，$p(\boldsymbol{X}_k\mid\boldsymbol{Y}_{1:k})$ 就需要重新计算。为提升权值计算算法的计算效率，引入序贯重要性采样的算法思想，将权值的计算通过递推的方式进行。

为方便推导各粒子权值的递推形式，不妨假设 $q(\boldsymbol{X}_{0:k}\mid\boldsymbol{Y}_{1:k})$ 为重要性概率密度函数，而粒子状态 $\boldsymbol{X}$ 的下标为 $0:k$，表示过去所有时刻状态的后验。将式（5-58）所设的已知的概率密度函数 $q(\boldsymbol{X}_{0:k}\mid\boldsymbol{Y}_{1:k})$ 进行分解：

$$
q(\boldsymbol{X}_{0:k}\mid\boldsymbol{Y}_{1:k})=q(\boldsymbol{X}_{0:k-1}\mid\boldsymbol{Y}_{1:k-1})q(\boldsymbol{X}_k\mid\boldsymbol{X}_{0:k-1},\boldsymbol{Y}_{1:k})
\tag{5-63}
$$

相应地，移动目标出现的后验概率密度函数用递归形式可表示为：

$$
\begin{aligned}
p(\boldsymbol{X}_{0:k} \mid \boldsymbol{\Gamma}_k) &= \frac{p(\boldsymbol{Y}_k \mid \boldsymbol{X}_{0:k}, \boldsymbol{\Gamma}_{k-1})p(\boldsymbol{X}_{0:k}, \boldsymbol{Y}_{k-1})}{p(\boldsymbol{Y}_k \mid \boldsymbol{\Gamma}_{k-1})} = \\
&\frac{p(\boldsymbol{Y}_k \mid \boldsymbol{X}_{0:k}, \boldsymbol{\Gamma}_{k-1})p(\boldsymbol{X}_k \mid \boldsymbol{X}_{0:k-1}, \boldsymbol{Y}_{k-1})p(\boldsymbol{X}_{0:k-1} \mid \boldsymbol{Y}_{k-1})}{p(\boldsymbol{Y}_k \mid \boldsymbol{\Gamma}_{k-1})} = \\
&\frac{p(\boldsymbol{Y}_k \mid \boldsymbol{X}_k)p(\boldsymbol{X}_k \mid \boldsymbol{X}_{k-1})p(\boldsymbol{X}_{0:k-1} \mid \boldsymbol{Y}_{k-1})}{p(\boldsymbol{Y}_k \mid \boldsymbol{\Gamma}_{k-1})} \propto \\
&p(\boldsymbol{Y}_k \mid \boldsymbol{X}_k)p(\boldsymbol{X}_k \mid \boldsymbol{X}_{k-1})p(\boldsymbol{X}_{0:k-1} \mid \boldsymbol{Y}_{k-1})
\end{aligned} \tag{5-64}
$$

其中，为了方便表示，将 $\boldsymbol{Y}(1:k)$ 用 $\boldsymbol{\Gamma}_k$ 表示。结合式（5-58）粒子权值的递归形式为：

$$
\begin{aligned}
w_k^{(i)} &\propto \frac{p(\boldsymbol{X}_{0:k}^{(i)} \mid \boldsymbol{\Gamma}_k)}{q(\boldsymbol{X}_{0:k}^{(i)} \mid \boldsymbol{\Gamma}_k)} = \\
&\frac{p(\boldsymbol{Y}_k \mid \boldsymbol{X}_k^{(i)})p(\boldsymbol{X}_k^{(i)} \mid \boldsymbol{X}_{k-1}^{(i)})p(\boldsymbol{X}_{0:k-1}^{(i)} \mid \boldsymbol{Y}_{k-1})}{q(\boldsymbol{X}_k^{(i)} \mid \boldsymbol{X}_{0:k-1}^{(i)}, \boldsymbol{\Gamma}_k)q(\boldsymbol{X}_{0:k-1}^{(i)} \mid \boldsymbol{\Gamma}_{k-1})} = \\
&w_{k-1}^{(i)} \frac{p(\boldsymbol{Y}_k \mid \boldsymbol{X}_k^{(i)})p(\boldsymbol{X}_k^{(i)} \mid \boldsymbol{X}_{k-1}^{(i)})}{q(\boldsymbol{X}_k^{(i)} \mid \boldsymbol{X}_{0:k-1}^{(i)}, \boldsymbol{\Gamma}_k)}
\end{aligned} \tag{5-65}
$$

其中，$p(\boldsymbol{Y}_k \mid \boldsymbol{X}_k)$、$p(\boldsymbol{X}_k \mid \boldsymbol{X}_{k-1})$ 由前文量测与状态转移方程确定，而 $q(\boldsymbol{X}_k \mid \boldsymbol{X}_{0:k-1}, \boldsymbol{\Gamma}_k)$ 由重要性采样引入，也为已知的概率密度分布。那么，由式（5-65）即可实现对粒子权值的更新计算。上述即下文所应用设计的定位算法的基本原理推导。

5.3.2 基于改进粒子滤波与 RSS 的水下移动目标自定位算法

本节提出的基于改进粒子滤波与水声信号强度衰减的目标定位算法（IPF-RSS），在第 5.3.1 节中粒子滤波的理论基础上，通过对遥控潜水器（Remotely Operated underwater Vehicle，ROV）的跟踪及实时的匹配处理估计出待测航行器的位置信息。

如要对水下目标进行定位，首先需要对其建立相应的状态转移方程及量测方程，即式（5-51）与式（5-52）。状态转移方程与实际的运动情况有关。为方便讨论，不妨假定待定位目标做匀速运动。则式（5-51）可写为：

$$
\boldsymbol{X}_k = \boldsymbol{F}\boldsymbol{X}_{k-1} + \boldsymbol{V} \tag{5-66}
$$

其中，$\boldsymbol{X} = [x, y, z, \dot{x}, \dot{y}, \dot{z}]^{\mathrm{T}}$，而状态转移矩阵为：

$$F = \begin{bmatrix} I & I \\ O & I \end{bmatrix} \tag{5-67}$$

其中，$I_{3\times3}$ 为单位矩阵，$O_{3\times3}$ 为三阶零矩阵。且位置的转移噪声为 $[V_{\text{pos}}]_{3\times1}$，而速度的转移噪声为 $[V_{\text{vec}}]_{3\times1}$，则 $V = [V_{\text{pos}}, V_{\text{vec}}]_{6\times1}$。

假定现有 N 个换能器声源，放置于测试水域的不同位置，并记录相应的坐标信息 $S = \begin{bmatrix} X & Y & Z \end{bmatrix}_{N\times3}$。首先，产生 r 个粒子，并将它们的状态信息 ξ 按高斯分布随机分配。依据式（5-66）进行粒子状态更新，并假定位置估计误差的方差为 σ_p，即位置噪声协方差矩阵 $R = [V_{\text{pos}} V_{\text{pos}}^{\text{T}}]$ 对角线的值。同理，设速度估计误差的方差为 σ_v。

此外，设 N 个换能器发送的信号到目标时，目标收到的水声强度矩阵为 $P_t = [P_{t1}, P_{t2}, \cdots, P_{tN}]_{1\times N}$，这里用 P 代表强度使得与单位矩阵 I 有所区分。而粒子坐标集合为 $\Gamma = [\xi_1, \xi_2, \cdots, \xi_r]_{6\times r}$，则可以计算出每个粒子到每个换能器的距离 $D_i = \begin{bmatrix} D_{i1}, D_{i2}, \cdots, D_{iN} \end{bmatrix}_{1\times N}$，再依据测距算法推算出当前换能器到该距离下相应的水声强度 $P_i = \begin{bmatrix} P_{i1}, P_{i2}, \cdots, P_{iN} \end{bmatrix}_{1\times N}$。本节用：

$$P = \begin{bmatrix} P_1, P_2, \cdots, P_r \end{bmatrix} = \begin{bmatrix} P_{11} & P_{12} & \cdots & P_{1N} \\ P_{21} & P_{22} & \cdots & P_{2N} \\ \vdots & \vdots & \vdots & \vdots \\ P_{r1} & P_{r2} & \cdots & P_{rN} \end{bmatrix}_{r\times N} \tag{5-68}$$

表示所有粒子在当前状态下的强度信息矩阵，则量测值与各个粒子代表的预测值间的欧氏距离 d 为：

$$d = (P - P_t)(P - P_t)^{\text{T}} \tag{5-69}$$

此外，假定量测到的水声强度值 P_t 受到的噪声影响为高斯噪声，噪声的方差为 σ_t，则各个粒子的似然率解算为：

$$L = \frac{1}{\sqrt{2\pi\sigma_t}} \cdot \exp\left(-\frac{d}{2{\sigma_t}^2} \right) \tag{5-70}$$

这里按照第 5.3.1 节中粒子滤波的基本原理，依照重要性采样原理进行采样以求解后验概率。根据式（5-62），粒子权值为：

$$\frac{L^{(k)}}{\sum_{k=1}^{N} L^k}, k = 1, \cdots, N \tag{5-71}$$

最后进行重采样，即防止粒子退化问题。而一般的粒子滤波思想主要依据式（5-58）中的权重进行重采样，即权重大的粒子后代较多，PF-RSS 粒子重采样示意图如图 5-12 所示。

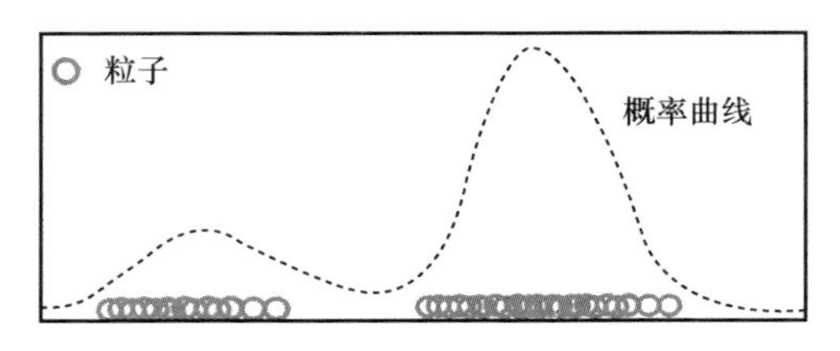

图 5-12 PF-RSS 粒子重采样示意图

而实际上权重大不一定反映最大后验概率的结果，$p(\boldsymbol{X}_k \mid \boldsymbol{Y}_{1:k})$ 与 $q(\boldsymbol{X}_k \mid \boldsymbol{Y}_{1:k})$ 同时较小时，也可能得到较大的权值；此外，由于实际的测量噪声等问题，一般的粒子滤波粒子在迭代搜索过程中，相对目标位置会产生较大的偏移。为此，本书首先在递推的时候将粒子的搜索范围进行限定及初始化；同时，针对量测方程噪声较大的问题，只对有限集合 $\boldsymbol{\Gamma}$ 中的粒子进行权值计算及重采样。

IPF-RSS 算法原理分析如图 5-13 所示，这里以二维平面定位为例。假定现有 3 个信标，分别测得值 $\boldsymbol{P}=[P_{\mathrm{A}},P_{\mathrm{B}},P_{\mathrm{C}}]$，实际上测量得到的值有一定误差，不妨认为均小于实际值；那么得到的估计距离 $\boldsymbol{L}=[L_{\mathrm{A}},L_{\mathrm{B}},L_{\mathrm{C}}]$ 将较实际值大；则由一般的粒子滤波（Particle Filter，PF）原理，进行粒子的权重更新、重采样等步骤后，将集中于图 5-13 右侧的圆内，此时估计得到的位置为 $\boldsymbol{X}_{\mathrm{PF}}$。

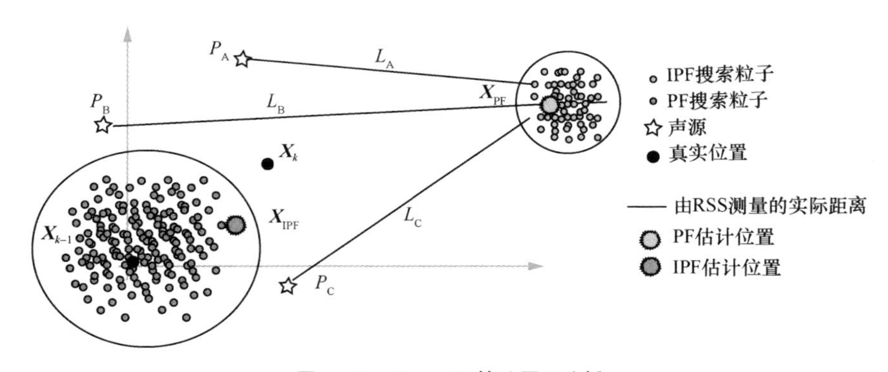

图 5-13 IPF-RSS 算法原理分析

而在 IPF-RSS 中，粒子先产生于 $\boldsymbol{\Gamma}$ 集内，即图 5-13 中包含 $\boldsymbol{X}_{k-1}$ 时刻位置的圆内；并且，在此范围内进行最大似然率的搜索，以得到 $\boldsymbol{X}_{\mathrm{IPF}}$。IPF-RSS 定位算法流程如图 5-14 所示。

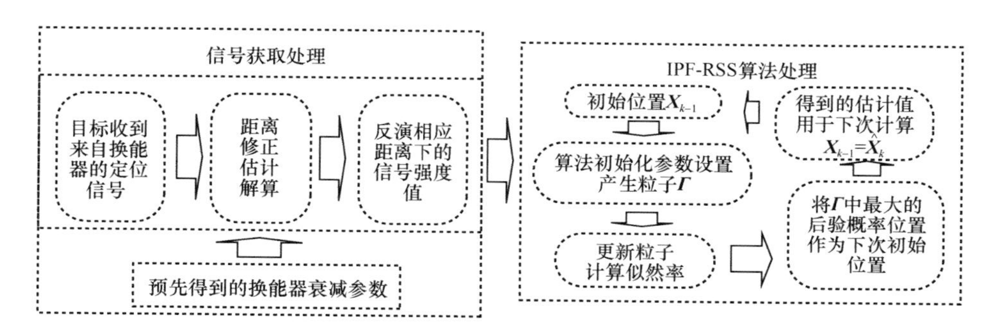

图 5-14 IPF-RSS 定位算法流程

5.3.3 基于 SINS 与 IPF-RSS 的组合移动目标自定位系统

一般而言，当前的定位技术组合导航定位方法为主流，这主要是因为每种定位技术一般都有一定的局限性或者固有误差难以去除，本书所设计的定位系统也不例外。因此，为提升对水下目标的定位性能，本书进一步地提出将捷联惯性导航系统（SINS）与本书所设计的 IPF-RSS 定位算法进行融合。由第 5.3.2 节分析可知，PF-RSS 定位精度与距离及当前信标分布数量、位置有关。而 SINS 的误差主要来自惯性器件的漂移，即累积误差，时间越久误差越大。本节通过相应的融合算法将二者进行互补结合，以期达到更优的定位效果。并且考虑到第 5.3.2 节对水下三维定位至少需要 4 个信标的问题进行优化，即结合运动姿态的测距修正算法（WLS-IPF）思想进行单信标无源被动定位系统的设计。

假设当前实际未知位置为 $\boldsymbol{X}$；且由 SINS 获得的当前位置状态信息为 $\boldsymbol{X}_{\mathrm{SINS}}$，相应的 IPF-RSS 定位系统估算得到的位置为 $\boldsymbol{X}_{\mathrm{IPF\text{-}RSS}}$；并假设由 SINS 及 IPF-RSS 的定位系统估算的误差均值为 0，方差分别为 σ_{SINS}、σ_{PR}。若直接通过加权最小二乘算法进行位置融合，依据式（5-70），则式（5-71）应改写为：

$$\boldsymbol{Z}=\begin{bmatrix}\boldsymbol{X}_{\mathrm{SINS}}\\ \boldsymbol{X}_{\mathrm{IPF\text{-}RSS}}\end{bmatrix},\boldsymbol{H}=\begin{bmatrix}1\\1\end{bmatrix},\boldsymbol{R}=\begin{bmatrix}\sigma_{\mathrm{SINS}} & 0\\ 0 & \sigma_{\mathrm{PR}}\end{bmatrix} \tag{5-72}$$

则实际位置 $\boldsymbol{X}$ 的估计表达式为：

$$\hat{\boldsymbol{X}}=(\boldsymbol{H}^{T}\boldsymbol{R}^{-1}\boldsymbol{H})^{-1}\boldsymbol{H}^{T}\boldsymbol{R}^{-1}\boldsymbol{Z} \tag{5-73}$$

事实上，依据式（5-73）解算得到的位置，只是单纯地利用加权计算获得较优的解。但随着运动距离时间的增加、SINS 误差的不断上升，融合的定位效果将不断下降。此外，两个系统过于分离，IPF-RSS 解算仍需要 4 个以上信标方可定位。为将两个系统紧耦合在一起，既发挥 SINS 短时精度高的优点，又可降低 IPF-RSS 定位系统中的信标需求，依据所提出的 WLS-IPF 算法思想，提出了一种单信标的无源被动定位算法。相应地，下面将分别推导二维、三维算法模型。

首先对二维平面定位问题进行讨论，假定已知 $k-1$ 时刻目标的位置信息 $\boldsymbol{X}_{k-1}=[x_{k-1},y_{k-1}]^{\mathrm{T}}$，测得 k 时刻的航向角 θ_k（二维平面暂不考虑其他角度）及速率 v_k，且假定航向测量误差 ξ_θ 的方差为 σ_θ、航向温漂为 δ_θ、测速误差 ξ_v 的方差为 σ_v。WLS-IPL 算法二维定位示意图如图 5-15 所示。假定由 SINS 获得的 k 时刻位置用 $\boldsymbol{X}_{\mathrm{SINS}}^{k}$ 表示，由航迹推算原理可得：

$$\boldsymbol{X}_{\mathrm{SINS}}^{k}=\boldsymbol{X}_{\mathrm{SINS}}^{k-1}+v_k\cdot[\cos(\theta_k),\sin(\theta_k)]^{\mathrm{T}} \tag{5-74}$$

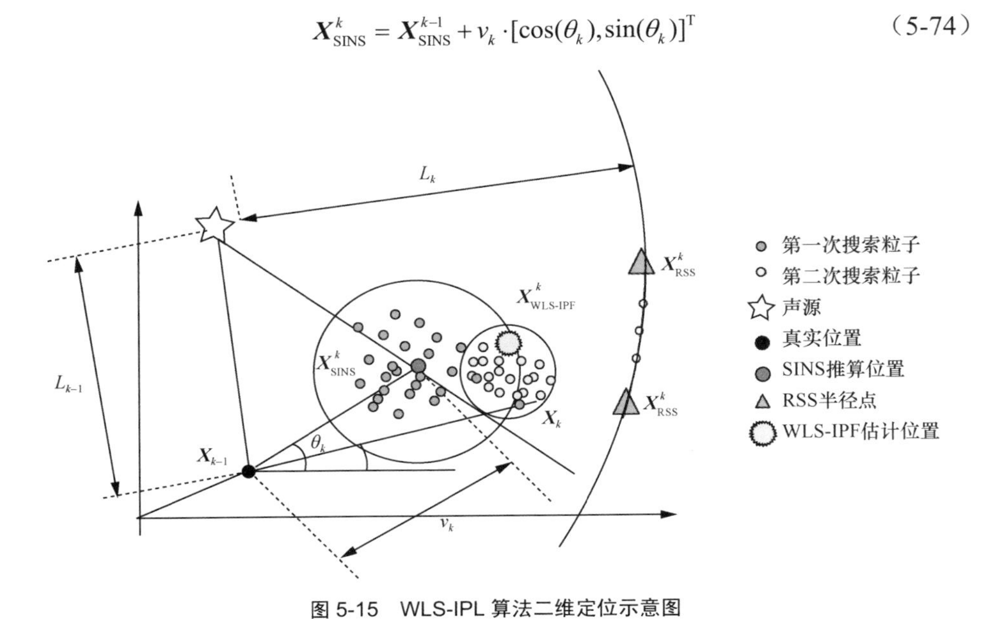

图 5-15　WLS-IPL 算法二维定位示意图

而 k 时刻航行器接收到声源的强度值为 I_k，且假定该强度受均值为 0、方差为 σ_p 的高斯噪声影响。那么测距修正算法所估计的距离在图 5-15 中用 L_k 表示。由于该定位算法只需要一个信标，且为二维平面，则由 RSS 估计得到的位置应该在以 L_k 为半径的圆上，如图 5-15 中 $\boldsymbol{X}_{\text{RSS}}^k$ 所示。假定航迹推算得到的位置误差范围是以 δ_1 为半径的圆。进而，在这个范围内随机采样 N 个点，并设采样的点集为 $\varGamma_1$，即第一次采样。那么采取 IPF-RSS 定位思想，可计算 $\varGamma_1$ 中各点相对于 L_k 的似然率；一般而言，第一次采样的范围会较大，为此，类比于重采样的思想，即式（5-65），重新生成 N 个采样点，表示为 $\varGamma_2$，并再次计算各点似然率；最终取最大概率的点 $\boldsymbol{X}_{\text{SINS-IPF}}$。不妨假定由上述方法得到的点 $\boldsymbol{X}_{\text{SINS-IPF}}$ 的相对真实位置的均方误差为 σ_{RP}，而由航迹推算的位置 $\boldsymbol{X}_{\text{SINS}}^k$ 的均方误差为 σ_S，那么由最小二乘原理可得估计位置 $\boldsymbol{X}_{\text{WLS-IPF}}^k$。

图 5-15 为二维定位情形，WLS-IPF 算法三维定位原理示意图如图 5-16 所示。此时 $\boldsymbol{X}=[x,y,z]^{\text{T}}$，并且需要获得当前相对于 z 的偏离角 ϕ_k。一般而言，运动目标为 b 系，而常见空间三维坐标系为笛卡儿坐标系，当然在 SINS 定位系统中也有以地球中心为原点的大地坐标系等集体坐标系转换理论，鉴于篇幅及算法描述的侧重需要，这里暂不对此做分析。这里假定已由 b 系将姿态信息转换成球面坐标系中的天顶角 ϕ_k 及方位角 θ_k，$\rho_k=v_k$。

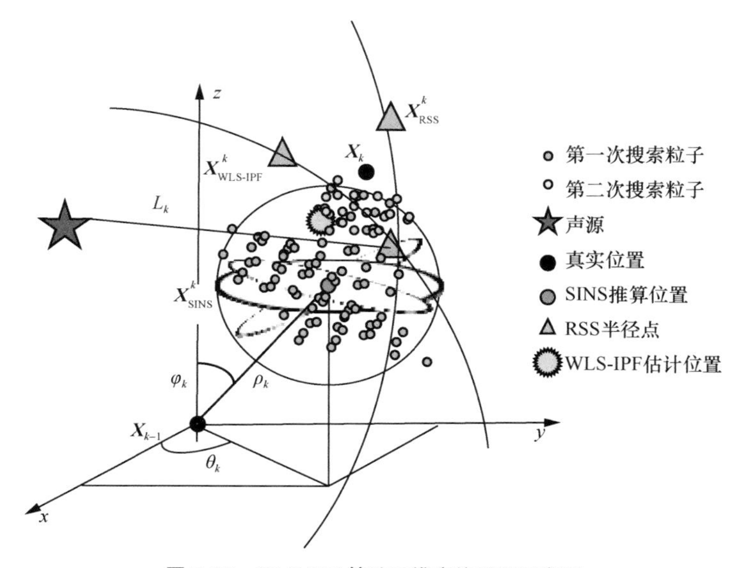

图 5-16　WLS-IPF 算法三维定位原理示意图

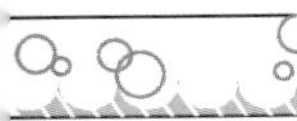

类似于二维推导，此时式（5-74）可改写为：

$$\boldsymbol{X}_{\text{SINS}}^{k}=\begin{bmatrix}x_k\\y_k\\z_k\end{bmatrix}=\begin{bmatrix}x_{k-1}+\rho_k\sin(\phi_k)\cos(\theta_k)\\y_{k-1}+\rho_k\sin(\phi_k)\sin(\theta_k)\\z_{k-1}+\rho_k\cos(\phi_k)\end{bmatrix}\tag{5-75}$$

同样地，按照 WLS-IPF 算法思想进行推导。此时，采样点集将为一个半径为 δ_1 的球体，相应地，由当前水声强度 I_k 得到的将为一个以 L_k 为半径的球面，如图 5-16 所示。而递推的思路类似于二维平面，在此不复述。基于 WLS-IPF 的定位测算法流程如图 5-17 所示。

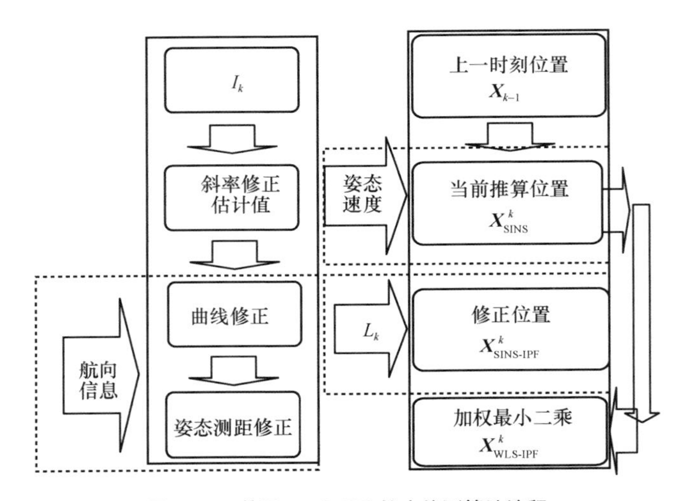

图 5-17　基于 WLS-IPF 的定位测算法流程

5.4　基于超短基线系统的水下目标定位方法

在目前的水声目标定位技术中，长基线（Long Baseline，LBL）定位和短基线（Short Baseline，SBL）定位水下定位系统的阵列放置、标定以及回收都会耗费大量的时间以及财力、物力，而超短基线（Ultra-Short Baseline，USBL）水下定位系统由于其阵列尺寸小、安装使用方便、价格相对便宜，用途越来越广泛，成为水下定位技术的重要组成部分。本节将介绍传统 USBL 定位系统的相关内容。

5.4.1 水声通信模型

考虑到基于 TDOA 的水声目标定位算法，需要对接收信号做相应的处理，因此有必要研究声信号在水下的通信模型，本节简要介绍水声信道的特征。

水声信道特性在许多文献中都有论述，水声信道损耗与发射机和接收机之间的距离有关，与信号载波频率有关。信号的载波频率决定了声波通过传播将声波转化为热量而产生的吸收损失。在有限传输功率的实际约束下，吸收损耗随着频率和距离的增加而增大，最终对可用带宽造成限制。

常用于水下定位的信号主要是以正弦和余弦为载波的定位信号，如传统超短基线定位系统使用的信号，但这类信号的时宽受带宽的影响，导致系统距离分辨率不高[12]，因此，本节假设使用线性调频（Linear Frequency Modulation，LFM）信号作为定位信号，即假设来自声源的信号为 LFM 信号，可以表示为：

$$x_s(t) = A_0 \mathrm{rect}\left(\frac{t}{T}\right)\mathrm{e}^{\mathrm{j}2\pi\left(f_0 t+\frac{1}{2}kt^2\right)} \tag{5-76}$$

其中，A_0 是 LFM 信号的幅度，T 为信号时宽，f_0 为信号中心频率，$k = B/T$ 为 LFM 信号的调频率，B 为信号带宽。因此接收端所接收到的信号为：

$$x_i(t) = A_i \mathrm{rect}\left(\frac{t}{T}\right)\mathrm{e}^{\mathrm{j}2\pi\left(f_0 t+\frac{1}{2}kt^2\right)+\mathrm{j}\theta_i} + w_i(t) \tag{5-77}$$

其中，A_i 为接收信号的幅度，可以通过式（5-78）计算[13]；θ_i 是传播时延引起的相移；$w_i(t)$ 是 0 均值加性高斯随机噪声。

对于某个反射信号，在一定频率 f 下，水声信道在一段传输距离 l 上的衰减为：

$$A(l,f) = A_{\mathrm{norm}} l^k a(f)^l \tag{5-78}$$

其中，A_{norm} 是归一化的常量；$a(f)$ 是和频率有关的吸收系数；k 表示描述扩散方式的扩展因子，通常取 1.5，对于球面扩展，k 通常取 2，而对于柱面扩展，k 通常取 1。水下衰减一般用分贝表示：

$$10\lg A(l,f) = k\cdot 10\lg l + l\cdot 10\lg a(f) + 10\lg A_{\mathrm{norm}} \tag{5-79}$$

其中，$k\cdot 10\lg l$ 代表扩展损失，$l\cdot 10\lg a(f)$ 则表示吸收损失，单位为 dB/km。吸收

系数 $a(f)$ 的经验表达式如下：

$$10\lg a(f)=0.003+\frac{0.11f^2}{1+f^2}+\frac{44f^2}{4100+f^2}+2.75\cdot10^{-4}f^2 \tag{5-80}$$

吸收系数和频率的关系如图 5-18 所示，对于低频信号来说，式（5-81）可以简化为：

$$10\lg a(f)=0.002+\frac{0.11f^2}{1+f^2}+0.011f^2 \tag{5-81}$$

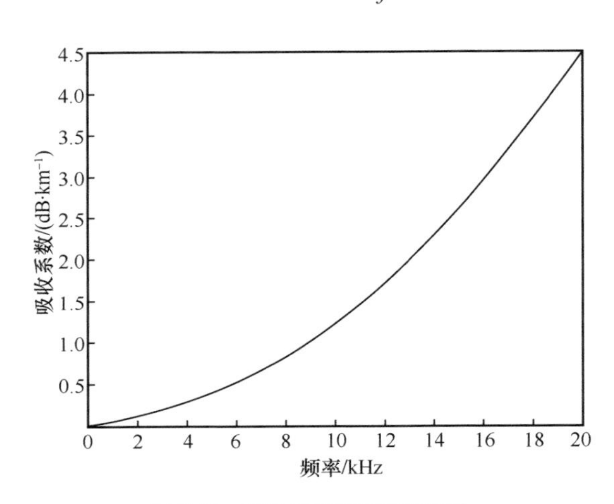

图 5-18　吸收系数和频率的关系

由式（5-78）可知，传输损耗由传输距离和传输频率共同决定，在长距离传输中，若采用频率较大的声波，衰减会随之加大。

一般来说，海洋中的环境噪声可以通过以下 4 种来源进行建模：湍流、航运、波浪和热效应，大多数环境噪声源可以用高斯统计和连续功率谱密度描述。这 4 个噪声分量常用的经验式为：

$$10\lg N_t(f)=17-30\lg f \tag{5-82}$$

$$10\lg N_s(f)=40+20\lg(s-0.5)+26\lg f-60\lg(f+0.03) \tag{5-83}$$

$$10\lg N_w(f)=50+7.5w^{1/2}+20\lg f-40\lg(f+0.4) \tag{5-84}$$

$$10\lg N_{\mathrm{th}}(f) = -15 + 20\lg f \tag{5-85}$$

式（5-83）～式（5-86）分别对应湍流、航运、波浪和热效应引起的噪声。其中湍流噪声仅仅在极低的频率范围（$f < 10\text{Hz}$）内起作用，而航运船只引起的噪声在 10～100Hz 内占主导地位，如式（5-84）所示，其中 s 表示航运的活动因子，其值域在 0～1 之间。在 100Hz～100kHz 内，波浪引起的噪声为主要因素，见式（5-85），其中 w 表示风速，而这个频段是大多数水下声学系统使用的工作频段。最后由式（5-86）可知，热效应引起的噪声在频率大于 100kHz 时起到主要作用。

海洋中的噪声随着频率的增加呈现递减的趋势，这限制了水声的带宽，对于通信距离在 10～100km 的远程水声通信，带宽只有几千赫兹；通信距离为 1～10km 的中距离通信，带宽有 10kHz；而对于 1km 内的短距离水声通信，带宽超过 10kHz；如果通信距离在 100m 以内，通信带宽在 100 kHz 以上[14]。

5.4.2　超短基线定位系统

传统的 USBL 水下定位系统通常由两部分组成[15]，一部分是安装在船体底部的小型紧凑的水听器阵列，也就是所谓的声基阵，该基阵集成了发射换能器以及若干个接收水听器阵元；另一部分是安装在海床上的应答器。通常，发射换能器向水中发射声信号并接收回波信号，应答器安装在海底或者安装在待定位的目标载体上，只有在收到发射信号后才会返回回波信号。具体定位原理如下。

传统的 USBL 定位系统采用单频连续波（Continuous Wave，CW）信号进行定位，通过测量信号到达接收水听器阵列不同阵元的相位差来定位，传统超短基线 3 基阵定位原理如图 5-19 所示，此 USBL 系统的基阵由 3 个水听器组成 L 型阵型，阵元间距为 d，假设待定位的目标坐标为 (x_a, y_a, z_a)，基阵和目标的垂直深度为 h，且基元 1 和目标的直线距离为 R，根据几何关系可以得到下面的等式。

$$R^2 = x_a^2 + y_a^2 + h^2 \tag{5-86}$$

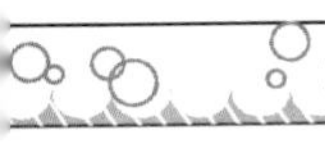

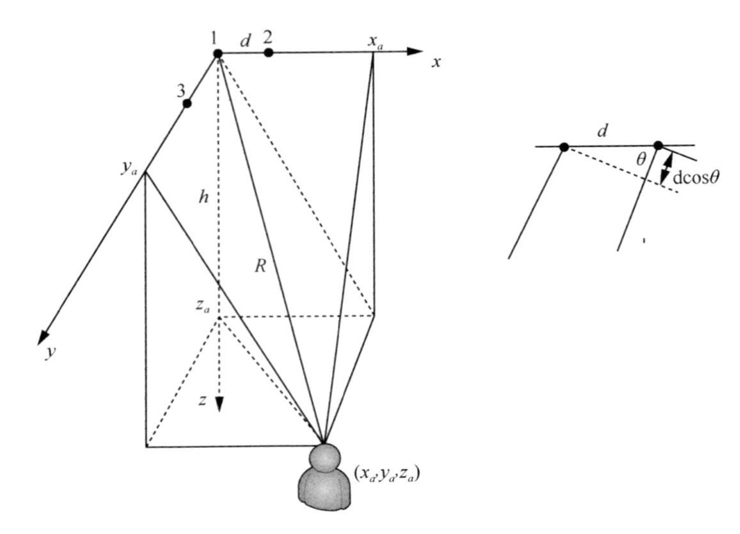

图 5-19　传统超短基线 3 基阵定位原理[16-17]

其中：

$$x_a^2 = R^2 \cos^2 \theta_x \tag{5-87}$$

$$y_a^2 = R^2 \cos^2 \theta_y \tag{5-88}$$

θ_x、θ_y 为基元 1 和目标的连线分别与 x 轴、y 轴之间的夹角。从而解得：

$$x_a = \frac{h\cos\theta_x}{\sqrt{1-\cos^2\theta_x-\cos^2\theta_y}} \tag{5-89}$$

$$y_a = \frac{h\cos\theta_y}{\sqrt{1-\cos^2\theta_x-\cos^2\theta_y}} \tag{5-90}$$

假设 CW 信号平行入射到基阵，如图 5-19 右侧所示，因此有：

$$\phi = \frac{2\pi d}{\lambda}\cos\theta \tag{5-91}$$

其中，ϕ 为单频信号到两个基元的相位差，λ 为信号波长，所以对于 3 基阵定位系统，可以得到下面的等式：

$$\theta_x = \arccos\left(\frac{\lambda}{2\pi d}\phi_{12}\right) \tag{5-92}$$

$$\theta_y = \arccos\left(\frac{\lambda}{2\pi d}\phi_{13}\right) \tag{5-93}$$

因此，USBL 系统通过测得相位差得到目标的坐标，由于所有的相位估计器的相位差输出都在$[-\pi,\pi]$，由式（5-92）可知，基元间距的增大会导致真实的相位差超出这个范围，带来相位模糊的问题，造成定位精度的下降，虽然可以通过减少基元间距避免相位模糊的问题，但同时也会导致定位精度的减小。

由于水下环境具有较为严重的多径和多普勒效应，同时还会存在严重的干扰，因此 USBL 系统使用 CW 信号在水下传输的时候，接收端接收到的信号会严重失真，特别是海流造成的目标以及定位系统的移动导致的多普勒效应普遍存在，这对水下定位的精确度造成了严重的影响。对于依靠测量信号 TDOA 或者相位差定位的 USBL 定位系统来说，定位信号应具有较低的自相关旁瓣，且从信号分析的角度来看，CW 信号的时间带宽积接近 1，导致信号时宽和带宽不可能同时很大，由雷达理论[18]可知，信号大的带宽能提高定位系统的距离分辨率，同时大的时宽能提高探测距离，这对于 CW 信号来说是一对不可调和的矛盾。

USBL 系统在定位的过程中一般会涉及 3 个坐标系[19]以及它们之间的转换，即大地坐标系、轮船坐标系和基阵坐标系，很多算法以及使用算法所解算出来的声源坐标信息是基于基阵坐标系的，因此需要简单介绍一下这 3 个坐标系。其中，大地坐标系如图 5-20 所示，OXYZ 的 x 轴指向正东，y 轴指向正北，z 轴则竖直指向上方。

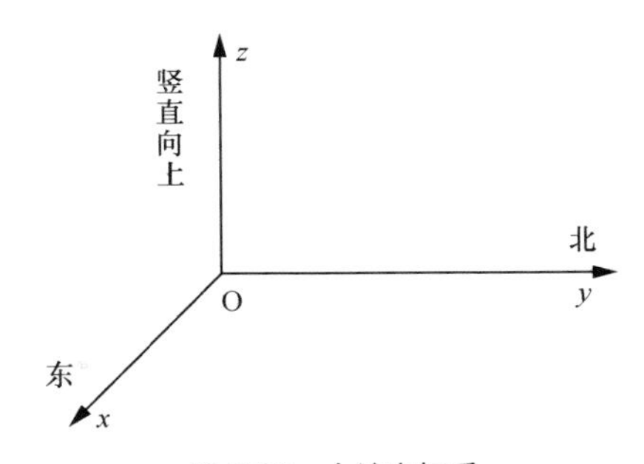

图 5-20　大地坐标系

由于 USBL 水下定位系统的基阵是安装在船体上的，理论上来说轮船坐标系和基阵坐标是重合的，但是安装误差会导致两个坐标系发生偏移，轮船坐标系和基阵坐标系如图 5-21 所示。坐标系 $OX_uY_uZ_u$ 表示基阵坐标系，$OX_bY_bZ_b$ 为轮船坐标系，

$\boldsymbol{\theta}=\left[\theta_x,\theta_y,\theta_z\right]$表示安装的角度误差，也可称为姿态角，绕3个坐标轴旋转产生，其中，θ_x为方位角，θ_y为横摇角，θ_z为纵倾角[20]。假设声源在基阵坐标系下的坐标为$\boldsymbol{x}_{\mathrm{u}}$，在大地坐标下的坐标为$\boldsymbol{x}$，轮船的坐标$\boldsymbol{p}$（可由GPS获得），则3个坐标之间的关系为[19, 21-22]：

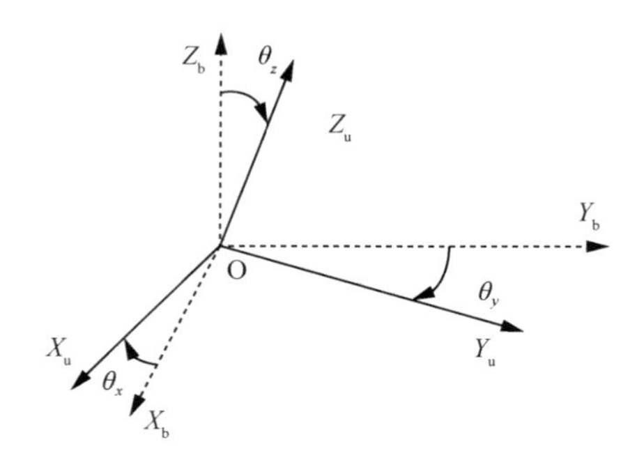

图5-21　轮船坐标系和基阵坐标系

$$\boldsymbol{x}=\boldsymbol{p}+\boldsymbol{C}_{\mathrm{b}}^{\mathrm{n}}\boldsymbol{C}_{\mathrm{u}}^{\mathrm{b}}\boldsymbol{x}_{\mathrm{u}} \tag{5-94}$$

其中，$\boldsymbol{C}_{\mathrm{b}}^{\mathrm{n}}$为轮船坐标系相对大地坐标系的姿态矩阵，可由姿态仪测得，$\boldsymbol{C}_{\mathrm{u}}^{\mathrm{b}}$则是轮船坐标系和基阵坐标系的矩阵，可由式（5-95）计算得到。

$$\boldsymbol{C}_{\mathrm{u}}^{\mathrm{b}}=\left(\begin{bmatrix}\cos\theta_x & 0 & -\sin\theta_x\\ 0 & 1 & 0\\ \sin\theta_x & 0 & \cos\theta_x\end{bmatrix}\begin{bmatrix}1 & 0 & 0\\ 0 & \cos\theta_y & \sin\theta_y\\ 0 & -\sin\theta_y & \cos\theta_y\end{bmatrix}\begin{bmatrix}\cos\theta_z & \sin\theta_z & 0\\ -\sin\theta_z & \cos\theta_z & 0\\ 0 & 0 & 1\end{bmatrix}\right)^{\mathrm{T}} \tag{5-95}$$

由式（5-95）可知，基阵坐标系只需要通过姿态旋转矩阵便可转为大地坐标系，即USBL系统的绝对误差取决于姿态仪等设备的精度，因此如果不加以说明，涉及的误差为相对误差，即研究基阵坐标系的误差。

5.5　本章小结

作为水声目标探测的重要一环，本章重点介绍了水声目标探测中关于目标定位的相关理论。首先介绍了水声目标定位领域的基础理论，在此基础上依次介绍了水下传感器网络节点的定位方法、依据节点的水下目标自定位方法和水下其他目标的定位方法，构建了一个基础的水下目标定位体系。

参考文献

[1] ISIK M T, AKAN O B. A three dimensional localization algorithm for underwater acoustic sensor networks[J]. IEEE Transactions on Wireless Communications, 2009, 8(9): 4457-4463.

[2] MCCRADY D D, DOYLE L, FORSTROM H, et al. Mobile ranging using low-accuracy clocks[J]. IEEE Transactions on Microwave Theory and Techniques, 2000, 48(6): 951-958.

[3] SCHLUPKOTHEN S, DARTMANN G, ASCHEID G. A novel low-complexity numerical localization method for dynamic wireless sensor networks[J]. IEEE Transactions on Signal Processing, 2015, 63(15): 4102-4114.

[4] WANG Y, LIU Y J, GUO Z W. Three-dimensional Ocean sensor networks: a survey[J]. Journal of Ocean University of China, 2012, 11(4): 436-450.

[5] CHENG X Z, SHU H N, LIANG Q L, et al. Silent positioning in underwater acoustic sensor networks[J]. IEEE Transactions on Vehicular Technology, 2008, 57(3): 1756-1766.

[6] ZHAN P C, CASBEER D W, SWINDLEHURST A L. Adaptive mobile sensor positioning for multi-static target tracking[J]. IEEE Transactions on Aerospace and Electronic Systems, 2010, 46(1): 120-132.

[7] CORKE P, DETWEILER C, DUNBABIN M, et al. Experiments with underwater robot localization and tracking[C]//Proceedings of Proceedings 2007 IEEE International Conference on Robotics and Automation. Piscataway: IEEE Press, 2007: 4556-4561.

[8] EROL M, VIEIRA L F M, GERLA M. AUV-aided localization for underwater sensor networks[C]//Proceedings of International Conference on Wireless Algorithms, Systems and Applications (WASA 2007). Piscataway: IEEE Press, 2017: 44-54.

[9] GUSTAFSSON F. Particle filter theory and practice with positioning applications[J]. IEEE Aerospace and Electronic Systems Magazine, 2010, 25(7): 53-82.

[10] TREES H, BELL K, DOSSO S. Bayesian bounds for parameter estimation and nonlinear filtering/tracking[J]. The Journal of the Acoustical Society of America, 2008, 123(5): 2459.

[11] CHEN Z. Bayesian filtering: from Kalman filters to particle filters, and beyond[R]. Canada: University, 2003.

[12] DOERRY A. SAR processing with non-linear FM chirp waveforms[R]. Office of Scientific and Technical Information (OSTI), 2006.

[13] ZHANG D, N'DOYE I, BALLAL T, et al. Localization and tracking control using hybrid acoustic–optical communication for autonomous underwater vehicles[J]. IEEE Internet of

Things Journal, 2020, 7(10): 10048-10060.

[14] LUCANI D E, STOJANOVIC M, MEDARD M. On the relationship between transmission power and capacity of an underwater acoustic communication channel[C]//Proceedings of OCEANS 2008 - MTS/IEEE Kobe Techno-Ocean. Piscataway: IEEE Press, 2008: 1-6.

[15] ZHU Y Y, ZHANG T, XU S Q, et al. A calibration method of USBL installation error based on attitude determination[J]. IEEE Transactions on Vehicular Technology, 2020, 69(8): 8317-8328.

[16] LUO Q H, CHUNYU, YAN X Z, et al. Accurate underwater localization through phase difference[C]//Proceedings of 2020 IEEE International Conference on Smart Internet of Things (SmartIoT). Piscataway: IEEE Press, 2020: 38-42.

[17] WANG Y H, SUN G Q, LAI X Q, et al. Research of ultrashort baseline positioning method based on depth information[C]//Proceedings of 2017 IEEE 2nd Information Technology, Networking, Electronic and Automation Control Conference. Piscataway: IEEE Press, 2017: 18-22.

[18] SALEH M. Contributions to high range resolution radar waveforms: design of complete processing chains of various intra-pulse modulated stepped-frequency waveforms[D]. Bordeaux: University of Bordeaux, 2020.

[19] ZHANG T, ZHANG L, SHIN H S. A novel and robust calibration method for the underwater transponder position[J]. IEEE Transactions on Instrumentation and Measurement, 2021, 70: 1-12.

[20] 冯守珍，吴永亭，唐秋华. 超短基线声学定位原理及其应用[J]. 海岸工程，2002，21(4): 13-18.

[21] SUN D J, DING J, ZHENG C E, et al. Angular misalignment calibration method for ultra-short baseline positioning system based on matrix decomposition[J]. IET Radar, Sonar & Navigation, 2019, 13(3): 456-463.

[22] XU Y L, LIU W Q, DING X, et al. USBL positioning system based adaptive Kalman filter in AUV[C]//Proceedings of 2018 OCEANS - MTS/IEEE Kobe Techno-Oceans. Piscataway: IEEE Press, 2018: 1-4.

第 6 章 水声成像技术

6.1 合成孔径声呐成像基础

合成孔径声呐（Synthetic Aperture Sonar，SAS）[1-10]是一种高分辨率成像声呐，通过小尺寸孔径基阵的匀速直线运动，对接收的原始回波信号做相干累加操作，以合成大尺寸虚拟孔径基阵，进而实现方位向高分辨率，并且方位向分辨率只受实际基阵孔径大小的影响，与目标距离和发射信号频率无关。合成孔径技术的实质是利用时间累加获得空间增益。

常见的声呐系统有侧扫声呐、单波束声呐和多波束声呐。侧扫声呐系统在载体平台的两侧安装声呐换能器，在载体平台沿航迹方向做匀速直线运动的过程中，两侧的声呐换能器发射周期一定的脉冲信号，并接收目标反射的回波，声波照射的范围为测绘带区域，呈条带状。声呐载体的航迹方向被称作方位向，方位向高分辨率通过合成孔径原理实现。与方位向垂直的方向被称为距离向，距离向高分辨率主要通过脉冲压缩技术实现。SAS 进行成像操作时，将场景内的空间三维坐标投影到一个二维平面坐标系，这个二维平面只由方位向和距离向组成，称为斜距平面。

6.1.1 合成孔径原理

合成孔径技术[11-20]可以使方位向上的高分辨率成为可能。它与常规波束形成的不同点是：声呐基阵伴随载体在航迹上做匀速直线运动，按固定周期发射线性调频

（Linear Frequency Modulation，LFM）信号，同时将接收的原始回波信号的相位做相干叠加操作，从而得到一个脉宽很窄的信号。合成孔径技术的实质是以时间上的累加来换取空间增益。合成孔径声呐在沿航迹匀速运动的过程中，通过对整个合成孔径内每个虚拟阵元接收的回波信号做相干处理，虚拟为一个大的孔径，获得较高的方位向分辨率。因此，合成孔径技术可使方位向分辨率仅与声呐基阵孔径的物理尺寸有关，与目标的距离及信号频率无关。方位向高分辨率的获得，只需要采用小尺寸孔径的基阵即可实现，并且由于与目标距离无关，在整个测绘带中的分辨率一致，对于较远距离的目标，也可以实现高分辨率成像。

6.1.2　多子阵技术

SAS 系统中最远无模糊测绘距离与载体前进速度不可同时达到最优参数：当最远无模糊测绘距离增大时，载体前进速度将降低；加快载体前进速度，探测距离将缩短。另外，声波在水中的传播速度较低，欠采样会引起方位模糊，故只能使载体前进速度降低，这严重限制了测绘效率。若方位向分辨率为 10cm，则声呐发射基阵的实孔径大小为 20cm，只有将载体前进速度控制在 1 节左右，测绘带宽度才能达到 150m 左右。但过低的航速并不实用，阻碍了 SAS 的应用发展。

多子阵技术[21-23]采用了简单的硬件结构，可以较方便地提高系统的测绘速度。实现场景为载体在较快速前进的过程中，一次发射获得多路接收，可避免前进速度提升后空间采样率不足的问题，其原理可以通过等效相位中心解释。合成孔径声呐的接收基阵和发射基阵一般由不同的声呐基阵实现。简化处理后，将接收基阵和发射基阵虚拟为一个收/发合置的虚拟基阵，这个虚拟阵所处位置就是等效的相位中心。

6.2　考虑阵元指向性函数调制的目标成像

多子阵回波是 SAS 成像的基础，在仿真系统中可用于验证成像算法的有效性和指导待研制 SAS 系统的参数设计。传统回波仿真方法将收/发阵元指向性函数视为矩形，并采用声呐 3dB（考虑单个阵元）波束照射期间产生的频率漂移表示目标沿

方位向的多普勒带宽。这种处理存在两个问题。

（1）忽略了收/发阵元宽频带的指向性函数调制

指向性函数的调制直接影响目标重构后的名义分辨率、峰值旁瓣比（Peak Sidelobe Ratio，PSLR）以及积分旁瓣比（Integral Sidelobe Ratio，ISLR）等参数，而受指向性函数调制的实际 SAS 系统会具有更小的 PSLR 和 ISLR，这将直接关系到有无必要针对实际 SAS 系统开展旁瓣抑制等工作。

（2）忽略了主瓣外回波信号的贡献

在主瓣边沿处，信号强度仅衰减了 6dB（考虑收/发阵元），对应的信号幅度仅衰减了约一半，由于 SAS 系统的参数是根据 3dB（考虑单个阵元）波束宽度内的多普勒带宽进行计算的，回波的方位谱中没有明显的混叠现象，这不利于验证依据 3dB（考虑单个阵元）波束宽度内的多普勒带宽设计的系统参数。另外，主瓣外回波信号对孔径的合成仍有贡献，如果仍以方位向剖面下降 3dB 定义名义分辨率，那么考虑整个波束内的回波贡献可以得到更高的分辨率，但与经典合成孔径理论中以方位向剖面下降 3dB 定义的名义分辨率等于基元尺寸的一半这个结论不相符。

基于上述两个原因，有必要研究阵元指向性函数调制情况下的目标成像、PSLR、ISLR 以及与经典合成孔径理论相一致的名义分辨率，这不仅能够实现成像算法有效性的验证这一基本功能，还有助于完善合成孔径理论和指导待研制 SAS 系统的参数设计[24-25]。

6.2.1　考虑收/发阵元波束调制的成像几何

多子阵 SAS 二维成像几何如图 6-1 所示，灰色矩形表示发射阵元，其他矩形表示接收阵元，平台在以速度 v 前进的过程中，发射阵元同时向正侧视方向以固定的脉冲重复频率发射宽频带信号 $s(\tau)$。

不失一般性，假设图 6-1 中理想点目标的坐标为 (r_0, x_0)；在 0 时刻，发射阵元在方位向的坐标为 0，第 i 个接收阵元在方位向的位置为 d_i；在 t 时刻，发射阵元的位置为 vt，考虑信号传播期间第 i 个接收阵元沿方位向移动的距离 $v\tau_i$，这里的 τ_i 表示信号的精确传播时间[26]，第 i 个接收阵元接收点目标回波时所在的方位位置为 $vt + v\tau_i + d_i$，如图 6-1 所示。需要说明的是，如果 d_i 为 0，那么多子阵 SAS 便退化为传统收/发合置 SAS 构型。

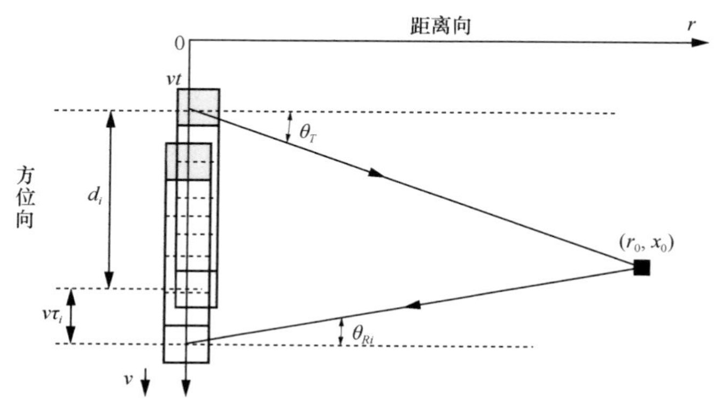

图 6-1 多子阵 SAS 二维成像几何

针对第 i 个接收阵元，其接收的回波所历经的双程斜距历程为：

$$R_i(t;r) = \sqrt{r^2 + (vt)^2} + \sqrt{r^2 + (vt + d_i + v\tau_i)^2} \tag{6-1}$$

假设发射的宽频带信号 $s(\tau)$为线性调频信号，经过解调后，第 i 个接收阵元的回波为：

$$\mathrm{ss}_i(\tau, t) = s\left(\tau - \frac{R_i(t;r)}{c}\right) p_{Ri}(\theta_{Ri}) p_T(\theta_T) \exp\left\{-\mathrm{j}2\pi\frac{R_i(t;r)}{\lambda}\right\} \tag{6-2}$$

其中，λ 为与发射信号中心频率 f_c 相对应的波长。$p_{Ri}(\theta_{Ri})$、$p_T(\theta_T)$ 分别表示收/发阵元的方位向指向性函数；θ_{Ri} 和 θ_T 分别表示目标和收/发阵元之间的侧视角；显然，指向性函数是关于侧视角和信号瞬时频率的函数。传统系统仿真中忽略了 $p_{Ri}(\theta_{Ri})$、$p_T(\theta_T)$ 的影响，这仅能检验成像算法的正确性，不能用来进行合成孔径声呐系统性能指标的仿真验证分析。另外，式（6-2）中忽略了目标散射强度的影响，这不影响后文关于指向性函数对成像影响的讨论。

6.2.2 忽略阵元指向性的影响

虚拟孔径同目标之间的几何关系如图 6-2 所示，这里可以近似认为每个虚拟阵元至目标的射线是平行的，在小角度假设下，每个阵元至目标的距离为 $r_0 + x\sin\theta$。假设每个虚拟阵元的信号强度相同，忽略由距离 r_0 引起的相位误差，并考虑收/发双程以及阵指向性的乘积定理，则虚拟基阵的指向性函数为：

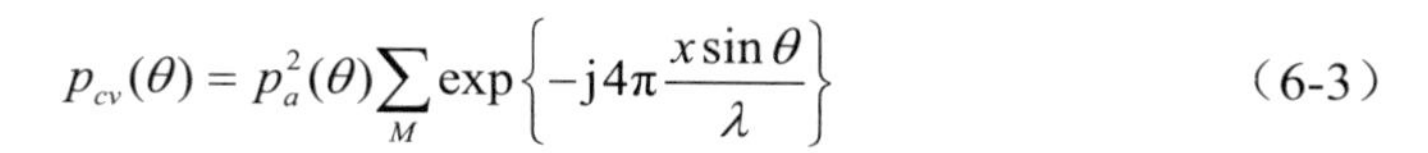

$$p_{cv}(\theta)=p_a^2(\theta)\sum_{M}\exp\left\{-\mathrm{j}4\pi\frac{x\sin\theta}{\lambda}\right\} \tag{6-3}$$

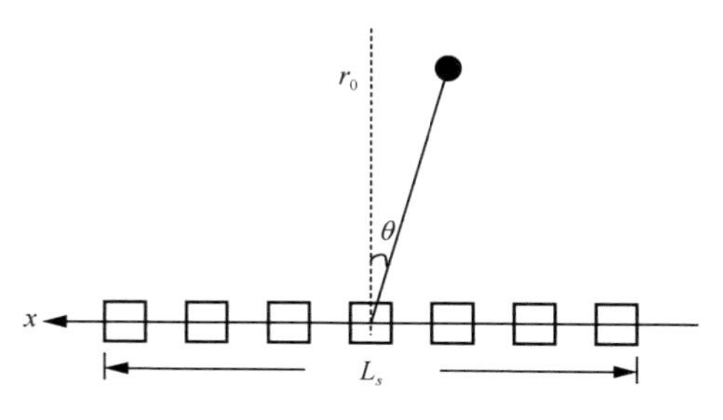

图 6-2　虚拟孔径同目标之间的几何关系

沿方位向的实孔径长度，$\mathrm{sinc}(z)=\dfrac{\sin(\pi z)}{\pi z}$。随着虚拟阵元数的增多，式（6-3）所示的求和便转化为傅里叶积分，即：

$$\begin{aligned}p_{cv}(\theta)&=p_a^2(\theta)\int_{-L_s/2}^{L_s/2}\exp\left\{-\mathrm{j}4\pi\frac{x\sin\theta}{\lambda}\right\}\mathrm{d}x=\\&L_s p_a^2(\theta)\mathrm{sinc}\left(\frac{2L_s\sin\theta}{\lambda}\right)=\\&L_s p_a^2(\theta)p_s(\theta)\end{aligned} \tag{6-4}$$

其中，L_s 表示合成孔径长度；由于阵元自发自收信号，所以 $p_s(\theta)=\mathrm{sinc}\left(\dfrac{2L_s\sin\theta}{\lambda}\right)$ 为实孔径长度为 $2L_s$ 的阵列指向性函数。考虑到 $p_a^2(\theta)$ 一般比 $p_s(\theta)$ 宽，在窄带信号讨论中一般都忽略其影响，进一步得到距离坐标为 r 位置处目标的方位分辨率为：

$$\rho_a=k_1\frac{\lambda}{2L_s}r=k_1\frac{\theta_{\mathrm{BW}}D/k_2}{2L_s}r=\frac{k_1 D}{2k_2} \tag{6-5}$$

其中，θ_{BW} 为主瓣宽度；k_1 为基于虚拟基阵指向性函数主瓣极大值下降 a_1 dB 所定义主瓣宽度的比例系数，k_2 为基于实孔径阵元指向性函数主瓣极大值下降 a_2 dB 时所定义主瓣宽度的比例系数。通过式（6-5）不难发现，只有当实孔径阵元和虚拟基阵的主瓣宽度都采用同样的定义方式时，$k_1=k_2$ 才成立，成像后的分辨率为 $D/2$。例如，用实孔径阵元的 3dB 波束宽度定义合成孔径长度时，合成孔径成像后方位向剖面极大值下降 3dB 的分辨率刚好是 $D/2$；如果用 4dB 定义主瓣宽度，那么成像后方位向剖面极大值下降 4dB 时的分辨率为 $D/2$。

6.2.3 考虑阵元指向性的回波仿真

随着平台的前进，水底的某个目标被数十个脉冲照射。由于方位向阵元指向性的影响，每个脉冲的回波信号强度会变化，方位向指向性及其对信号强度的影响如图 6-3 所示，以方位向上有 3 个阵元位置为例，图 6-3 呈现了正侧视情况的阵元指向性及其对信号强度的影响。当阵元处于 A 点之前的某一位置时，目标刚好进入波束主瓣，其接收信号的强度如图 6-3 所示。在目标被波束中心（图 6-3 中的 O 点）照射之前，接收信号强度一直不断增加。当波束中心扫过目标后，在目标被波束方向图的第一个零点（图 6-3 中的 B 点）照射之前，信号强度又逐渐减弱。

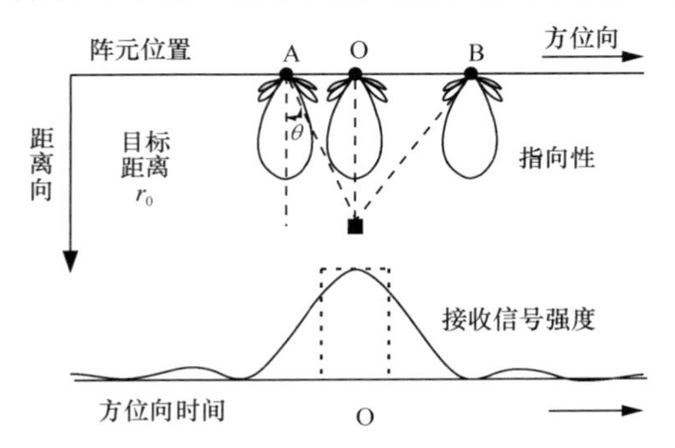

图 6-3　方位向指向性及其对信号强度的影响

从图 6-3 可以看出，除了球面扩展损失影响，任意位置接收的点目标回波信号还受信号收/发阵元指向性 $p_{Ri}(\theta_{Ri})p_T(\theta_T)$ 的共同加权影响。阵元指向性与信号频率有关，如果发射信号是单频信号，那么回波仿真中就能非常容易地引入阵元指向性的影响。但是为了在距离向进行分辨，发射信号均采用宽频带信号，这使得单频发射信号情况下的回波仿真方法不再适用于宽频带回波仿真场合。首先，根据收/发阵元与目标之间的几何关系，计算信号的精确传播时间 τ_i；依据 τ_i 对发射信号进行延迟处理，得到 $s(\tau-\tau_i)$，并对该信号进行傅里叶变换（Fourier Transform，FT）。在 t 时刻，发射阵元的位置为 vt，此时发射阵元相对目标的侧视角为：

$$\theta_t = \arctan\frac{vt - x_0}{r_0} \tag{6-6}$$

发射阵元在 vt 位置发射的信号经过 τ_i 时间后被第 i 个接收阵元接收，该接收阵元接收信号时相对目标的侧视角为：

$$\theta_{Ri} = \arctan\frac{vt + v\tau_i + d_i - x_0}{r_0} \tag{6-7}$$

将收/发阵元看成线阵，那么收/发阵元的指向性分别为：

$$p_T = \frac{\sin(m_T)}{m_T} \tag{6-8}$$

$$p_{Ri} = \frac{\sin(m_{Ri})}{m_{Ri}} \tag{6-9}$$

其中，$m_T = \dfrac{\pi D_T \sin\theta_T}{\lambda(f_\tau)}$，$m_{Ri} = \dfrac{\pi D_R \sin\theta_{Ri}}{\lambda(f_\tau)}$；$f_\tau$ 表示宽频带信号的距离向瞬时频率；$\lambda(f_\tau)$ 表示与距离向瞬时频率 f_τ 相对应的波长；D_R 和 D_T 分别表示收/发阵元在方位向的长度。

基于式（6-8）和式（6-9），对距离向傅里叶变换后的延迟发射信号进行加权，并进行傅里叶逆变换（Inverse Fourier Transform，IFT）后，就可以得到该接/收阵元所接收的回波信号（6-2）。回波仿真流程[25]如图 6-4 所示。

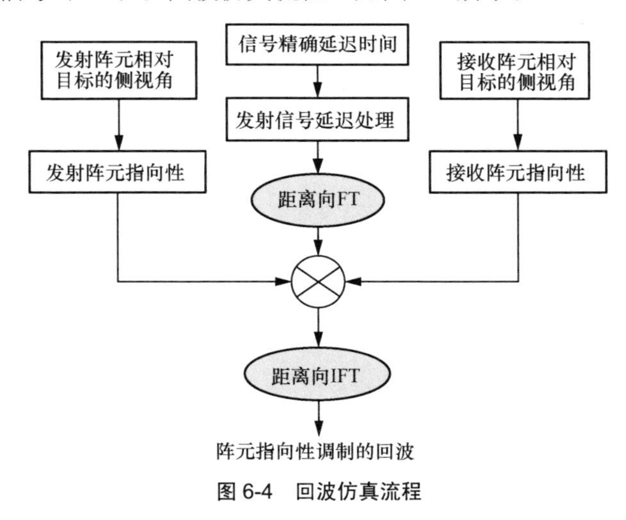

图 6-4　回波仿真流程

6.2.4 仿真及分析

（1）阵元指向性与 SAS 成像间的联系

首先通过仿真研究虚拟基阵指向性、实孔径阵元指向性与合成孔径理论之间的联系。为简化分析，本节采用 150kHz 的单频信号对虚拟大孔径基阵和实孔径基阵的阵元指向性进行仿真。在二维成像几何中设置一个理想点目标，该目标距离参考阵元的距离为 45m，与虚拟基阵正侧视方向的夹角为 0°，则近场波束形成处理后的结果如图 6-5 所示。图 6-5 中的虚拟基阵由图 6-3 中的各阵元位置组成。

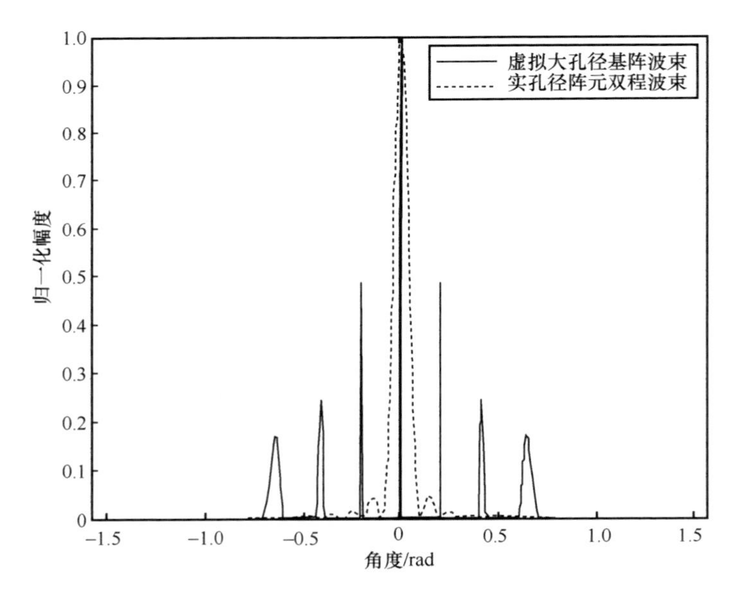

图 6-5　虚拟大孔径基阵和实孔径阵元的指向性

观察图 6-5 可以发现，虚拟大孔径基阵的指向性在$[-\pi/2,\pi/2]$出现了栅瓣，这是因为虚拟大孔径基阵阵元间隔，即单个脉冲内实孔径阵元沿方位向移动的距离大于半波长。根据阵列信号处理相关理论，这些栅瓣的理论位置为$\arcsin\left(i\dfrac{\lambda}{2\mathrm{PRI}\cdot V}\right)$，$i=\pm1,\pm2,\cdots$；这里$\lambda$为信号波长，PRI 为脉冲重复间隔（Pulse Repetition Interval），V为平台拖曳速度。根据设定的仿真参数，栅瓣出现的理论位置为

$\pm0.2\text{rad}, \pm0.4\text{rad}, \cdots$，与图 6-5 的仿真结果完全相吻合。在传统阵列信号处理中，栅瓣的抑制可以通过减小阵元的间隔实现；对于 SAS 来说，其最终的指向性是虚拟大孔径基阵的指向性和单个实孔径阵元指向性的乘积，从而巧妙地利用了实孔径阵元指向性的零点抑制虚拟大孔径基阵指向性的栅瓣。由此可见，SAS 建立在小尺寸阵元以及其运动所形成的虚拟大孔径基阵的基础之上。

（2）忽略阵元指向性的回波仿真与成像

本节不考虑阵元的指向性函数，而利用 3dB 波束宽度所对应的矩形窗进行回波信号仿真，如图 6-3 中的虚线矩形窗所示。系统信号仿真参数见表 6-1。

表 6-1　系统信号仿真参数

中心频率	150kHz	脉冲重复频率	12Hz
脉冲宽度	10ms	平台速度	0.3m/s
信号带宽	10kHz	阵元孔径	0.1m

基于 3dB 矩形窗加权的回波信号如图 6-6 所示。从图 6-6 可以看到，该信号在方位向 4～6m 范围内有信号，而该范围之外没有信号，这是在信号仿真时，采用图 6-3 中虚线矩形窗对方位向的信号进行加权所致。这忽略了指向性随频率的变化，同时还对 3dB 波束宽度外的信号进行截断处理，不符合实际情况。

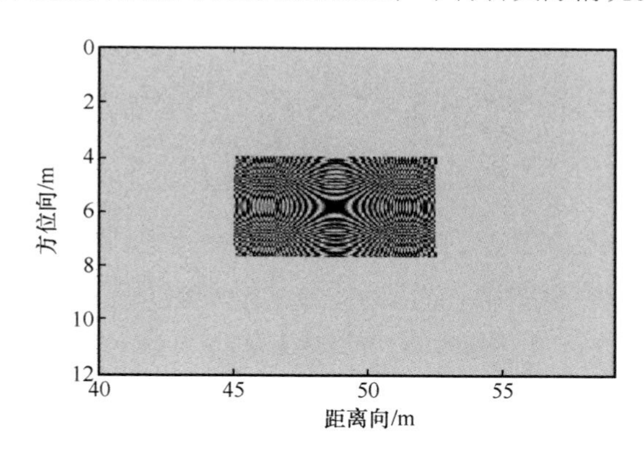

图 6-6　基于 3dB 矩形窗加权的回波信号

基于反向投影（Back Projection，BP）算法[27-28]，对图 6-6 所示的回波信号进行聚焦处理，基于 3dB 矩形加权的方位向剖面如图 6-7 所示。图 6-7（a）为方位向剖面全局图，目标聚焦后的 PSLR、ISLR 分别为−13.31dB 和−9.95dB。图 6-7（b）为方位向剖面局部放大图，基于归一化方位向剖面下降 3dB 的宽度定义分辨率，可以得到分辨率为 0.052m，与阵元实孔径长度的一半基本吻合。基于 4dB 矩形窗加权的回波信号如图 6-8 所示，回波信号在方位向 3～7m 范围内有信号，相对于图 6-7，图 6-8 所示信号具有较大的合成孔径长度。

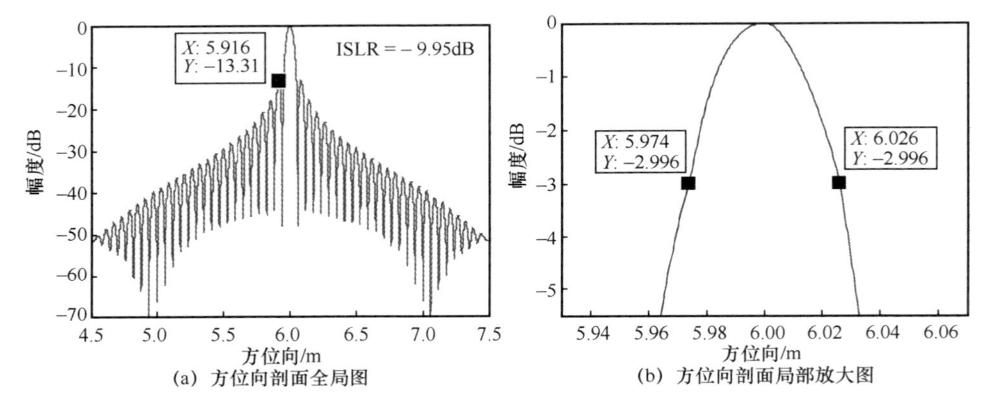

(a) 方位向剖面全局图　　(b) 方位向剖面局部放大图

图 6-7　基于 3dB 矩形窗加权的方位向剖面

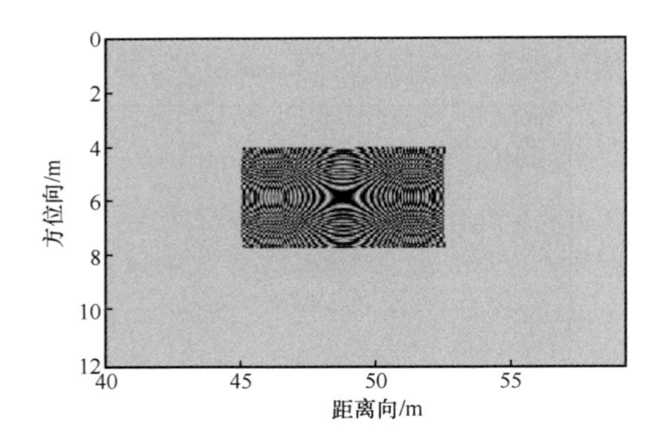

图 6-8　基于 4dB 矩形窗加权的回波信号

基于 BP 算法对图 6-8 所示信号进行聚焦处理，基于 4dB 矩形窗加权的方位向剖面如图 6-9 所示。

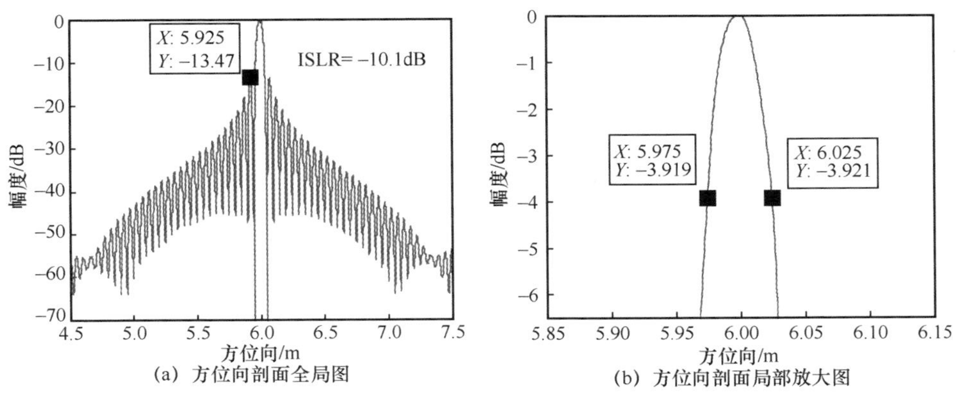

(a) 方位向剖面全局图　　(b) 方位向剖面局部放大图

图 6-9　基于 4dB 矩形窗加权的方位向剖面

从图 6-9（a）可得到聚焦目标的 PSLR 和 ISLR 分别为−13.47dB 和−10.1dB，与基于 3dB 矩形窗加权的相应参数基本一致。观察图 6-9（b），基于方位剖面下降 4dB 定义的分辨率为 0.05m，与阵元实孔径长度的一半基本吻合，进一步验证了第 6.2.2 节内容的正确性。

（3）考虑阵元指向性的回波仿真与成像

首先讨论宽频带信号的阵元指向性，图 6-10（a）为与表 6-1 中信号参数相对应的阵列指向性，可以看到，在小带宽情况下，阵元指向性函数基本表现为矩形窗。将表 6-1 中的信号带宽更换成 60kHz，阵元指向性如图 6-10（b）所示，可以看到指向性的锐化程度随着频率的增大而增大，而这种现象随着带宽的增大更为明显。

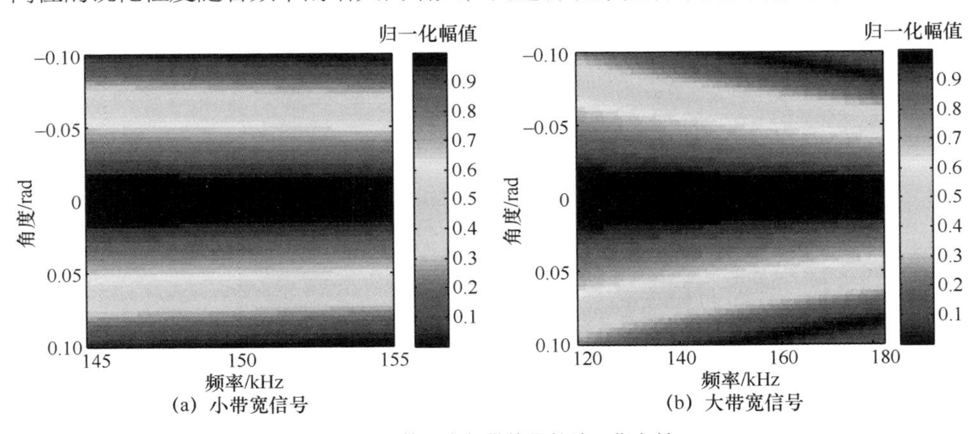

(a) 小带宽信号　　(b) 大带宽信号

图 6-10　基于宽频带信号的阵元指向性

基于图 6-10 所示的阵元指向性对回波信号进行仿真，结果如图 6-11 所示。观察图 6-11（b）可以发现，大带宽情况下的信号与阵元指向性分布基本一致，同样呈楔形。线性调频信号的频率随着时间的增大而增大，而主瓣宽度随着频率的增大而减小，进而导致信号表现出楔形。而小带宽信号的楔形不明显。然而，回波信号强度受到收/发阵元非带限的指向性函数加权，因而信号强度在方位向边缘较弱。

不失一般性，下文仅对图 6-11（a）所示的回波信号进行聚焦处理，考虑阵元指向性的方位向剖面如图 6-12 所示。从图 6-12（a）可以看到，考虑阵元指向性后的 PSLR、ISLR 分别为−40.28dB 和−25.0dB。这是因为阵元指向性函数的调制相当于在方位向对回波信号进行了加权处理。在图 6-12（b）所示的分辨率图像中，基于归一化方位向剖面下降 3dB 定义的分辨率为 0.037m，小于实孔径阵元的一半，这是因为 3dB 波束宽度外的信号对相干积累仍有贡献，所以再用 3dB 波束宽度定义的分辨率与实孔径阵元的一半不吻合；而基于归一化方位向剖面下降 5dB 定义的分辨率为 0.048m，与实孔径阵元的一半完全吻合。

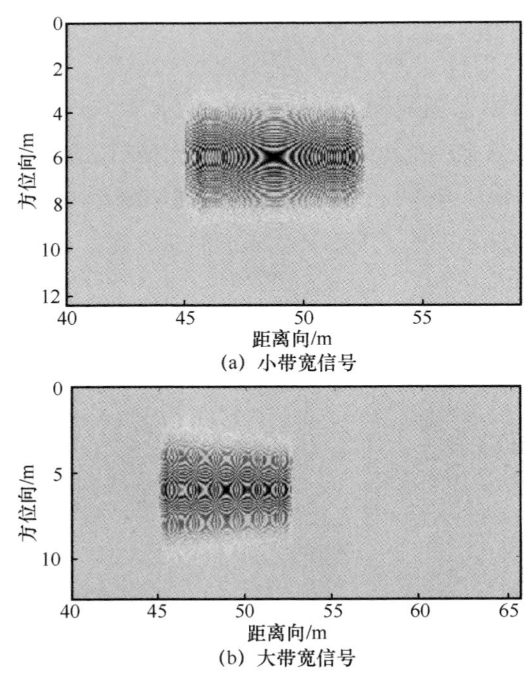

图 6-11　基于阵元指向性的回波信号

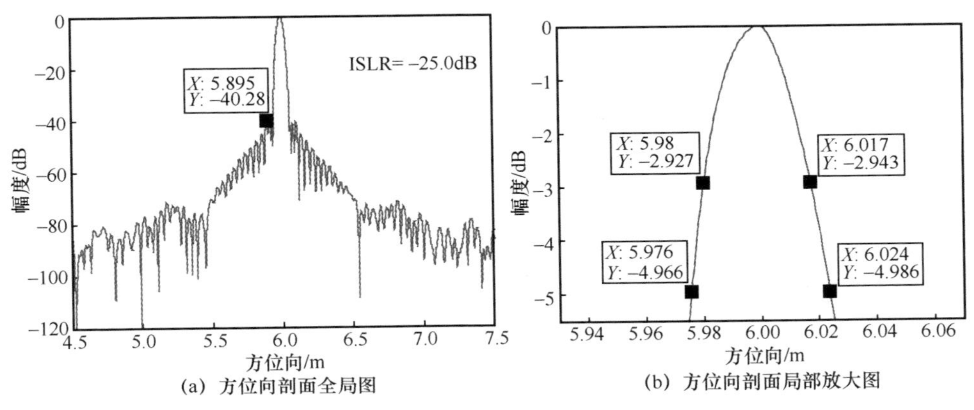

(a) 方位向剖面全局图　　(b) 方位向剖面局部放大图

图 6-12　考虑阵元指向性的方位向剖面

（4）基于传统阵列信号的解释

下面将从传统阵列信号处理的角度，对未考虑和考虑阵元指向性时成像结果的性能指标进行验证分析。考虑由 N 个接收阵元组成的线列阵，其阵元间隔为半波长，则接收阵列收到 φ 方向的信号为：

$$\boldsymbol{s}=\left[1,\mathrm{e}^{\mathrm{j}2\pi\sin\varphi},\cdots,\mathrm{e}^{\mathrm{j}2\pi(N-1)\sin\varphi}\right]^{\mathrm{T}} \tag{6-10}$$

将各阵元信号直接相加，即可得到该阵列法线方向的指向性图，即：

$$G(\varphi)=\frac{1}{N}\left|\boldsymbol{s}^{\mathrm{T}}\cdot\boldsymbol{\omega}\right| \tag{6-11}$$

其中，$\boldsymbol{\omega}$ 表示加权矢量。

不考虑阵元指向性时，$\boldsymbol{\omega}=[1,1,\cdots,1]^{\mathrm{T}}$，于是式（6-11）可以表示为：

$$G_1(\varphi)=\frac{\sin\left(\dfrac{N\pi\sin\varphi}{2}\right)}{N\sin\left(\dfrac{\pi\sin\varphi}{2}\right)} \tag{6-12}$$

根据式（6-12），可知旁瓣出现的方位为：

$$\varphi=\sin^{-1}\left[\left(z+\frac{1}{2}\right)\frac{\lambda}{Nd}\right] \tag{6-13}$$

将式（6-13）代入式（6-12），可得：

$$G_1(\varphi)=\frac{1}{N\sin\left[\frac{\pi}{N}\left(z+\frac{1}{2}\right)\right]} \tag{6-14}$$

当 $z=1$ 时，可得第一旁瓣，此时 $G_1(\varphi)\approx\frac{2}{3\pi}$，于是，进一步得到 PSLR 约为：

$$\text{PSLR}=20\lg\left(\frac{2}{3\pi}\right)=-13.46\text{dB} \tag{6-15}$$

PSLR 和 ISLR 还可从频域波束成形的角度予以解释，为简化分析，定义窗函数：

$$d(n)=\begin{cases}1, & n=-N/2,0,\cdots,N/2\\ 0, & \text{其他}\end{cases} \tag{6-16}$$

根据傅里叶变换，可得其频谱：

$$D(\mathrm{e}^{\mathrm{j}\omega})=\sum_{n=0}^{N}d(n)\mathrm{e}^{-\mathrm{j}\omega n}=\frac{\sin\left[\omega(N+1)/2\right]}{\omega/2}\mathrm{e}^{-\mathrm{j}\omega N/2} \tag{6-17}$$

式（6-16）中的数据点长度仅影响频谱的分辨率，而不影响 PSLR 和 ISLR，所以可对任意长度的窗函数频谱进行分析，都能得到 PSLR 和 ISLR。不失一般性，当 N=1027 时，矩形窗的频谱如图 6-13 所示。

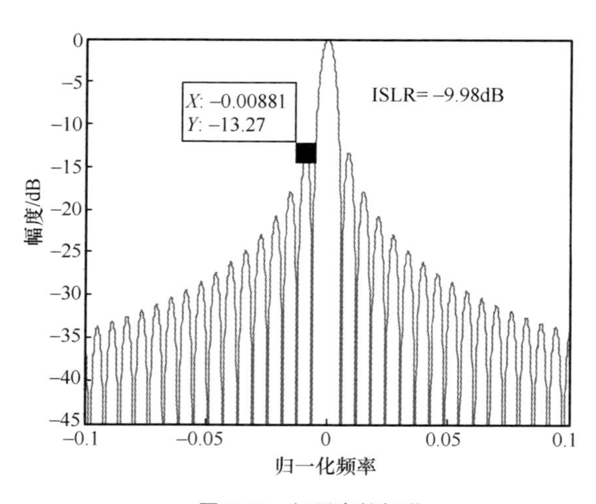

图 6-13 矩形窗的频谱

分析图 6-13，矩形窗频谱的 PSLR 和 ISLR 分别为−13.27dB、−9.98dB，与第 6.2.3 节对应的指标基本一致。

根据主瓣宽度 $\vartheta_{-3}=\lambda/D$ 定义的合成孔径长度为 $L_s=r\vartheta_{-3}$，考虑合成孔径主动发射信号，合成孔径系统的分辨率为：

$$\rho_1=\frac{\lambda}{2L_s}r=\frac{\lambda}{2\vartheta_{-3}}=\frac{D}{2} \tag{6-18}$$

图 6-13 和式（6-18）进一步验证了不考虑阵元指向性的成像性能。

考虑阵元指向性时，式（6-11）中的权函数为 $\boldsymbol{\omega}=\text{sinc}^2$。为简化分析，仍从频域波束形成的角度研究 PSLR 和 ISLR，定义如下函数：

$$d_1(n)=d(n)\text{sinc}^2\left(\frac{n}{N+1}\right) \tag{6-19}$$

于是，式（6-19）的频谱为：

$$D(\text{e}^{\text{j}\omega})=\sum_{n=0}^{N}d_1(n)\text{e}^{-\text{j}\omega n}=D(\text{e}^{\text{j}\omega})*\zeta(\text{e}^{\text{j}\omega}) \tag{6-20}$$

其中，$\zeta(\text{e}^{\text{j}\omega})$ 为 $\sin c^2$ 的频谱，其表达式为：

$$\zeta(\text{e}^{\text{j}\omega})=\begin{cases}1-\dfrac{1}{2(N+1)}|\omega|, & |\omega|<\omega_0/2\\ 0, & \text{其他}\end{cases} \tag{6-21}$$

式（6-19）中的数据点长度同样仅影响式（6-20）所示频谱的分辨率，而不影响 PSLR 和 ISLR，所以式（6-19）中的 N 可取任意长度，都能得到 PSLR 和 ISLR。不失一般性，当 N=1027 时，式（6-19）的频谱如图 6-14 所示。

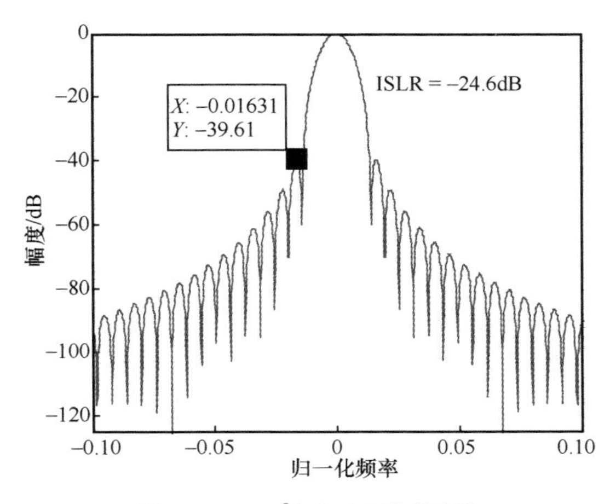

图 6-14　sinc^2 加权窗函数的频谱

从图 6-14 可以看到，式（6-19）所示信号频谱的 PSLR 和 ISLR 分别为−39.61dB 和−24.6dB，与相应的指标基本一致。

合成孔径理论主要涉及小尺寸实孔径阵元和虚拟大孔径基阵，根据乘积定理，可以得到与本节参数相对应的合成指向性函数，如图 6-15 所示。

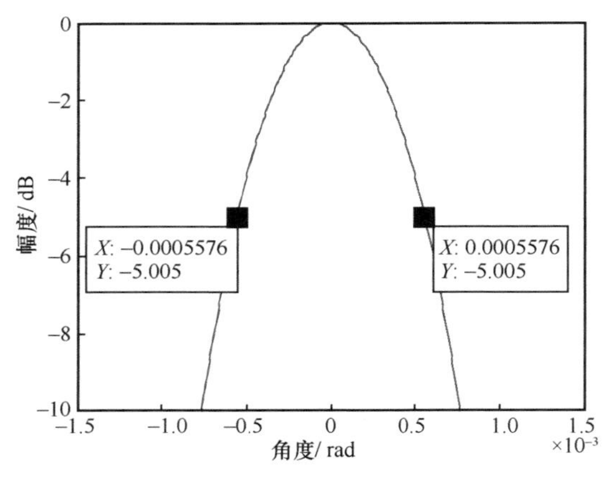

图 6-15　合成指向性函数

从图 6-15 可以发现，以指向性函数下降 5dB 定义的角度分辨率约为 0.0011rad。换算为 45m 距离处的方位分辨率后约为 0.0502m，由此进一步验证了考虑收/发阵元指向性时以方位向剖面下降 5dB 定义方位分辨率的合理性。

6.3　模型近似误差定量分析

6.3.1　Loffeld 双站公式与相位中心近似的联系

根据 Loffeld 双站公式（Loffeld's Bistatic Formula，LBF）方法，可以得到二维频域系统函数[23]：

$$SS_i(f_\tau,f_t)=P(f_\tau)\exp\{-\mathrm{j}\psi(f_\tau,f_t)\}\cdot\exp\left\{-\mathrm{j}\frac{\psi_i(f_\tau,f_t)}{2}\right\} \tag{6-22}$$

其中：

$$\psi(f_\tau,f_t)=-2\pi f_t\frac{r}{c\cdot\cos\theta}+\frac{4\pi}{c}r\sqrt{(f_c+f_\tau)^2-f_t^2\frac{c^2}{4v^2}} \tag{6-23}$$

$$\psi_i(f_\tau,f_t)=-2\pi f_t\frac{d_i}{v}+\frac{\pi}{c}\frac{\left(d_i+\dfrac{2rv}{c\cdot\cos\theta}\right)^2}{(f_c+f_\tau)^2}\frac{\left[(f_c+f_\tau)^2-\dfrac{f_t^2c^2}{4v^2}\right]^{3/2}}{r} \tag{6-24}$$

其中，$\theta=\sin^{-1}\dfrac{cf_t}{2f_cv}$，$f_t$ 表示方位向多普勒频率，f_τ 表示距离向瞬时频率。$\psi(f_\tau,f_t)$ 类似传统收/发合置 SAS 系统二维频域系统函数，称为准收/发合置项；$\psi_i(f_\tau,f_t)$ 是收/发阵元空间的分置引起的，称为收/发分置畸变项。

根据相位中心近似（Phase Center Appropriation，PCA）方法，可以得到二维频域系统函数：

$$\begin{aligned}SS_i(f_\tau,f_t)=\exp\left\{\mathrm{j}2\pi f_t\frac{r}{c}-\mathrm{j}4\pi\frac{r}{c}\sqrt{(f_c+f_\tau)^2-f_t^2\frac{c^2}{4v^2}}\right\}\\ P(f_\tau)\cdot\exp\left\{\mathrm{j}\pi f_t\frac{d_i}{v}-\mathrm{j}\pi\frac{(f_c+f_\tau)}{c}\frac{1}{2r}\left(2\frac{v}{c}r+d_i\right)^2\right\}\end{aligned} \tag{6-25}$$

值得注意的是，式（6-26）所示的系统函数并没有考虑“停–走–停”近似误差[26]的空变性。观察式（6-22）和式（6-25），在不考虑“停–走–停”近似误差的空变性前提下，LBF 方法[29-31]中的 $\psi(f_\tau,f_t)$ 与 PCA 方法中第一个指数项中的相位一致。考虑不等式：

$$f_t\ll\frac{2v}{c}(f_c+f_\tau) \tag{6-27}$$

在任何情况下均成立。于是 LBF 方法中的收/发分置畸变项可以转化为：

$$\psi_i(f_\tau,f_t)\approx-2\pi f_t\frac{d_i}{v}+\pi\frac{(f_c+f_\tau)}{c}\frac{1}{r}\left(2\frac{r}{c\cdot\cos\theta}v+d_i\right)^2 \tag{6-28}$$

观察式（6-28）和式（6-25）中的最后一个相位项，不难发现 LBF 方法中的收/发分置畸变项转化为 PCA 方法中的误差相位，这体现了 LBF 方法和 PCA 方法之间的等价性[10]。

LBF 方法是在频域进行近似的，因而不能在二维空域对其距离误差进行定量计算。为定量分析二维频域的相位误差，首先需要找到精确的二维频域系统函数所对应的相位，根据相位驻留原理，对式（6-2）进行二维频域变换，可得到：

$$(f_c + f_\tau)\dot{\tau}_i + f_t = 0 \tag{6-29}$$

其中，τ_i 表示第 i 个接收阵元所接收回波信号的精确延迟时间，其表达式为：

$$\tau_i = \frac{v\left[(vt - x_0) + d_i\right] + c\sqrt{(vt - x_0)^2 + r^2}}{c^2 - v^2} + \frac{\sqrt{\left\{v\left[(vt - x_0) + d_i\right] + c\sqrt{(vt - x_0)^2 + r^2}\right\}^2 + (c^2 - v^2)\left[2(vt - x_0)d_i + d_i^2\right]}}{c^2 - v^2} \tag{6-30}$$

根据数值计算方法，可以计算式（6-29）的解 $t^*_{\mathrm{nu}\_i}$，这个解就是相位驻留点。根据相位驻留点，可以得到相位：

$$\phi_{\mathrm{nu}\_i}(f_\tau, t^*_{\mathrm{nu}\_i}) = -2\pi(f_c + f_\tau)\cdot\tau_i(t^*_{\mathrm{nu}\_i}) - 2\pi f_t \cdot t^*_{\mathrm{nu}\_i} \tag{6-31}$$

式（6-31）完全考虑了“停–走–停”近似误差的影响，基于这个精确的相位函数，可以计算 LBF 方法的相位误差。考虑图 6-1 所示的多子阵 SAS 系统具有方位空不变的性质，在合成孔径中心处设置一系列距离空变的点目标[32]，从而可以研究相位误差的距离空变性。SAS 系统的参数见表 6-2。

表 6-2　SAS 系统的参数

中心频率	150kHz	脉冲重复周期	0.44s
脉冲宽度	10ms	平台速度	3m/s
发射阵元长度	0.08m	接收阵元长度	0.04m
信号带宽	20kHz	接收阵元个数	66

考虑目标的距离坐标分别为 50m、135m、220m 和 300m。根据式（6-23）和式（6-24），计算基于 LBF 方法的第 1 个收/发阵元组成子系统的二维频域系统函数的相位误差，如图 6-16 所示。

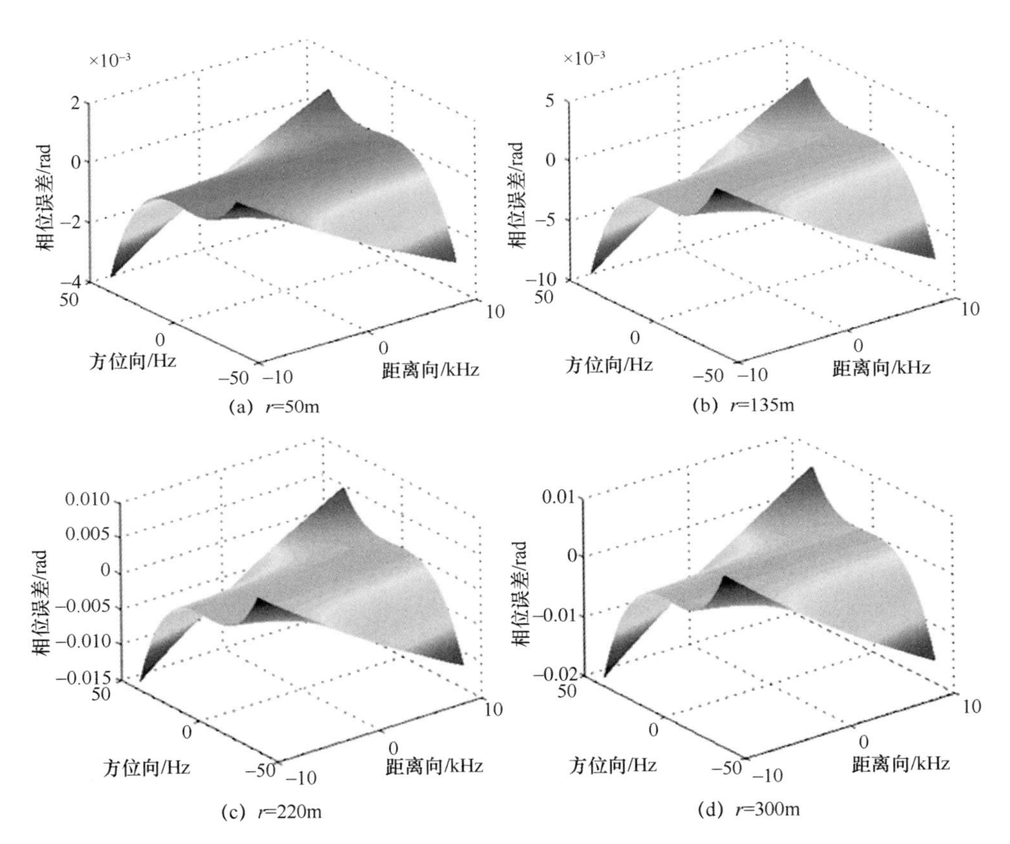

(a) r=50m　(b) r=135m

(c) r=220m　(d) r=300m

图 6-16　基于 LBF 方法的第 1 个收/发阵元组成子系统的二维频域系统函数的相位误差

观察图 6-16，可以发现收/发阵元间距比较近时，相位误差比较小。这是因为此时收发分置的阵元接近合置的阵元。观察每个误差图，可以发现误差幅值在偏离零多普勒的位置逐渐增大，这是因为在孔径的边缘处，LBF 方法的收/发阵元不再等分多普勒的贡献。另外，误差幅值还随着距离的增大而增大，这主要受到“停–走–停”近似误差的影响。总体来说，第 1 个子系统的最大误差仅为 0.02rad，不影响成像性能。

基于 LBF 方法的第 66 个收/发阵元组成子系统的相位误差如图 6-17 所示。当收/发阵元间距较远时，可得到与图 6-16 基本一致的结论。观察图 6-17（a）～图 6-17（d），可发现相位误差的幅值随着距离的增大而减小，这是因为收/发阵元在远距离处等分多普勒的贡献产生的误差较小。对比图 6-16 和图 6-17，可发现收/发阵元间距对相位误差的影响较大。总体来说，相位误差小于 π/4，不影响成像性能。

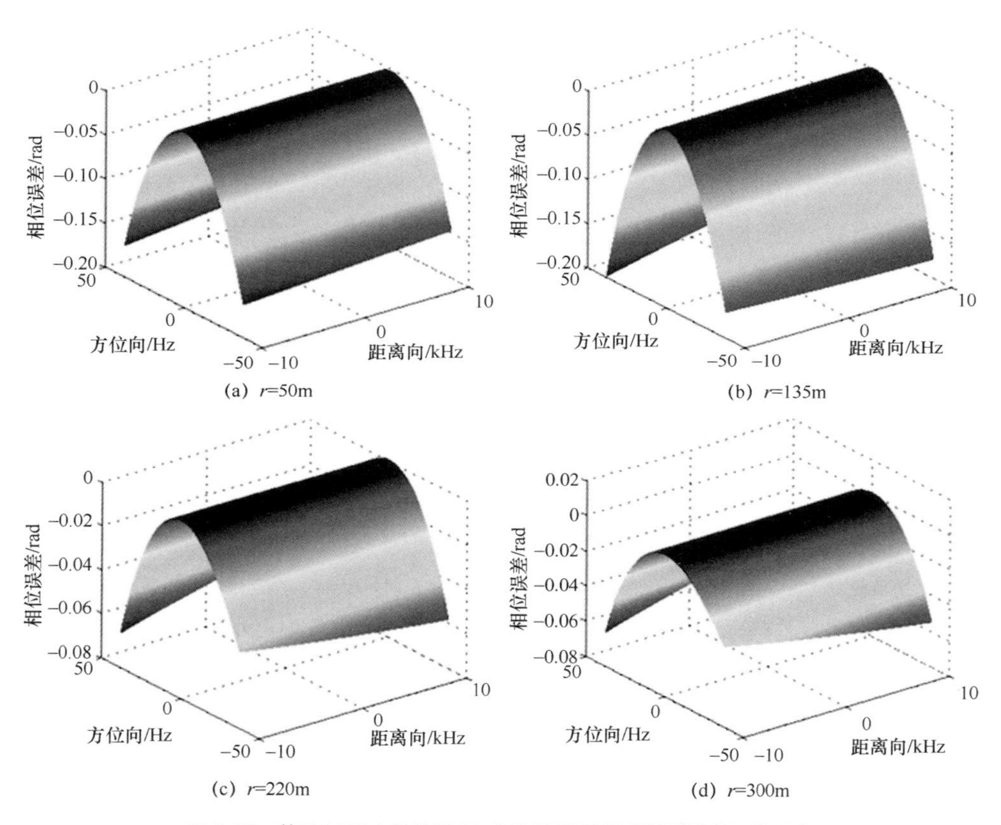

(a) r=50m　(b) r=135m

(c) r=220m　(d) r=300m

图 6-17　基于 LBF 方法的第 66 个收/发阵元组成子系统的相位误差

为对比分析 LBF 和 PCA 方法，图 6-18 和图 6-19 分别给出了基于 PCA 方法的第 1 个和第 66 个收/发阵元组成子系统的相位误差。

根据图 6-18，可以发现相位误差幅值同样随着距离的增大而增大，当收/发阵元距离较近时，“停−走−停”近似误差是影响相位误差的主要因素。对比图 6-16 和图 6-18，可以发现 LBF 方法的误差小于 PCA 方法的误差。

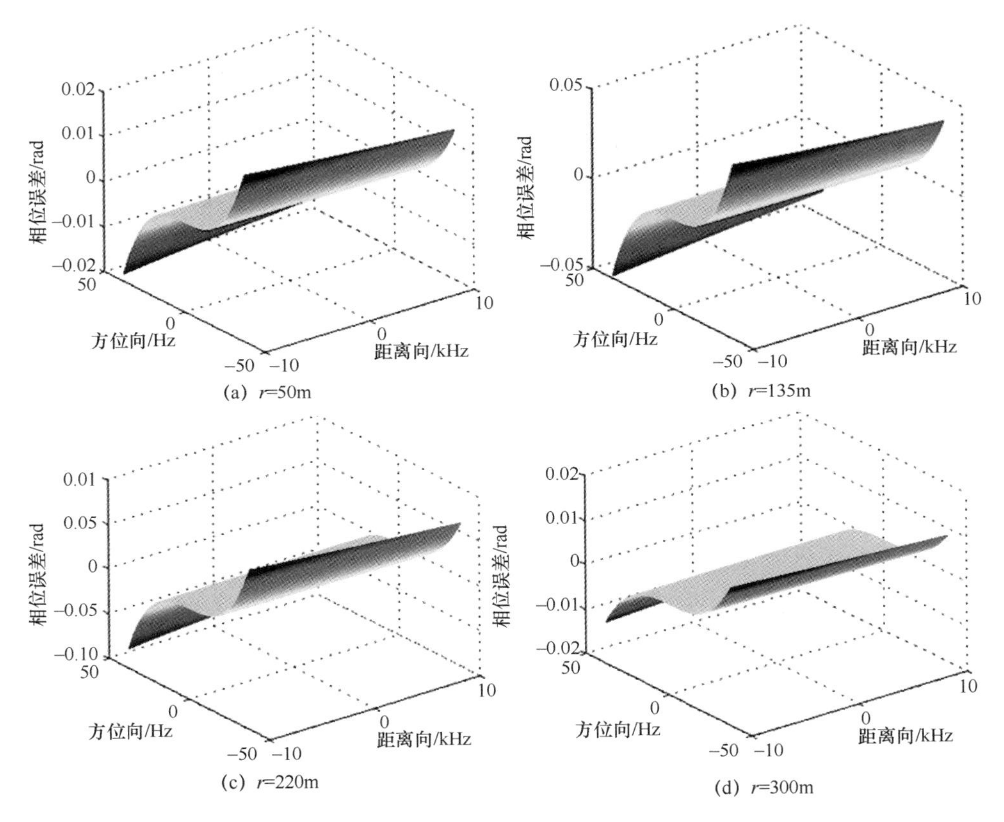

(a) r=50m
(b) r=135m
(c) r=220m
(d) r=300m

图 6-18　基于 PCA 方法的第 1 个收/发阵元组成子系统的相位误差

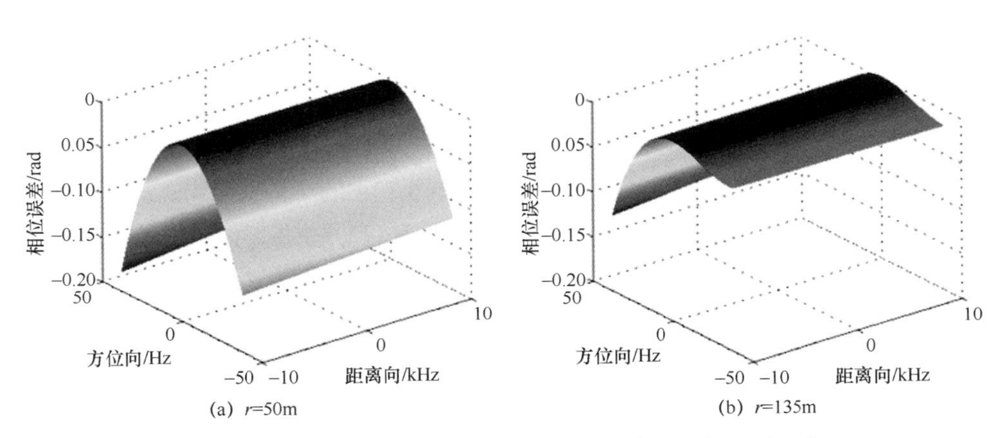

(a) r=50m
(b) r=135m

图 6-19　基于 PCA 方法的第 66 个收/发阵元组成子系统的相位误差

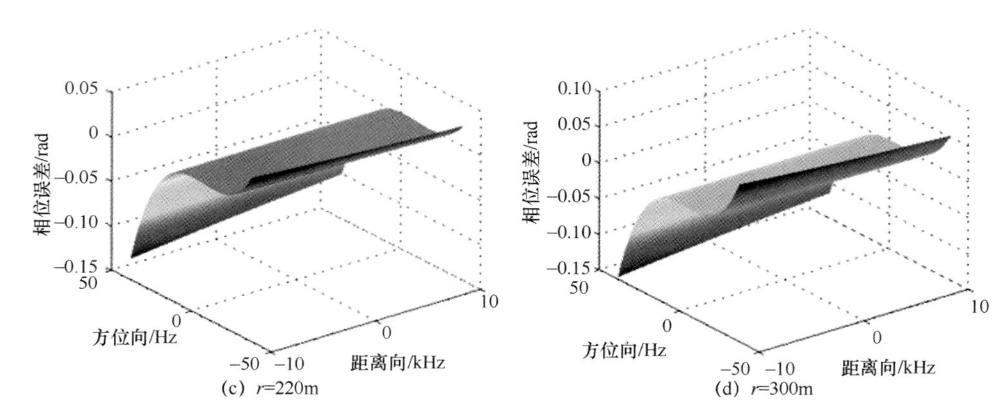

图 6-19　基于 PCA 方法的第 66 个收/发阵元组成子系统的相位误差（续）

观察图 6-17（a）和图 6-19（a），可以发现 LBF 方法和 PCA 方法的相位误差在近距离处非常接近。然而观察图 6-17（b）～图 6-17（d）和图 6-19（b）～图 6-19（d），可以发现随着距离的增大，LBF 方法稍优于 PCA 方法。

6.3.2　LBF 方法与等分多普勒贡献法之间的联系

本节首先推导新方法的点目标参考谱（Point Target Reference Spectrum，PTRS）。忽略阵元指向性的影响，对式（6-2）进行二维频域变化，可得：

$$SS_i(f_\tau, f_t) = P(f_\tau)\int_{-\infty}^{\infty}\exp\left\{-\mathrm{j}2\pi(f_c+f_\tau)\frac{R_i(t;r)}{c} - \mathrm{j}2\pi f_t t\right\}\mathrm{d}t \tag{6-32}$$

其中，$P(f_\tau)$ 表示发射信号 $p(\tau)$ 的频谱，f_t、f_τ 分别表示多普勒频率和距离向瞬时频率。

由于式（6-32）双根号特点，很难得到式（6-32）的解析表达式。基于相位驻留原理与式（6-32）中积分项中的相位，多普勒频率和方位慢时间之间的关系为：

$$f_t = f_{\mathrm{Pr}} + f_{\mathrm{Hy}\_i} = -\frac{f_\tau + f_c}{c}\left(\frac{v^2 t}{R_{\mathrm{Pr}}(t;r)} + v^2\frac{t+\dfrac{d_i}{v}+\dfrac{2r}{c}}{R_{\mathrm{Hy}\_i}(t;r)}\right) \tag{6-33}$$

其中：

$$
\begin{aligned}
f_{\mathrm{Pr}} &= -\frac{f_\tau + f_c}{c}\frac{v^2 t}{R_{\mathrm{Pr}}(t;r)} \\
f_{\mathrm{Hy\_}i} &= -\frac{f_\tau + f_c}{c}\frac{v^2\left(t+\dfrac{d_i}{v}+\dfrac{2r}{c}\right)}{R_{\mathrm{Hy\_}i}(t;r)}
\end{aligned}
\tag{6-34}
$$

其中，$R_{\mathrm{Pr}}(t;r)=\sqrt{r^2+(vt)^2}$，$R_{\mathrm{Hy\_}i}(t;r)=\sqrt{r^2+(vt+d_i+v\tau_i)^2}$。$f_{\mathrm{Pr}}$、$f_{\mathrm{Hy\_}i}$ 分别为对应发射阵元和接收阵元的多普勒频率。

假设收/发阵元对多普勒频率 f_t 的贡献是相等的，即 $f_{\mathrm{Pr}}=f_{\mathrm{Hy\_}i}=0.5f_t$。于是可根据式（6-34）得到慢时间表达式：

$$
\begin{aligned}
t_{\mathrm{Pr}}^* &= -\frac{rcf_t}{2(f_\tau+f_c)v^2 D} \\
t_{\mathrm{Hy\_}i}^* &= -\frac{rcf_t}{2(f_\tau+f_c)v^2 D}-\frac{d_i}{v}-\frac{2r}{c}
\end{aligned}
\tag{6-35}
$$

其中，$D=\sqrt{1-\left[\dfrac{cf_t}{2(f_\tau+f_c)v}\right]^2}$。式（6-35）所示的慢时间等效于收/发阵元各自的相位驻留点（Point of Stationary Phase，PSP）。

将式（6-35）代入收/发阵元各自的斜距历程，可得：

$$
R_{\mathrm{Pr}}(f_t;r)=R_{\mathrm{Hy\_}i}(f_t;r)=\frac{r}{D} \tag{6-36}
$$

将式（6-36）代入式（6-33），可得：

$$
f_t=-\frac{f_\tau+f_c}{c}Dv^2\frac{2t+\dfrac{d_i}{v}+2\dfrac{r}{c}}{r} \tag{6-37}
$$

根据式（6-37），可得到关于多普勒频率 f_t 的方位向慢时间（即系统 PSP）的解析表达式：

$$
t_i^*=-\frac{crf_t}{2Dv^2(f_\tau+f_c)}-\left(\frac{d_i}{2v}+\frac{r}{c}\right) \tag{6-38}
$$

将式（6-38）代入（6-32）积分项的相位，便得到 PTRS，即：

$$
\phi_i\left(f_\tau,f_t;t_i^*\right)=-2\pi\frac{f_\tau+f_c}{c}R_i\left(t_i^*;r\right)-2\pi f_t t_i^* \tag{6-39}
$$

观察式（6-35），可以发现该方法与 LBF 方法一样，都使用了收/发阵元等分贡献多普勒频率，两种方法的对比如图 6-20 所示。不同的是，LBF 方法对收/发阵元各自的多普勒相位进行了二阶泰勒近似[33]，因而 LBF 方法被认为是该方法的一种简化处理方法。

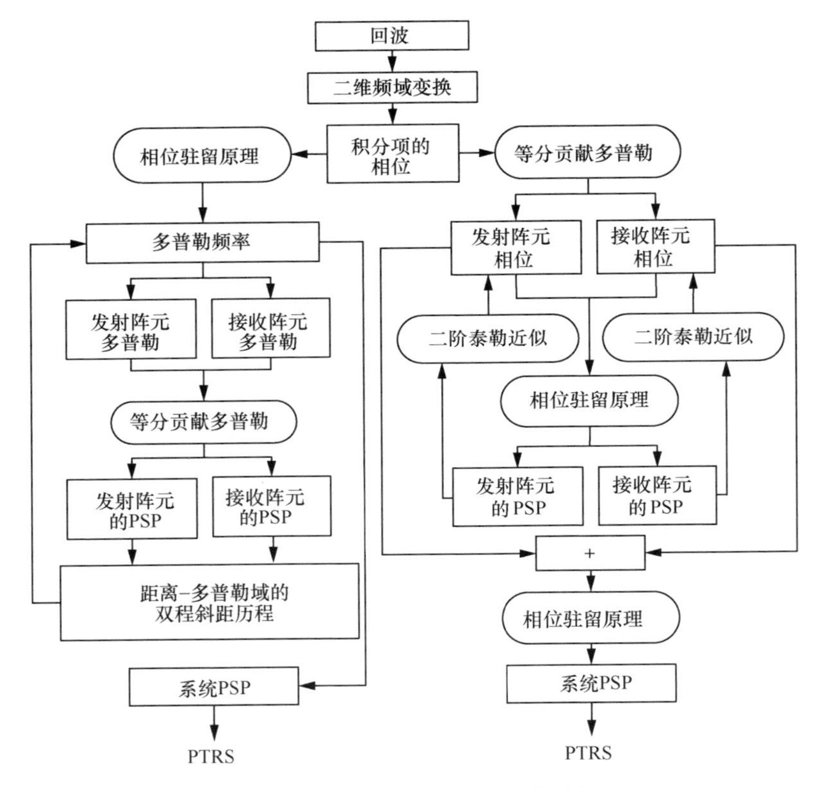

图 6-20　本节方法与 LBF 方法的对比

下面对比分析两种方法的相位误差，系统仿真参数见表 6-3。

表 6-3　系统仿真参数

中心频率	150kHz	脉冲重复周期	0.4s
脉冲宽度	10ms	平台速度	3m/s
发射阵元长度	0.08m	接收阵元长度	0.04m
信号带宽	20kHz	接收阵元个数	60

基于前述相位误差仿真方法，考查 30m、110m、190m 和 270m 处目标 PTRS 的误差，基于新方法的第 1 个收/发阵元组成子系统的相位误差如图 6-21 所示。可以发现，当收/发阵元距离较近时，新方法的误差非常小，几乎可以忽略。

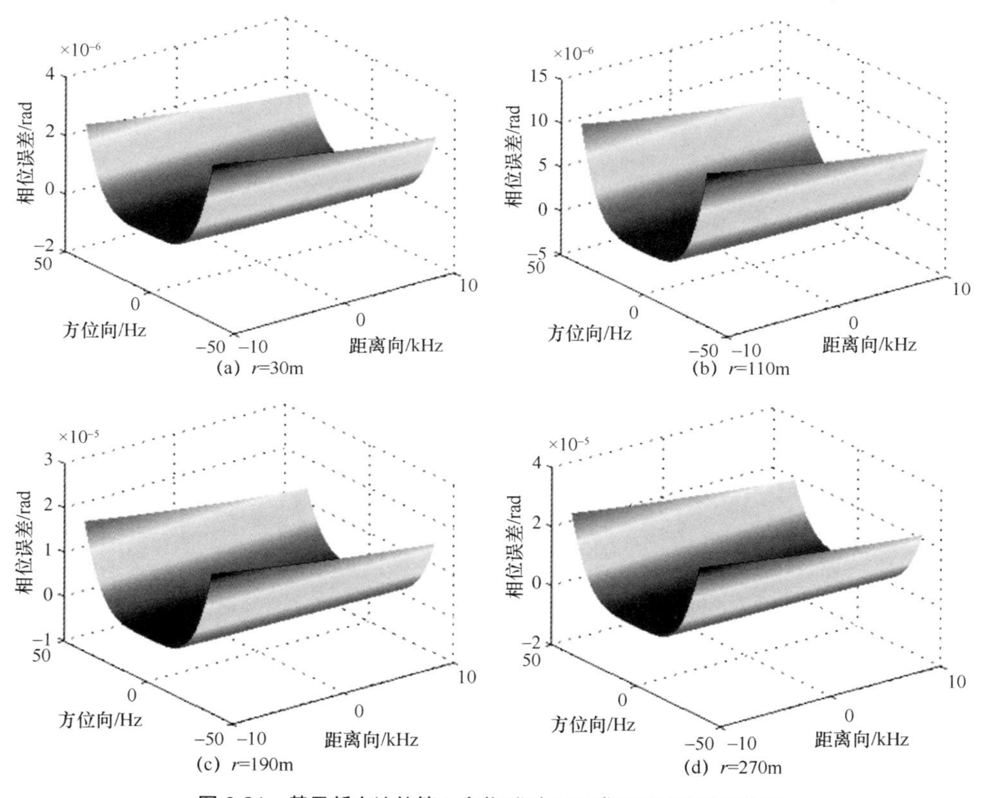

图 6-21　基于新方法的第 1 个收/发阵元组成子系统的相位误差

基于新方法的第 60 个收/发阵元组成子系统的相位误差如图 6-22 所示。当收/发阵元间距较大时，新方法的误差仍然可以忽略。由此可见，新方法的 PTRS 非常接近理论值。

基于 LBF 方法，第 1 个和第 60 个收/发阵元组成子系统的相位误差分别如图 6-23、图 6-24 所示。对比图 6-21 和图 6-23，可以发现 LBF 方法的误差较大，然而，在收/发阵元间距较小的情况下，基本可以忽略。随着收/发阵元间距的增大，LBF 方法的误差在近距离处增大较为明显，这主要是对收/发阵元各自的相位进行二阶泰勒近似引起的。由此可见，虽然同时采用收/发阵元等分贡献多普勒频率的思想，但是新方法优于 LBF 方法。

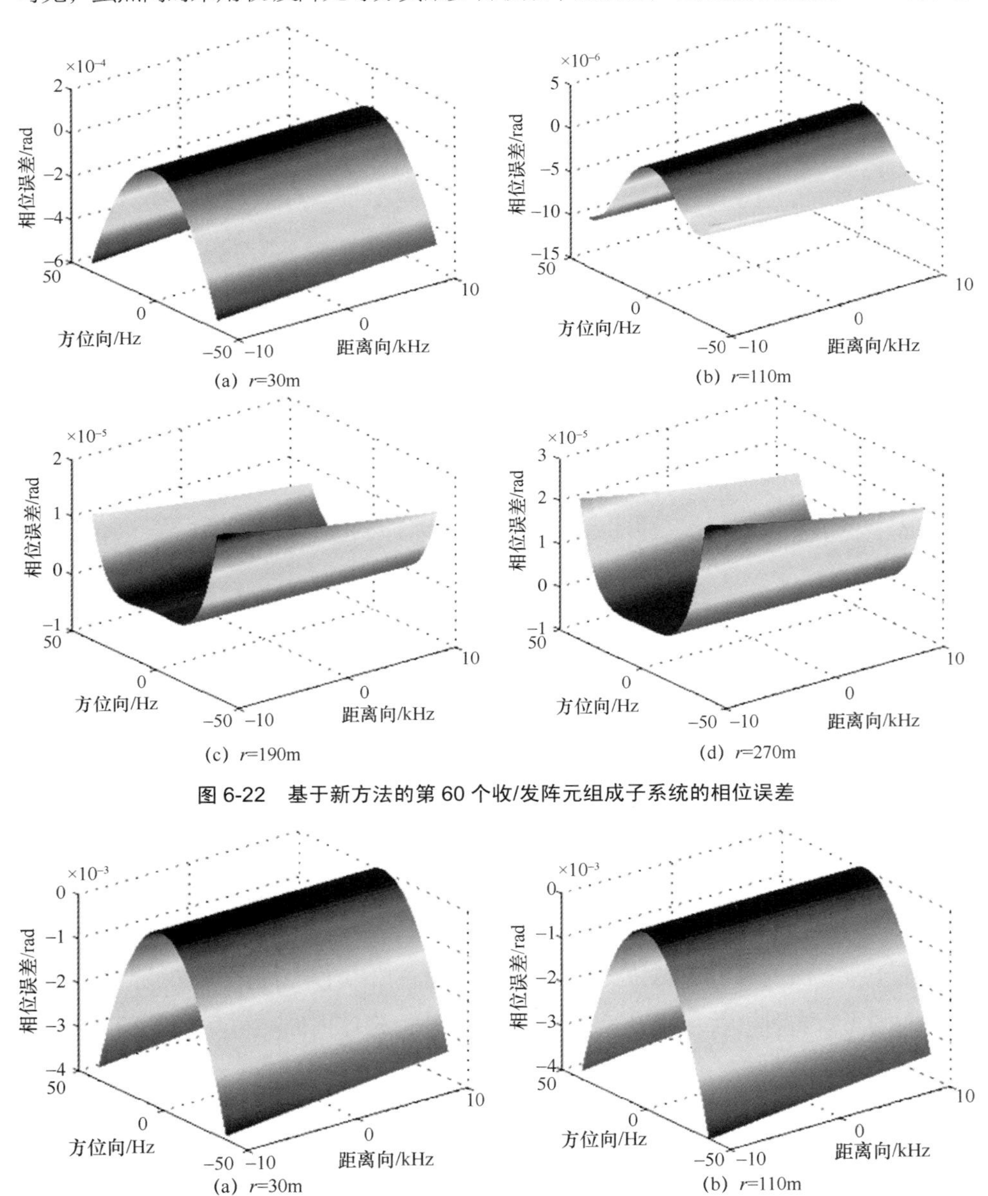

图 6-22　基于新方法的第 60 个收/发阵元组成子系统的相位误差

图 6-23　基于 LBF 的第 1 个收/发阵元组成子系统的相位误差

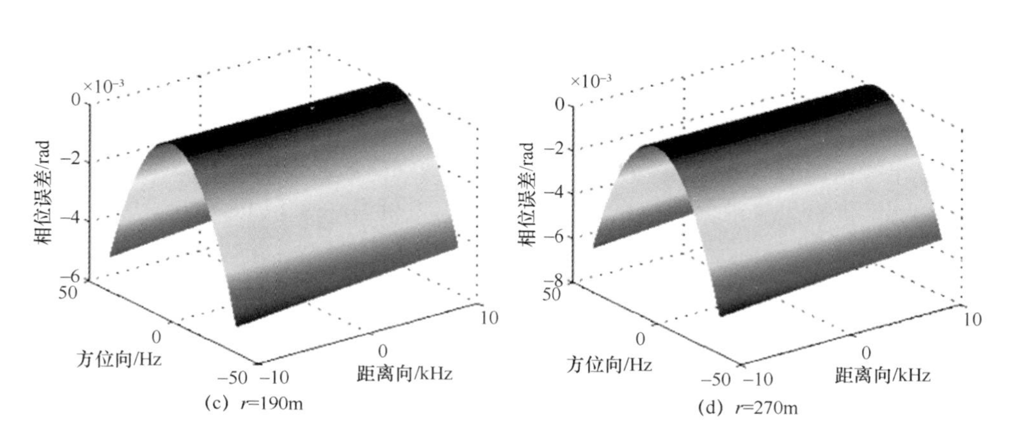

图 6-23　基于 LBF 的第 1 个收/发阵元组成子系统的相位误差（续）

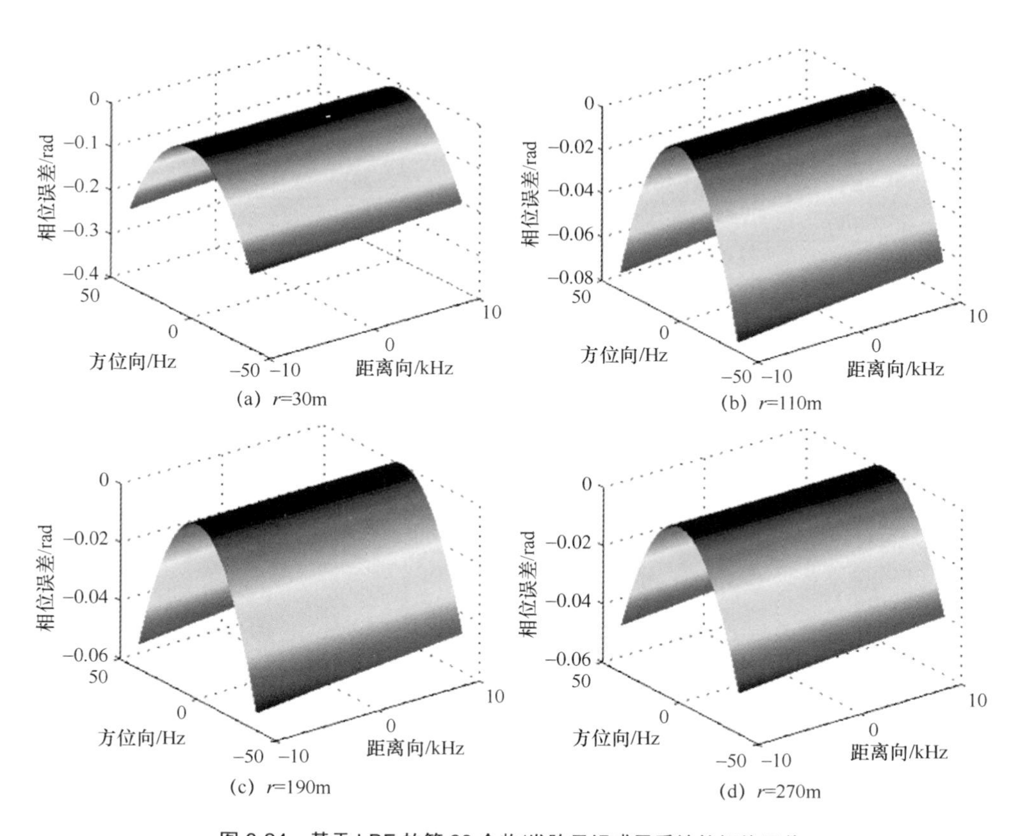

图 6-24　基于 LBF 的第 60 个收/发阵元组成子系统的相位误差

6.3.3 PCA 方法的距离误差

二维频域相位[34-37]误差的分析适用于任意成像模型系统函数的分析，而针对双程斜距历程的近似，还可以在二维空域对其距离误差进行分析，以 PCA 方法[38-45]为例。基于 PCA 方法，针对发射阵元和第 m 个接收阵元所组成子系统的近似斜距方程为：

$$\hat{R}_m(t;r)\approx 2\sqrt{r^2+\left(vt+v\frac{r}{c}+\frac{d_m}{2}\right)^2}+\frac{\left(d_m+\dfrac{2vr}{c}\right)^2}{4r} \tag{6-40}$$

根据信号的精确延迟时间 τ_i，得到二维空域距离误差为：

$$\Delta R_m(t;r;d_m)=c\tau_i-\hat{R}_m(t;r) \tag{6-41}$$

由于图 6-1 所示的系统具有方位空不变性质，所以可将目标的方位坐标固定在合成孔径中心，从而研究距离误差的距离空变性，系统仿真参数见表 6-4。

表 6-4　系统仿真参数

中心频率	150kHz	脉冲重复周期	0.32s
脉冲宽度	10ms	平台速度	2.5m/s
发射阵元长度	0.08m	接收阵元长度	0.04m
信号带宽	20kHz	接收阵元个数	40

根据式（6-41），仿真得到的二维空域距离误差如图 6-25 所示。可以看到距离误差在合成孔径中心处理趋于零，而在合成孔径边缘处，误差随距离的增大而增大，这主要是由于“停–走–停”近似误差随着距离的增大而增大。

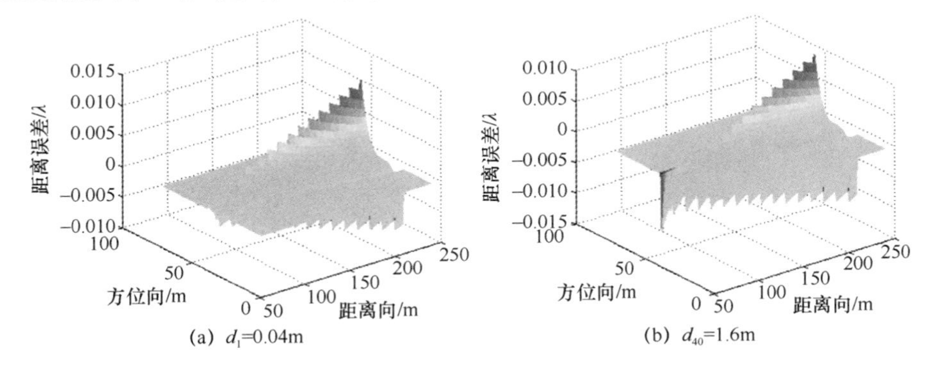

(a) d_1=0.04m　　(b) d_{40}=1.6m

图 6-25　仿真得到的二维空域距离误差

6.4　成像算法

6.4.1　基于 LBF 的等效单阵成像算法

对于 SAS 系统来说，成像算法[45-59]是一个重点。基于 LBF 方法[29-30]，可以得到二维频域系统函数：

$$
\begin{aligned}
SS_i(f_\tau, f_t; r) = P(f_\tau) \cdot \exp\left\{ \mathrm{j}2\pi f_t \frac{r}{c} \right\} \exp\left\{ \mathrm{j}\pi f_t \frac{d_i}{v} \right\} \cdot \\
\exp\left\{ -\mathrm{j}\pi \frac{\left[(f_c + f_\tau)^2 - f_t^2 \dfrac{c^2}{4v^2} \right]^{3/2}}{c(f_c + f_\tau)^2} \frac{1}{2r} \left(2\frac{r}{c} v + d_i \right)^2 \right\} \cdot \\
\exp\left\{ -\mathrm{j}4\pi \frac{r}{c} \sqrt{(f_c + f_\tau)^2 - f_t^2 \frac{c^2}{4v^2}} \right\}
\end{aligned}
\tag{6-42}
$$

其中，f_τ、f_t 分别为距离向瞬时频率与方位向多普勒频率。第一项 $P(f_\tau)$ 表示发射信号的频谱；第二项表示“停–走–停”近似误差导致的目标方位偏移；第三项是由各接收阵元空间采样延迟引入的相位偏差；第四项是由收/发阵元空间分置和“停–走–停”近似误差引入的相位误差，包含多普勒相位误差和距离–方位之间的耦合相位误差；第三项和第四项均与收/发阵元间距相关，因此被称为收/发分置畸变相位；最后一项类似传统收/发合置 SAS 的二维频域系统函数，因而被称为准收/发合置相位。

将多接收阵回波信号转化为类似传统收/发合置 SAS 的数据，便可基于传统等效收/发合置 SAS 成像算法进行成像处理，这里以距离–多普勒（Range-Doppler，R-D）算法为例进行成像处理。对每个接收阵元的回波数据进行二维频域变换，然后将测绘带沿距离向划分成 N 个数据块，针对第 n 个数据块，与收/发分置畸变相位中距离空变项相对应的补偿函数为：

$$H^{i}_{\mathrm{dc\_n}}(f_\tau,f_t';r_{\mathrm{c\_n}})=\mathrm{conj}\{P(f_\tau)\}\cdot\exp\left\{\mathrm{j}\pi\frac{\left[(f_c+f_\tau)^2-f_t^2\dfrac{c^2}{4v^2}\right]^{3/2}}{c(f_c+f_\tau)^2}-\frac{1}{2r_{\mathrm{c\_n}}}\left(2\frac{r_{\mathrm{c\_n}}}{c}v+d_i\right)^2\right\}$$

（6-43）

其中，conj表示复共轭操作；$f_t'\in[-\mathrm{PRF}/2,\mathrm{PRF}/2]$表示与系统脉冲重复频率PRF相关的多普勒频率；$r_{\mathrm{c_n}}$表示第$n$个数据块的参考距离，一般为该数据块中心的距离。需要注意的是，该步骤同时实现了回波信号的距离向压缩处理。

完成二维频域变换后，对数据进行二维傅里叶逆变换，然后提取并存储第n个数据块。对N个数据块进行同样的处理，就实现了第i个接收阵元回波数据收/发分置畸变相位中距离空变项的补偿。按照上述处理过程，对所有接收阵元的回波数据进行相同的操作，就可以实现多接收阵回波数据收/发分置畸变相位中距离空变项的补偿。将各接收阵元的回波数据变换至二维时域，然后对各接收阵元的数据进行顺序排列，就得到了M倍脉冲重复频率的数据。这个数据可以作为传统快速成像算法的输入，下文以R-D算法为例研究多接收阵SAS的成像过程。

定义$\Phi_i(f_\tau,f_t;r)$为式（6-43）中的准收/发合置相位，对其关于$f_\tau/f_c=0$进行二阶泰勒级数近似，可得：

$$\Phi_i(f_\tau,f_t;r)\approx-\frac{4\pi r\beta}{\lambda}-\frac{4\pi r}{c\beta}f_\tau+2\pi\frac{r\lambda}{c^2}\left(\frac{1}{\beta^3}-\frac{1}{\beta}\right)f_\tau^2 \tag{6-44}$$

其中，$\beta=\sqrt{1-\dfrac{c^2f_t^2}{4v^2f_{\mathrm{c}}^2}}$。式（6-44）中的第一项与方位向脉压相关，第二项表示距离向与方位向之间的耦合，第三项表示二次距离压缩。

对收/发合置转换后的数据进行二维频域变换，然后进行二次距离压缩处理，其相位补偿函数为：

$$H_{\mathrm{rc}}(f_\tau,f_t;r_{\mathrm{s}})=\exp\left\{\mathrm{j}\pi\frac{f_\tau^2}{\gamma_{\mathrm{src}}(f_t;r_{\mathrm{s}})}\right\} \tag{6-45}$$

其中，$\gamma_{\mathrm{src}}(f_t;r_{\mathrm{s}})=-2r_{\mathrm{s}}\lambda\dfrac{1-\beta^2}{c^2\beta^3}$，$r_{\mathrm{s}}$表示参考距离，一般取整个测绘带中心的距离。

基于距离向的傅里叶逆变换，将二次距离压缩后的数据变换到距离−多普勒域，然后利用 sinc 插值法进行距离徙动校正（Range Cell Migration Correction，RCMC）。根据式（6-44），需要校正的距离徙动量为：

$$\Delta R(f_t;r)=\frac{2r}{\beta}-2r \tag{6-46}$$

针对 RCMC 处理后的数据，在距离-多普勒域进行方位向匹配滤波和目标方位偏移校正，根据式（6-42）中的第二项和式（6-44）中的第一项，可以得到对应的相位补偿函数为：

$$H_{\mathrm{ac}}(f_t;r)=\exp\left\{\mathrm{j}4\pi\frac{\beta}{\lambda}r\right\}\cdot\exp\left\{-\mathrm{j}2\pi f_t\frac{r}{c}\right\} \tag{6-47}$$

将数据变换到方位时域，就可以得到 SAS 高分辨图像。多接收阵 SAS R-D 算法流程如图 6-26 所示。

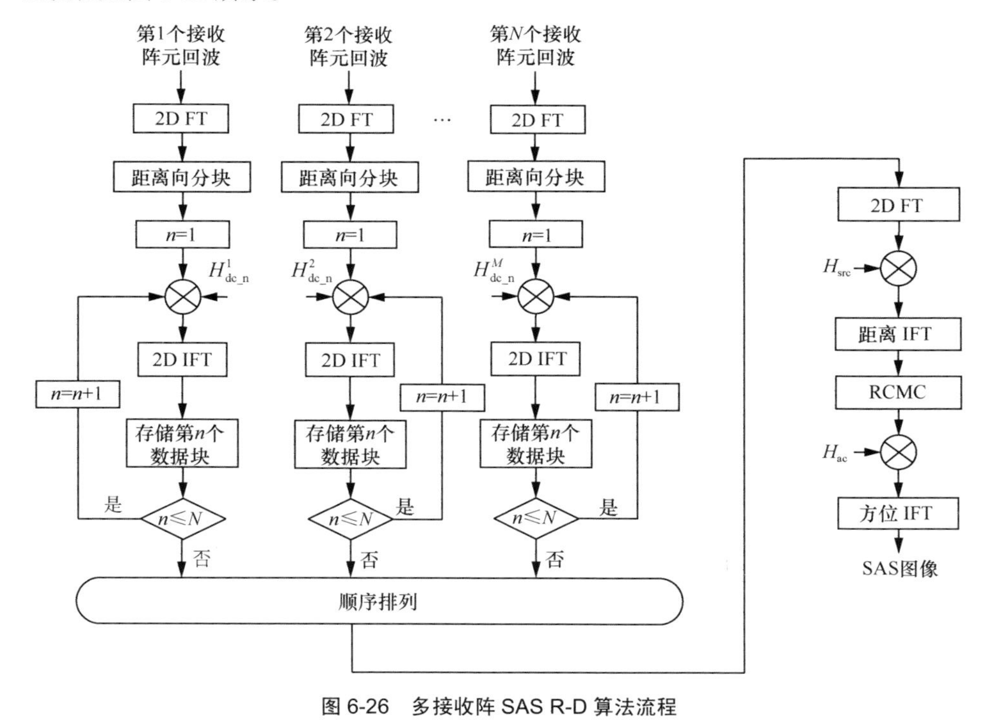

图 6-26　多接收阵 SAS R-D 算法流程

观察图 6-26 可以发现，各接收阵元回波数据双基相位误差的补偿以及各数据块的相位误差补偿是相互独立的，因此在实际处理中可以采用并行算法进一步提高成像处理效率。

下面采用仿真数据验证所提出的方法，系统仿真参数见表 6-5，场景中理想点目标的二维坐标为(127m,15m)。

表 6-5　系统仿真参数

中心频率	150kHz	接收阵宽度	0.04m
脉冲宽度	20ms	发射阵宽度	0.08m
信号带宽	20kHz	接收阵个数	50
脉冲重复时间	0.4s	平台速度	2.5m/s

对原始回波信号直接进行距离向脉冲压缩，其处理结果如图 6-27（a）所示。图 6-27（b）为收/发合置转换预处理后的结果。不难发现，经过收/发分置畸变相位误差补偿后得到的信号已经较好地补偿了收/发分置畸变相位，类似于传统收/发合置 SAS 信号。将该信号直接输入 R-D 算法就能得到目标的成像结果。

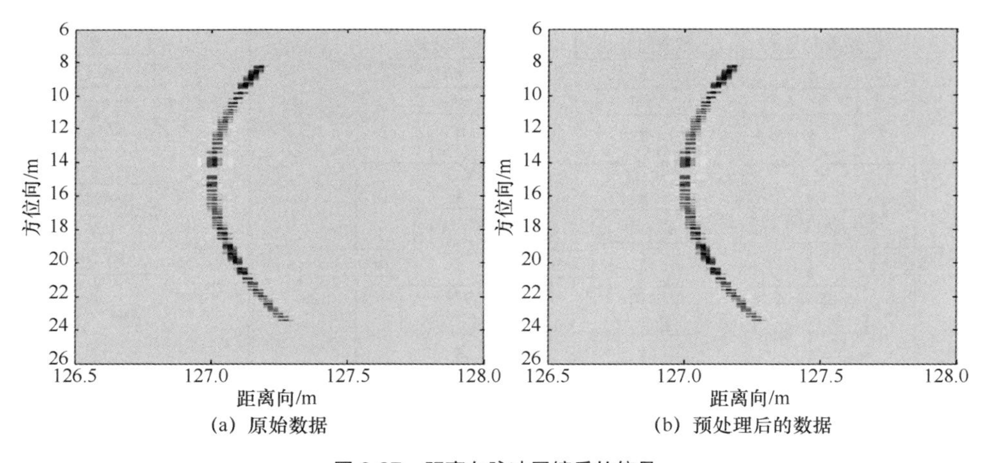

(a）原始数据　　(b）预处理后的数据

图 6-27　距离向脉冲压缩后的信号

采用 R-D 算法进行成像，其处理结果如图 6-28（a）所示。为了说明所给出方法的有效性，图 6-28（b）还给出了 BP 算法的成像结果。与 BP 算法结果相比，本节方法也能得到基本一致的成像结果。

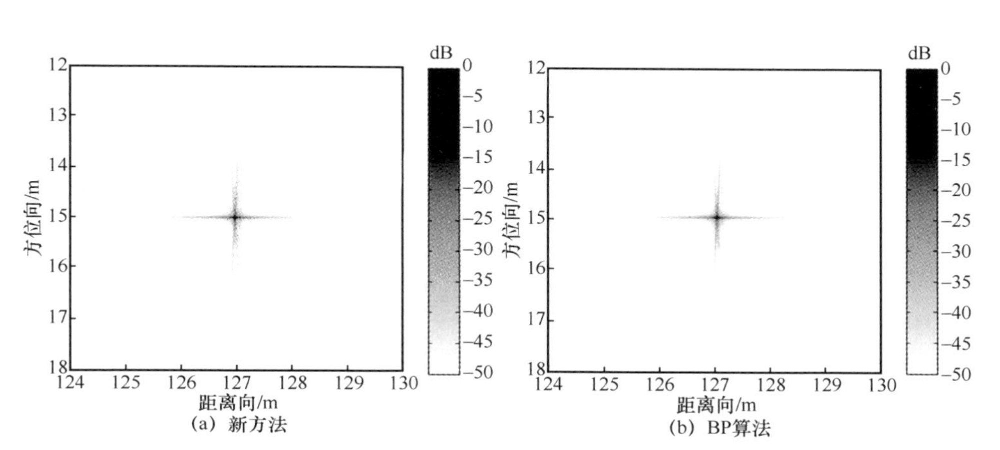

图 6-28　理想点目标成像结果

经过插值平滑处理后方位向剖面图会更清晰，图 6-29 为所给出方法和 BP 算法成像处理后的方位向剖面图，可以看出，所给出方法的方位向剖面与 BP 算法的方位向剖面基本一致。

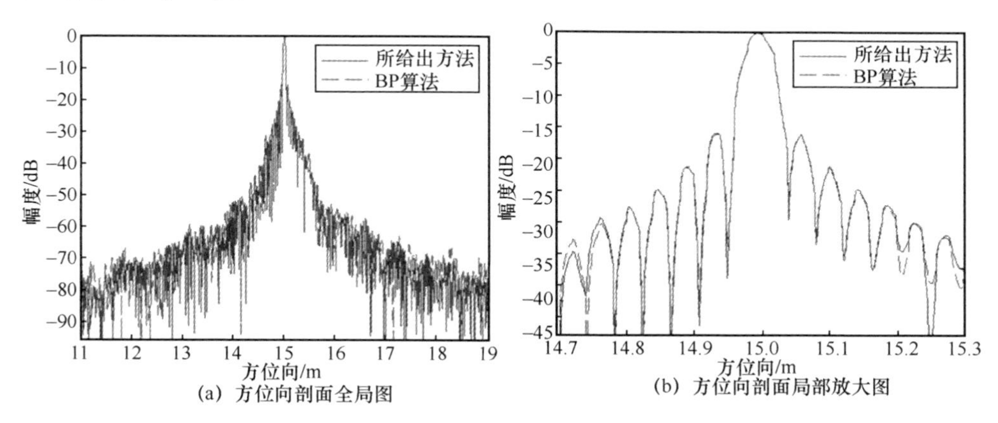

图 6-29　方位向剖面图

为了定量说明所给出方法的有效性，点目标成像结果的性能对比见表 6-6。

表 6-6　点目标成像结果的性能对比

对比项	PSLR/dB	ISLR/dB
所给出方法	−15.02	−11.16
BP 算法	−15.16	−11.28

根据表 6-6，所给出的方法处理后的 PSLR、ISLR 与 BP 算法处理后的对应值分别相差 0.14dB 和 0.12dB。由此可见，所给出方法非常接近 BP 算法的成像性能，进一步验证了所给出方法的有效性。

6.4.2 反向投影成像算法

BP 成像算法[27]利用信号的相干特性，沿着某像素对应的点域扩展函数（Point Spread Function，PSF）进行相干求和，同相的回波信号将得到增强，不同相的回波信号则实现衰减，BP 成像示意图如图 6-30 所示。

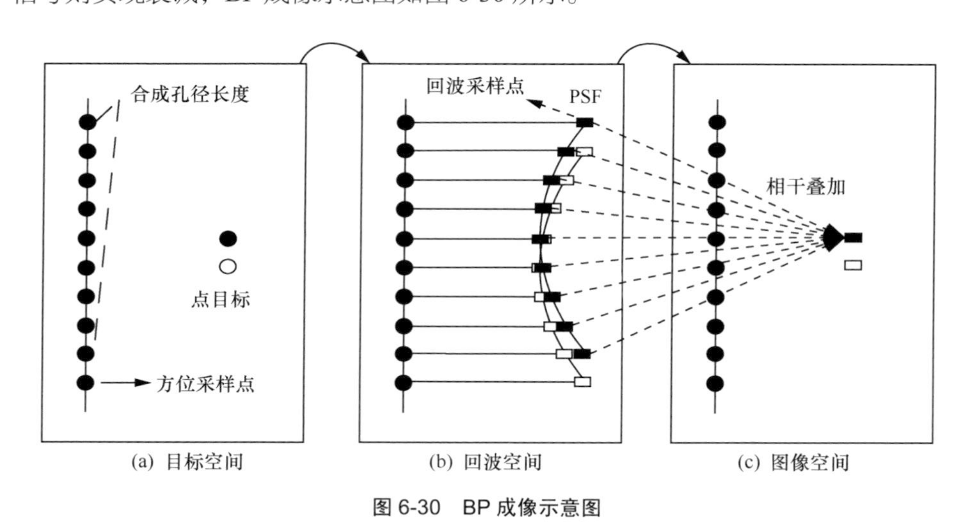

图 6-30 BP 成像示意图

场景中不同的散射点进行相干累加的时延轨迹是空变的，因而同一方位不同距离散射点的时延轨迹也是不同的，并且相对于距离门来说，通常还表现为一个分数。为了不影响成像精度，工程上一般采用插值获得这个数值，然而，与低通滤波器相对应的理想插值核相比，其理论上是无限长的，采取截断方式的插值不可避免地会产生误差，并且还会损害图像像素的相位信息，不利于后期以相位为主的干涉信号处理的开展。

由于时域时延和频域频移具有对应关系，本节将给出一种基于频移思想的精确逐点成像算法。具体的处理步骤如下，对所有接收阵元所接收到的回波信号进行距离向匹配滤波，得到脉冲压缩后的信号：

$$ss(\tau,t)=ss(\tau,t)\otimes p^{*}(-\tau) \tag{6-48}$$

其中，$p^{*}(-\tau)$ 为发射信号复共轭。脉压后的信号能量分布曲线在方位向上具有非空变的特性，如图 6-30（b）所示。

传统的逐点成像算法采用截断方式的插值方法对图 6-30（b）所示的距离徙动曲线进行二维解耦合，而这里将采用频移的思想精确地实现距离徙动校正。首先针对点目标 (r_n,x_n)，计算其合成孔径长度 L_s；以该点目标与平台运动方向的最近距离为参考距离，在其合成孔径长度内，依次计算各方位向采样位置与该点目标之间的信号精确延迟时间 $\Delta\tau_n^i=\dfrac{R_i}{c}-\dfrac{2r}{c}$。针对此时刻第 i 个接收阵元收到的回波信号进行距离向傅里叶变换，进行相位补偿和频移后可得：

$$Ss^{i}(f_\tau,t)=Ss^{i}(f_\tau,t)\cdot\exp\left\{\mathrm{j}2\pi f_\tau\Delta\tau_n^i\right\}\cdot\exp\left\{\mathrm{j}2\pi f_c\Delta\tau_n^i\right\} \tag{6-49}$$

其中，f_τ 为距离向瞬时频率，第一个相位项主要进行包络的平移，第二个相位项用于补偿方位向多普勒。

经过如图 6-30 所示的相位补偿操作后，参考距离处目标的距离徙动将会得到精确的校正。对式（6-49）进行傅里叶反变换后，只得到精确校正后的参考距离处的一个数值，这也说明图 6-30（b）中距离徙动曲线上的某一点已被精确地校正到直线上。对图 6-30（b）所示距离徙动曲线上参与相干叠加的其他点做类似处理后，便可以将整条距离徙动曲线校正成一条直线。

将距离徙动曲线校正为直线后，与点目标 (r_n,x_n) 对应的距离徙动曲线得到了精确的二维解/耦合，因此在一个孔径内，对将距离徙动曲线校正为直线后的信号进行相干叠加，便可得到该目标的成像结果：

$$f\!f(r_n,x_n)=\sum_{t\in\left[-\frac{L_s}{2v},\frac{L_s}{2v}\right]} ss^{i}(\tau,t) \tag{6-50}$$

对所有像素重复进行上述步骤，便可以得到整幅图像。

该方法操作简单，只需傅里叶变换和复乘操作，将理论上精确的 BP 算法应用到了工程实际中，虽然针对图像中的每个像素，都会使用一次反傅里叶变换，然而考虑 GPU 和并行计算的流行，通过对程序进行适当的优化，在一定程度上可以缓解计算压力。另外，由于该方法没有任何近似，是一种完全意义上的精确成像算法，再结合其运动补偿方便的优点，可以预见该方法在未来仍将发挥重要的作用，同时对于其他成像算法图像重构质量的评价也具有重要的意义。

为了验证本节方法的有效性，本节设计了仿真实验。仿真参数如下：中心频率为 150kHz，LFM 信号带宽为 20kHz，脉冲重复频率为 0.2s，平台拖曳速度为 2.5m/s，发射阵元方位向尺寸为 0.08m，接收阵元方位向尺寸为 0.04m，接收阵元数为 25 个。仿真目标场景为 5 个理想点目标，理想点目标仿真场景如图 6-31 所示。

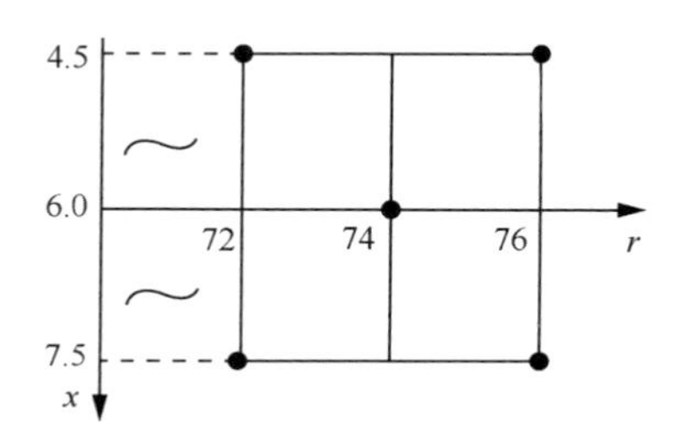

图 6-31　理想点目标仿真场景

为了说明本节所讨论的 BP 成像算法的有效性，采用未插值的方法（四舍五入方法进行时移）和插值的方法对仿真数据进行成像处理，并进行对比，距离向脉冲压缩后的信号如图 6-32 所示，图 6-32（c）为本节方法成像结果。

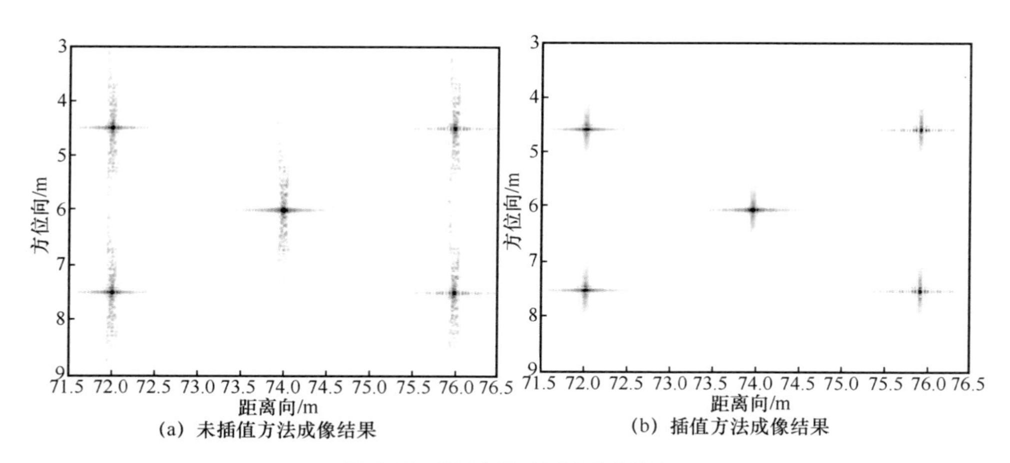

图 6-32　距离向脉冲压缩后的信号

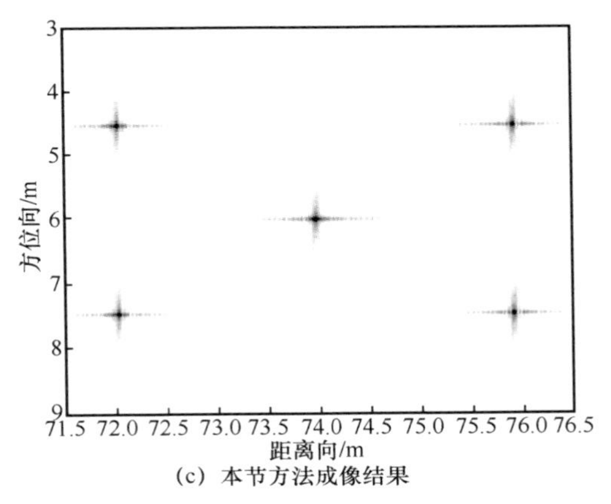

(c) 本节方法成像结果

图 6-32　距离向脉冲压缩后的信号（续）

为了更加直观地看到本节方法的成像效果，3 种方法成像后的场景中心点目标方位向剖面图如图 6-33 所示。

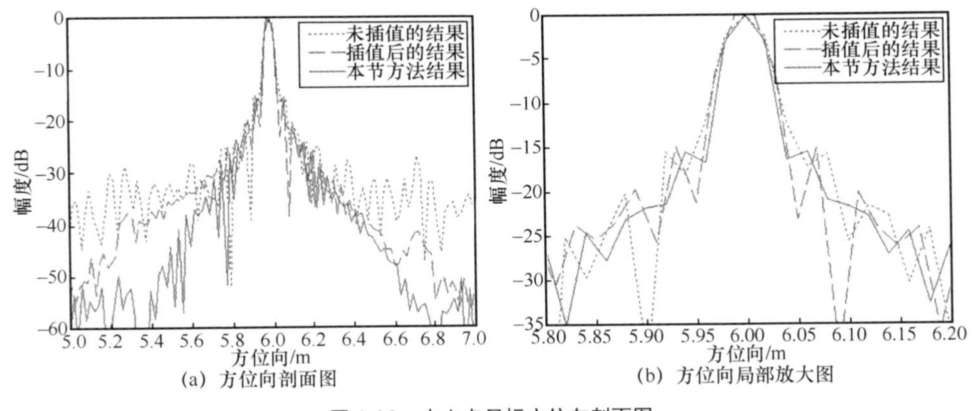

(a) 方位向剖面图　(b) 方位向局部放大图

图 6-33　中心点目标方位向剖面图

对比 3 种方法的成像结果，不难发现本节方法提高了目标聚焦质量，能够获得较好的成像结果。

6.5　本章小结

为了获取水下探测目标更为详细的信息，本章对基于多子阵合成孔径声呐的成像技术进行了探讨。从多子阵合成孔径声呐成像的基本原理出发，探讨了阵元波束调制和指向性对成像性能的影响，并列举了几种成像算法，讨论了它们之间的差异和局限。

参考文献

[1] GOUGH P T, HAWKINS D W. A short history of synthetic aperture sonar[C]//Proceedings of IGARSS '98. Sensing and Managing the Environment. 1998 IEEE International Geoscience and Remote Sensing. Symposium Proceedings. Piscataway: IEEE Press, 1998.

[2] ROLT K D. Ocean, platform, and signal processing effects on synthetic aperture sonar performance[J]. The Journal of the Acoustical Society of America, 1991, 89(6): 3018.

[3] ZHANG X B, YANG P X. An improved imaging algorithm for multi-receiver SAS system with wide-bandwidth signal[J]. Remote Sensing, 2021, 13(24): 5008.

[4] TOMIYASU K. Tutorial review of synthetic-aperture radar (SAR) with applications to imaging of the ocean surface[J]. Proceedings of the IEEE, 1978, 66(5): 563-583.

[5] ZHANG X B, YING W W, LIU Y Q, et al. Accuracy analysis of point target reference spectrum[C]//Proceedings of 2021 13th International Conference on Communication Software and Networks (ICCSN). Piscataway: IEEE Press, 2021.

[6] CUTRONA L J. Comparison of sonar system performance achievable using synthetic-aperture techniques with the performance achievable by more conventional means[J]. The Journal of the Acoustical Society of America, 1975, 58(2): 336-348.

[7] HAYES M P, GOUGH P T. Synthetic aperture sonar: a review of current status[J]. IEEE Journal of Oceanic Engineering, 2009, 34(3): 207-224.

[8] LAWLOR M A, ADAMS A E, HINTON O R, et al. Methods for increasing the azimuth resolution and mapping rate of a synthetic aperture sonar[C]//Proceedings of OCEANS'94. Piscataway: IEEE Press, 1994.

[9] 孙大军，田坦. 合成孔径声呐技术研究[J]. 哈尔滨工程大学学报, 2000, 21(1): 51-56.

[10] ZHANG X B, WU H R, SUN H X, et al. Multireceiver SAS imagery based on monostatic conversion[J]. IEEE Journal of Selected Topics in Applied Earth Observations and Remote Sensing, 2021(14): 10835-10853.

[11] 保铮，邢孟道，王彤. 雷达成像技术[M]. 北京：电子工业出版社, 2005.

[12] BAMLER R. A comparison of range-Doppler and wavenumber domain SAR focusing algorithms[J]. IEEE Transactions on Geoscience and Remote Sensing, 1992, 30(4): 706-713.

[13] ZHANG X B, TANG J S, OUYANG J. Imaging processor for multi-receiver SAS in the presence of partially failed receivers[J]. Applied Mechanics and Materials, 2014: 2225-2228.

[14] BELKACEM A, JAMMALI A, BESBES K, et al. Pre-processing algorithm and P-SAS processing applied to underwater acoustic data of a 2D scanning on a dump site in the sea[C]//Proceedings of 2009 6th International Multi-Conference on Systems, Signals and Devices. Piscataway: IEEE Press, 2009.

[15] BELLETTINI A, PINTO M. Design and experimental results of a 300-kHz synthetic aperture sonar optimized for shallow-water operations[J]. IEEE Journal of Oceanic Engineering, 2009, 34(3): 285-293.

[16] BILLON D, FOHANNO F. Theoretical performance and experimental results for synthetic aperture sonar self-calibration[C]//Proceedings of IEEE Oceanic Engineering Society. OCEANS'98. Conference Proceedings. Piscataway: IEEE Press, 1998: 965-970.

[17] 张学波，方标，应文威．多子阵合成孔径声呐系统中的侧摆运动误差补偿[J]．电讯技术，2018, 58(2): 138-144.

[18] CALLOW H J, HAYES M P, GOUGH P T. Motion-compensation improvement for widebeam, multiple-receiver SAS systems[J]. IEEE Journal of Oceanic Engineering, 2009, 34(3): 262-268.

[19] ZHANG X B, HUANG P, LIU Y Q. A multireceiver SAS imaging method[C]//Proceedings of 2021 Fifth International Conference on Intelligent Computing in Data Sciences (ICDS). Piscataway: IEEE Press, 2021.

[20] ZHANG X B, YANG P X, HUANG P, et al. Wide-bandwidth signal-based multireceiver SAS imagery using extended chirp scaling algorithm[J]. IET Radar, Sonar & Navigation, 2022, 16(3): 531-541.

[21] CALLOW H J. Signal processing for synthetic aperture sonar image enhancement[D]. Christchurch: University of Canterbury, 2003.

[22] 张学波．多接收阵合成孔径声呐成像与运动补偿算法研究[D]．武汉：海军工程大学，2014.

[23] 张学波，唐劲松，钟何平．合成孔径声呐多接收阵数据融合 CS 成像算法[J]．哈尔滨工程大学学报，2013, 34(2): 240-244.

[24] ROLT K D, SCHMIDT H. Azimuthal ambiguities in synthetic aperture sonar and synthetic aperture radar imagery[J]. IEEE Journal of Oceanic Engineering, 1992, 17(1): 73-79.

[25] 张学波，应文威．阵元指向性对合成孔径声呐成像的影响[J]．武汉大学学报·信息科学版，2022, 47(1): 133-140.

[26] ZHANG X B, CHEN X H, QU W. Influence of the stop-and-hop assumption on synthetic aperture sonar imagery[C]//Proceedings of 2017 IEEE 17th International Conference on Communication Technology. Piscataway: IEEE Press, 2017.

[27] ZHANG X B, YANG P X, TAN C, et al. BP algorithm for the multireceiver SAS[J]. IET Radar, Sonar & Navigation, 2019, 13(5): 830-838.

[28] 张学波, 唐劲松, 王飞, 等. 工程可实现的多接收阵 SAS 精确逐点成像算法[J]. 海军工程大学学报, 2014, 26(2): 20-24.

[29] 张学波, 代勋韬, 方标. 多接收阵合成孔径声呐距离–多谱勒成像方法[J]. 武汉大学学报·信息科学版, 2019, 44(11): 1667-1673.

[30] ZHANG X B, YANG P X. Imaging algorithm for multireceiver synthetic aperture sonar[J]. Journal of Electrical Engineering & Technology, 2019, 14(1): 471-478.

[31] LOFFELD O, NIES H, PETERS V, et al. Models and useful relations for bistatic SAR processing[J]. IEEE Transactions on Geoscience and Remote Sensing, 2004, 42(10): 2031-2038.

[32] ZHANG X B, ZHANG Q, LIU Y Q. A method to quantitatively evaluate the phase error of SAS PTRS[C]//Proceedings of 2021 IEEE 5th Information Technology, Networking, Electronic and Automation Control Conference. Piscataway: IEEE Press, 2021.

[33] 张学波, 唐劲松, 张森, 等. 多接收阵合成孔径声呐线频调变标成像算法[J]. 系统工程与电子技术, 2013, 35(7): 1415-1420.

[34] ZHANG X B, HUANG H N, YING W W, et al. An indirect range-Doppler algorithm for multireceiver synthetic aperture sonar based on Lagrange inversion theorem[J]. IEEE Transactions on Geoscience and Remote Sensing, 2017, 55(6): 3572-3587.

[35] ZHANG X B, DAI X T, YANG B. Fast imaging algorithm for the multiple receiver synthetic aperture sonars[J]. IET Radar, Sonar & Navigation, 2018, 12(11): 1276-1284.

[36] ZHANG X B, TAN C, YING W W. An imaging algorithm for multireceiver synthetic aperture sonar[J]. Remote Sensing, 2019, 11(6): 672.

[37] ZHANG X B, YANG P X, DAI X T. Focusing multireceiver SAS data based on the fourth-order Legendre expansion[J]. Circuits, Systems, and Signal Processing, 2019, 38(6): 2607-2629.

[38] COOK D A. Synthetic aperture sonar motion estimation and compensation[D]. Atlanta: Georgia Institute of Technology, 2007.

[39] GOUGH P T, HAYES M P. Fast Fourier techniques for SAS imagery[C]//Proceedings of Europe Oceans 2005. Piscataway: IEEE Press, 2005: 563-568.

[40] ZHANG X B, TANG J S, ZHONG H P. Multireceiver correction for the chirp scaling algorithm in synthetic aperture sonar[J]. IEEE Journal of Oceanic Engineering, 2014, 39(3): 472-481.

[41] ZHANG X B, FANG B. Synthetic aperture image formation for multi-receiver syntehtic aperture sonar[C]//Proceedings of 2017 3rd IEEE International Conference on Computer and Communications. Piscataway: IEEE Press, 2017.

[42] ZHANG X B, TAN C. A comparison of PCA based imaging methods for the multireceiver SAS[C]//Proceedings of 2018 IEEE 18th International Conference on Communication Tech-

nology. Piscataway: IEEE Press, 2018.

[43] GOUGH P T, HAYES M P, WILKINSON D R. An efficient image reconstruction algorithm for a muliple hydrophone array synthetic aperture sonar[C]//Proceedings of the 5th European Conference on Underwater Acoustics (ECUA2000). Lyon: ECUA, 2000.

[44] ZHANG X B, LIU Y Q, DENG X Y. Influence of phase centre approximation error on SAS imagery[C]//Proceedings of 2021 IEEE 6th International Conference on Computer and Communication Systems. Piscataway: IEEE Press, 2021.

[45] BONIFANT W W J. Interferometric synthetic aperture sonar processing[D]. Georgia: Georgia Institute of Technology, 1999.

[46] HAWKINS D W, GOUGH P T. An accelerated chirp scaling algorithm for synthetic aperture imaging[C]//Proceedings of IGARSS'97.1997 IEEE International Geoscience and Remote Sensing Symposium Proceedings. Remote Sensing - A Scientific Vision for Sustainable Development. Piscataway: IEEE Press, 1997.

[47] ZHANG X B, YING W W, TAN C, et al. Imagery of multiple receiver SAS based on intel® math kernel library[C]//Proceedings of 2018 14th IEEE International Conference on Signal Processing. Piscataway: IEEE Press, 2018.

[48] CALLOW H J, HAYES M P, GOUGH P T. Advanced wavenumber domain processing for reconstruction of broad-beam multiple-receiver synthetic aperture imagery[C]//Image and Vision Computing New Zealand (IVCNZ). New Zealand: IVCNZ, 2001.

[49] ZHANG X B, YING W W, LIU Y Q, et al. Processing multireceiver SAS data based on the PTRS linearization[C]//Proceedings of 2021 IEEE International Geoscience and Remote Sensing Symposium IGARSS. Piscataway: IEEE Press, 2021.

[50] 张学波, 唐劲松, 张森. 基于双基模型的多接收阵合成孔径声呐 CS 成像算法[J]. 高技术通讯, 2013, 23(9): 847-852.

[51] CALLOW H J, HAYES M P, GOUGH P T. Wavenumber domain reconstruction of SAR/SAS imagery using single transmitter and multiple-receiver geometry[J]. Electronics Letters, 2002, 38(7): 336.

[52] 张学波, 唐劲松, 钟何平, 等. 适用于宽波束的多接收阵 SAS 波数域成像算法[J]. 哈尔滨工程大学学报, 2014, 35(1): 93-101.

[53] JIANG X K, SUN C, FENG J. A novel image reconstruction algorithm for synthetic aperture sonar with single transmitter and multiple-receiver configuration[C]//Proceedings of Oceans'04 MTS/IEEE Techno-Ocean'04. Piscataway: IEEE Press, 2004.

[54] 张学波, 唐劲松, 张森, 等. 四阶模型的多接收阵合成孔径声呐距离-多普勒成像算法[J]. 电子与信息学报, 2014, 36(7): 1592-1598.

[55] BANKS S M. Studies in high resolution synthetic aperture sonar[D]. University of London, University College London (United Kingdom), 2003.

[56] BELLETTINI A, PINTO M A. Theoretical accuracy of synthetic aperture sonar micronavigation using a displaced phase-center antenna[J]. IEEE Journal of Oceanic Engineering, 2002, 27(4): 780-789.

[57] ZHANG X B, LIU Y T, LIU Y Q, et al. Doppler centroid estimation for multireceiver SAS[C]//Proceedings of 2021 13th International Conference on Communication Software and Networks (ICCSN). Piscataway: IEEE Press, 2021.

[58] BONIFANT W W, RICHARDS M A, MCCLELLAN J H. Interferometric height estimation of the seafloor via synthetic aperture sonar in the presence of motion errors[J]. IEE Proceedings - Radar, Sonar and Navigation, 2000, 147(6): 322.

[59] CALLOW H J, HANSEN R E, SAEBO T O. Effect of approximations in fast factorized backprojection in synthetic aperture imaging of spot regions[C]//Proceedings of OCEANS 2006. Piscataway: IEEE Press, 2006.

第 7 章 结束语

7.1 总结

水声目标探测领域与水声通信、信号处理等领域密切相关，是世界各国开展学术研究的热门领域，具有重要的意义。本书从介绍基于声波的水下目标探测出发，研究了水声目标探测、目标识别、目标定位等领域的基础理论，为水声目标探测领域发展带来了一定的参考价值。

本书的主要研究工作如下。

- 从水声目标探测的需求出发，对海洋环境声场的基础理论以及海洋环境噪声类型进行了研究。首先，分析了海洋的噪声场和声场传播过程，并进行了数学建模；其次，论述了海洋环境中对声音传播影响较大的效应，例如多径效应和多普勒效应；最后，重点分析了海洋环境中对水声目标信号影响严重的海洋环境噪声信号模型，分析了非高斯分布的海洋噪声经验公式、参数估计方法以及非高斯噪声环境下的水声信号检测方法。
- 针对水声目标探测的重点，研究了水声目标信号的直接检测、特征提取与目标分类方法。首先，基于频谱感知论述了水声环境中信号检测的频谱感知方法；其次，面对水声通信信号和海域舰船辐射噪声这两种主要的目标信号，针对其不同的产生机理，研究了不同的多特征提取方法；最后，针对不同目标信号提取的特征，研究了多种基于人工智能的信号分类识别方法，实现水声目标的探测和识别。

- 为了在目标探测识别的同时获取目标的位置，本书研究了基于 UWSN 和阵列的水声目标定位算法。首先，介绍了常见的水声目标定位方法；其次，针对 UWSN 分析了网络节点的自定位方法；再次，针对航行中的目标，阐述了一种基于海洋信标节点的被动自身定位算法；最后，研究了应用超短基线阵列实现水声目标定位的方法。
- 为了更加精确地获得水下探测目标的信息，本书研究了基于多子阵合成孔径声呐的水声目标成像算法。首先，介绍了多子阵合成孔径声呐成像的基本理论；其次，讨论了影响成像性能的因素；最后，展示了水下目标成像的算法。

7.2 研究展望

在本书的研究基础上，以下方面还需要进一步研究。

- 水声环境中不仅存在环境噪声，错综复杂的海底地形会对各类水声信号进行无规律的反射，形成复杂的海底混响，严重干扰了水声信号检测和处理。本书中对海底混响的介绍较少，后续工作可对这一部分进行完善。
- 在水声目标识别领域，各类水声信号的特征提取方法种类繁多，远远不止本书中介绍的这几种，每种特征提取方法都有自己的优势，本书没有对其他过多的方法进行介绍，后续工作可在特征提取方法方面进一步整理和归纳。
- 在水下目标定位方面，行业内对定位算法的研究还远远不够，定位精度的提升任重而道远，本书只对水声领域中的定位算法进行简要的介绍，后续可针对水声目标定位算法进行更加详细的研究。
- 在水下目标成像方面，主要工作放在成像算法上，下一步将开展基于便携式载体的声呐成像系统研究，一方面能够快速响应，从而提高整个系统的灵活性；另一方面也能够降低成本。当然，运动补偿是合成孔径成像永恒的课题，因此后期可结合回波数据、导航数据开展基于硬件设备、回波数据以及两者相结合的运动误差补偿算法研究，在一定程度上能够进一步提升成像性能。